创新应用型数字交互规划教材
机械工程

机械动力学

任彬 黄迪山 · 主编

上海科学技术出版社

国家一级出版社
全国百佳图书出版单位

内 容 提 要

本书共分为9章，第1至第5章内容包括机械振动系统基础知识、单自由度机械系统的振动、多自由度机械系统的振动、机械振动控制及其应用、机械液压系统动力学分析。第6至第9章介绍复杂机械系统动力学问题及几个典型案例，内容包括复杂系统动力学建模与仿真、机械-液压耦合的动力学问题与应用、电磁-机械耦合的动力学问题与应用、物理-数学混合的动力学问题与应用。本书依托增强现实(AR)技术，将视频、三维模型等数字资源与纸质教材交互，为读者和用户带来更丰富有效的阅读体验。为了方便教学使用，在出版社网站免费提供电子课件，供教师用户和读者参考。

本书主要作为高等院校机械类专业本科生的教材，也可供其他有关专业的师生和工程技术人员参考。

图书在版编目(CIP)数据

机械动力学 / 任彬，黄迪山主编. —上海：上海科学技术出版社，2018.1(2024.8 重印)
创新应用型数字交互规划教材. 机械工程
ISBN 978-7-5478-3630-9

Ⅰ.①机… Ⅱ.①任…②黄… Ⅲ.①机械动力学-高等学校-教材
Ⅳ.①TH113

中国版本图书馆 CIP 数据核字(2017)第159741号

机械动力学
任　彬　黄迪山　主编

上海世纪出版(集团)有限公司
上 海 科 学 技 术 出 版 社　出版、发行
(上海市闵行区号景路159弄A座9F-10F)
邮政编码 201101　www.sstp.cn
苏州市古得堡数码印刷有限公司印刷

开本 787×1092　1/16　印张 11.25
字数：280千字
2018年1月第1版　2024年8月第3次印刷
ISBN 978-7-5478-3630-9/TH·69
定价：58.00元

支持单位

（按首字拼音排序）

德玛吉森精机公司

东华大学

ETA(Engineering Technology Associates，Inc.)中国分公司

华东理工大学

雷尼绍(上海)贸易有限公司

青岛海尔模具有限公司

瑞士奇石乐(中国)有限公司

上海大学

上海电气集团上海锅炉厂有限公司

上海电气集团上海机床厂有限公司

上海高罗输送装备有限公司技术中心

上海工程技术大学

上海理工大学

上海麦迅惯性航仪技术有限公司

上海麦迅机床工具技术有限公司

上海师范大学

上海新松机器人自动化有限公司

上海应用技术大学

上海紫江集团

上汽大众汽车有限公司

同济大学

西门子工业软件(上海)研发中心

浙江大学

中国航天科技集团公司上海航天设备制造总厂

丛书序

在"中国制造2025"国家战略指引下,在"深化教育领域综合改革,加快现代职业教育体系建设,深化产教融合、校企合作,培养高素质劳动者和技能型人才"的形势下,我国高教人才培养领域也正在经历又一重大改革,制造强国建设对工程科技人才培养提出了新的要求,需要更多的高素质应用型人才,同时随着人才培养与互联网技术的深度融合,尽早推出适合创新应用型人才培养模式的出版项目势在必行。

教科书是人才培养过程中受教育者获得系统知识、进行学习的主要材料和载体,教材在提高人才培养质量中起着基础性作用。目前市场上专业知识领域的教材建设,普遍存在建设主体是高校,而缺乏企业参与编写的问题,致使专业教学教材内容陈旧,无法反映行业技术的新发展。本套教材的出版是深化教学改革,践行产教融合、校企合作的一次尝试,尤其是吸收了较多长期活跃在教学和企业技术一线的专业技术人员参与教材编写,有助于改善在传统机械工程向智能制造转变的过程中,"机械工程"这一专业传统教科书中内容陈旧、无法适应技术和行业发展需要的问题。

另外,传统教科书形式单一,一般形式为纸媒或者是纸媒配光盘的形式。互联网技术的发展,为教材的数字化资源建设提供了新手段。本丛书利用增强现实(AR)技术,将诸如智能制造虚拟场景、实验实训操作视频、机械工程材料性能及智能机器人技术演示动画、国内外名企案例展示等在传统媒体形态中无法或很少涉及的数字资源,与纸质产品交互,为读者带来更丰富有效的体验,不失为一种增强教学效果、提高人才培养的有效途径。

本套教材是在上海市机械专业教学指导委员会和上海市机械工程学会先进制造技术专业委员会的牵头、指导下,立足国内相关领域产学研发展的整体情况,来自上海交通大学、上海理工大学、同济大学、上海大学、上海应用技术大学、上海工程技术大学等近10所院校制造业学科的专家学者,以及来自江浙沪制造业名企及部分国际制造业名企的专家和工程师等一并参与的内容创作。本套创新教材的推出,是智能制造专业人才培养的融合出版创新探索,一方面体现和保持了人才培养的创新性,促使受教育者学会思考、与社会融为一体;另一方面也凸显了新闻出版、文化发展对于人才培养的价值和必要性。

中国工程院院士

丛书前言

进入 21 世纪以来，在全球新一轮科技革命和产业变革中，世界各国纷纷将发展制造业作为抢占未来竞争制高点的重要战略，把人才作为实施制造业发展战略的重要支撑，改革创新教育与培训体系。我国深入实施人才强国战略，并加快从教育大国向教育强国、从人力资源大国向人力资源强国迈进。

《中国制造 2025》是国务院于 2015 年部署的全面推进实施制造强国战略文件，实现“中国制造 2025”的宏伟目标是一个复杂的系统工程，但是最重要的是创新型人才培养。当前随着先进制造业的迅猛发展，迫切需要一大批具有坚实基础理论和专业技能的制造业高素质人才，这些都对现代工程教育提出了新的要求。经济发展方式转变、产业结构转型升级急需应用技术类创新型、复合型人才。借鉴国外尤其是德国等制造业发达国家人才培养模式，校企合作人才培养成为学校培养高素质高技能人才的一种有效途径，同时借助于互联网技术，尽早推出适合创新应用型人才培养模式的出版项目势在必行。

为此，在充分调研的基础上，根据机械工程的专业和行业特点，在上海市机械专业教学指导委员会和上海市机械工程学会先进制造技术专业委员会的牵头、指导下，上海科学技术出版社组织成立教材编审委员会和编写委员会，联络国内本科院校及一些国内外大型名企等支持单位，搭建校企交流平台，启动了“创新应用型数字交互规划教材 | 机械工程”的组织编写工作。本套教材编写特色如下：

1. 创新模式、多维教学。教材依托增强现实(AR)技术，尽可能多地融入数字资源内容(如动画、视频、模型等)，突破传统教材模式，创新内容和形式，帮助学生提高学习兴趣，突出教学交互效果，促进学习方式的变革，进行智能制造领域的融合出版创新探索。

2. 行业融合、校企合作。与传统教材主要由任课教师编写不同，本套教材突破性地引入企业参与编写，校企联合，突出应用实践特色，旨在推进高校与行业企业联合培养人才模式改革，创新教学模式，以期达到与应用型人才培养目标的高度契合。

3. 教师、专家共同参与。主要参与创作人员是活跃在教学和企业技术一线的人员，并充分吸取专家意见，突出专业特色和应用特色。在内容编写上实行主编负责下的民主集中制，按照应用型人才培养的具体要求确定教材内容和形式，促进教材与人才培养目标和质量的接轨。

4. 优化实践环节。本套教材以上海地区院校为主，并立足江浙沪地区产业发展的整体情况。参与企业整体发展情况在全国行业中处于技术水平比较领先的位置。增加、植入这些企业中当下的生产工艺、操作流程、技术方案等，可以确保教材在内容上具有技术先进、工艺领先、案例新颖的特色，将在同类教材中起到一定的引领作用。

5. 与国际工程教育认证接轨。 增设与国际工程教育认证接轨的“学习成果达成要求”，即本套教材在每章开始，明确说明本章教学内容对学生应达成的能力要求。

本套教材“创新、数字交互、应用、规划”的特色，对避免培养目标脱离实际的现象将起到较好作用。

丛书编委会先后于上海交通大学、上海理工大学召开5次研讨会，分别开展了选题论证、选题启动、大纲审定、统稿定稿、出版统筹等工作。目前确定先行出版10种专业基础课程教材，具体包括《机械工程测试技术基础》《机械装备结构设计》《机械制造技术基础》《互换性与技术测量》《机械CAD/CAM》《工业机器人技术》《机械工程材料》《机械动力学》《液压与气动技术》《机电传动与控制》。教材编审委员会主要由参加编写的高校教学负责人、教学指导委员会专家和行业学会专家组成，亦吸收了多家国际名企如瑞士奇石乐（中国）有限公司和江浙沪地区大型企业的参与。

本丛书项目拟于2017年12月底前完成全部纸质教材与数字交互的融合出版。该套教材在内容和形式上进行了创新性的尝试，希望高校师生和广大读者不吝指正。

上海市机械专业教学指导委员会

前　言

机械动力学是研究机械结构在动载荷作用下动力学行为的科学。随着工程结构和机械产品向大型、高速、大功率、高性能和轻结构方向发展，机械动力学问题越来越突出。复杂系统动力学无论是系统级的方案设计，还是部件级的详细参数设计，都涉及多个领域的综合知识，由不同领域的机械、电子、液压、控制系统组成，各子系统彼此之间交互耦合，组成完整的功能执行系统。

本书内容具有技术先进、工艺领先、案例新颖的特色，主要讲述机械动力学的基础理论、建模、分析计算以及复杂机械系统的动力学问题。全书分为9章，第1至第5章内容包括机械振动系统基础知识、单自由度机械系统的振动、多自由度机械系统的振动、机械振动控制及其应用、机械液压系统动力学分析。第6至第9章介绍复杂机械系统动力学问题及几个典型案例，内容包括复杂系统动力学建模与仿真、机械-液压耦合的动力学问题与应用、电磁-机械耦合的动力学问题与应用、物理-数学混合的动力学问题与应用。

本书第1至第5章可作为高等院校机械类专业的必修或选修课教程内容(需30～50学时)，也可供机械制造和电子工程等专业的工程技术人员参考。本书第6至第9章结合国家"973"重点基础研究发展计划、国家科技支撑计划资助项目、国家自然科学基金、浙江省制造业信息化重大科技攻关项目、杭州市重大科技攻关项目等，介绍了复杂机械系统动力学问题及几个典型案例，为相关专业本科生和研究生的科研项目提供借鉴与参考。

本书由任彬、黄迪山担任主编。具体编写人员有黄迪山、李鹏、肖良、董昊(第1至第4章)，罗序荣(第5章)，赵振(第6章)，任彬(第7至第9章)。罗序荣参与了章节编排。浙江大学张树有教授审阅了本书，并提出了宝贵的意见和建议，特在此致以诚挚的谢意。

限于编者的水平，书中难免有不当之处，请读者不吝批评指正。

编者

本书配套数字交互资源使用说明

针对本书配套数字资源的使用方式和资源分布，特做如下说明：

1. 用户（或读者）可持安卓移动设备（系统要求安卓 4.0 及以上），打开移动端扫码软件（本书仅限于手机二维码、手机 qq），扫描教材封底二维码，下载安装本书配套 APP，即可阅读识别、交互使用。

2. 小节等各层次标题后对应有加“ ”标识的，提供三维模型、视频等数字资源，进行识别、交互。具体扫描对象位置和数字资源对应关系参见下列附表。

扫描对象位置	数字资源类型	数字资源名称
5.2 节标题	三维模型	振动压路机三维模型
5.2.2 节标题	视频	振动压路机运动仿真
5.3 节标题	三维模型	汽车起重机三维模型
5.3.3 节标题	视频	起重机运动仿真
5.4 节标题	三维模型	挖掘机三维模型
5.4.2 节标题	视频	挖掘机运动仿真
5.5 节标题	三维模型	组合机床动力滑台三维模型
5.5.2 节标题	视频	组合机床动力滑台运动仿真
7.2 节标题	视频	注塑机现场工作和注塑机数字样机视频

目　录

第1章　机械振动系统基础知识　1

1.1　振动的分类及表示方法 …… 1
1.2　机械振动系统的三要素和动力学模型 …… 7
1.3　振动实验 …… 15

第2章　单自由度机械系统的振动　24

2.1　单自由度系统的运动微分方程 …… 24
2.2　单自由度系统的自由振动 …… 25
2.3　等效单自由度系统 …… 28
2.4　对数衰减率及阻尼比的测定 …… 29
2.5　单自由度系统的强迫振动 …… 31

第3章　多自由度机械系统的振动　37

3.1　两自由度系统的运动微分方程 …… 37
3.2　两自由度系统的模态 …… 39
3.3　两自由度系统的强迫振动 …… 41
3.4　多自由度系统的运动微分方程、模态和强迫振动 …… 43

第4章　机械振动控制及其应用　51

4.1　抑制振源 …… 51
4.2　隔振技术 …… 52
4.3　减振技术 …… 55
4.4　振动主动控制 …… 58
4.5　注塑机合模机构的振动试 …… 60

第5章 机械液压系统动力学分析 68

5.1 AMESIM简介 …… 68
5.2 振动压路机液压系统动力学分析 …… 73
5.3 汽车起重机起升机构液压系统动力学分析 …… 79
5.4 小型液压挖掘机动臂(下降)的液压系统动力学分析 …… 87
5.5 组合机床动力滑台液压系统动力学分析 …… 91

第6章 复杂系统动力学建模与仿真 96

6.1 多领域物理系统的建模方法 …… 96
6.2 多体动力学动态仿真建模的系统框架 …… 101
6.3 零部件运动约束识别建模 …… 104
6.4 优化设计中的仿真模型动态重建 …… 106

第7章 机械-液压耦合的动力学问题与应用 113

7.1 研究进展 …… 113
7.2 机械场中前模板结构的拓扑优化 …… 115
7.3 注射成型装备合模机构刚柔耦合动力学分析 …… 130
7.4 注射成型装备机械-液压耦合的多场仿真 …… 134

第8章 电磁-机械耦合的动力学问题与应用 137

8.1 研究背景 …… 137
8.2 低压断路器的基本结构、工作原理及数学模型 …… 139
8.3 低压断路器电磁-机械耦合仿真分析和参数检测 …… 145

第9章 物理-数学混合的动力学问题与应用 152

9.1 研究背景 …… 152
9.2 大型深低温精馏塔的数学仿真 …… 154
9.3 高效填料性能的物理仿真 …… 156
9.4 空分装备精馏系统物理-数学混合仿真 …… 157

符号表 160

参考文献 161

第 1 章

机械振动系统基础知识

◎ **学习成果达成要求**

机械振动是研究机械动力学的基础，为了更好地了解机械动力学，需要学习机械振动系统的动力学模型。

学生应达成的能力要求包括：

1. 能够掌握振动的分类、振动的表示方法、简谐振动的基本特征；
2. 能够理解机械振动系统的三要素，了解动力学模型的分类。

机械振动是研究机械动力学的基础，本章从机械系统动力学的观点介绍机械系统振动的基本知识，为研究机械系统动力学打下基础。

1.1 振动的分类及表示方法

为了便于研究，人们把振动按不同的方式进行分类并给出几种常用的表示方法。

1.1.1 振动的分类

1) 按振动产生的原因分类

(1) 自由振动。自由振动是指系统受初始干扰或原有外激励力取消后产生的振动。

(2) 强迫振动。强迫振动是指系统在外激励力的作用下产生的振动。

(3) 自激振动。自激振动是指在没有周期外力的作用下，由系统内部激发及反馈的相互作用而产生的稳定的周期振动。

2) 按结构参数的特性分类

(1) 线性振动。线性振动是指，一般在微小振动条件下，系统内的恢复力、阻尼力和惯性力分别与振动位移、速度和加速度成线性关系的一类振动，可用常系数线性微分方程来描述。

(2) 非线性振动。非线性振动是指，因材料非线性本构关系或运动大变形引起的，系统内上述参数有一组或一组以上(恢复力与振动位移，阻尼力与速度，惯性力与加速度)不成线性关系时的振动，此时微分方程中出现非线性项。

3) 按系统的自由度数分类

(1) 单自由度系统振动。单自由度系统振动是指只用一个独立坐标就能确定的系统振动。

(2) 多自由度系统振动。多自由度系统振动是指需要多个独立坐标才能确定的系统振动。

(3) 连续体振动。连续体振动是指无限多自由度系统的振动，一般也称为弹性体振动，需用偏微分方程来描述。

4）按振动的规律分类

（1）简谐振动。简谐振动是指振动量为时间的正弦或余弦函数的一类周期振动。

（2）周期振动。周期振动是指振动量可表示为时间的周期函数的一类振动，可用谐波分析法将其展开成一系列简谐振动的叠加。

（3）瞬态振动。瞬态振动是指振动量为时间的非周期函数的一类振动，通常只在一定的时间内存在。

（4）随机振动。随机振动是指振动量为时间的非确定性函数的一类振动，只能用概率统计的方法进行研究。

1.1.2 振动的表示方法

机械振动是指振动系统围绕其平衡位置做往复运动。在许多情况下，机械振动是有害的，它影响机械设备的工作性能和寿命，产生不利于工作的噪声和有损于机械或结构的动载荷，严重时会使零部件失效甚至破损而造成事故。从运动学的观点来看，机械振动是振动系统的某些物理量（位移、速度、加速度）随时间 t 变化的规律。

1）机械振动的一般表示方法

如果机械振动的规律是确定的，则可用函数关系式

$$x = x(t) \tag{1-1}$$

来描述其运动。也可用函数图形来表示，通常以时间为横坐标，以振动的物理量为纵坐标。图 1－1、图 1－2、图 1－3 所示是以位移 x 为纵坐标的几种典型的机械振动。

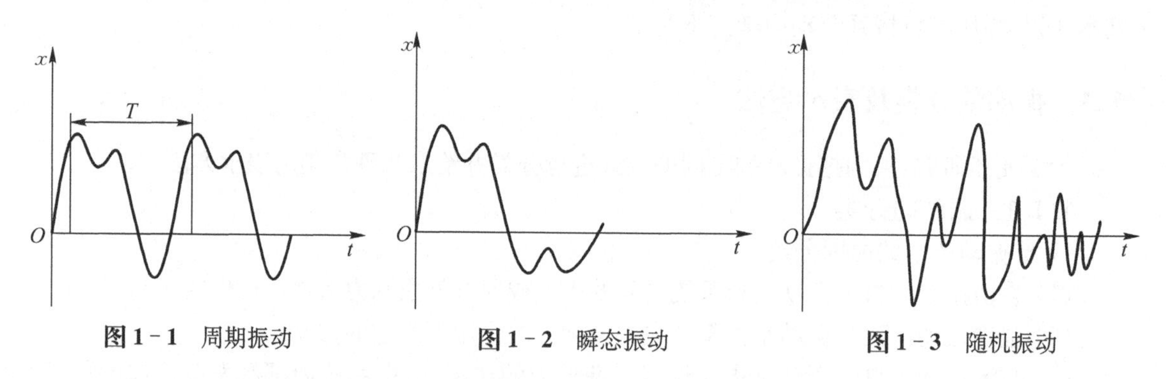

图 1－1 周期振动　　**图 1－2** 瞬态振动　　**图 1－3** 随机振动

对于周期振动，可用时间的周期函数表示为

$$x(t) = x(t + nT) \quad (n = 1,\ 2,\ 3, \cdots) \tag{1-2}$$

式中，T 为振动周期，单位为 s（秒）。将周期的倒数，即

$$f = \frac{1}{T} \tag{1-3}$$

式中，f 为振动频率，单位为 Hz（赫兹）。

2）简谐振动的表示方法

（1）正弦、余弦函数表示法。简谐振动是一种最简单的周期振动，也是最基本的振动形式，是研究其他形式振动的基础。简谐振动的时间历程是正弦或余弦函数，它的位移可表示为

$$x = A\cos \omega t \quad \text{或} \quad y = A\sin \omega t \tag{1-4}$$

式中,A 为振动的最大值,称为振幅;ω 称为振动角频率或圆频率(rad/s);ωt 称为相位角。一般常用频率 f 或周期 T 来表示振动的快慢,ω、f、T 之间的关系为

$$\omega = 2\pi f, \quad T = \frac{2\pi}{\omega} \tag{1-5}$$

(2) 旋转向量表示法。一个模为 A 的向量以匀角速度 ω 作逆时针旋转时(图 1-4),它在横坐标 x 轴和纵坐标 y 轴上的投影分别为

$$x = A\cos\omega t \quad 和 \quad y = A\sin\omega t$$

正好与简谐振动表达式式(1-4)相同,因此可用旋转向量来表示简谐振动。旋转向量的模 A 为振幅,其旋转角速度 ω 为简谐振动的角频率。

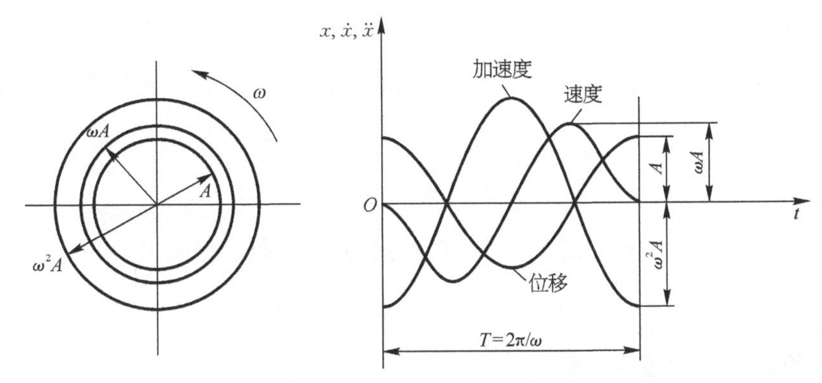

图 1-4　简谐振动的旋转矢量表示法

振动的起始点 ($t = 0$) 的位置可用初相位 φ 来确定。因此,一般简谐振动的表达式为

$$x = A\cos(\omega t + \varphi) \tag{1-6}$$

对式(1-6)求一阶、二阶导数可得简谐振动的速度和加速度表达式:

$$\dot{x} = -A\omega\cos(\omega t + \varphi) = A\omega\cos\left(\omega t + \varphi + \frac{\pi}{2}\right) \tag{1-7}$$

$$\ddot{x} = -A\omega^2\cos(\omega t + \varphi) = A\omega^2\cos(\omega t + \varphi + \pi) \tag{1-8}$$

由式(1-6)、式(1-7)、式(1-8)可见,如果位移为简谐函数,其速度和加速度也必为简谐函数,且有相同的频率。不过,在相位上速度和加速度分别超前 $\pi/2$ 和 π。

注意有

$$\ddot{x} = -\omega^2 x \tag{1-9}$$

可见,简谐振动加速度的大小与位移成正比,方向与位移相反,始终指向平衡位置,这是简谐振动的一个重要特征。

(3) 复数表示法。复数 $z = a + jb$ 在复平面上是一个点,它和坐标原点的连线代表复平面上的一个向量,称为复向量,其模和辐角为

$$\begin{cases} |z| = \sqrt{a^2 + b^2} = A \\ \arg z = \omega t \end{cases} \tag{1-10}$$

如图 1-5 所示，复数 z 的实部和虚部分别为

$$\begin{cases}\mathrm{Re}\, z = a = A\cos\omega t \\ \mathrm{Im}\, z = b = A\sin\omega t\end{cases} \tag{1-11}$$

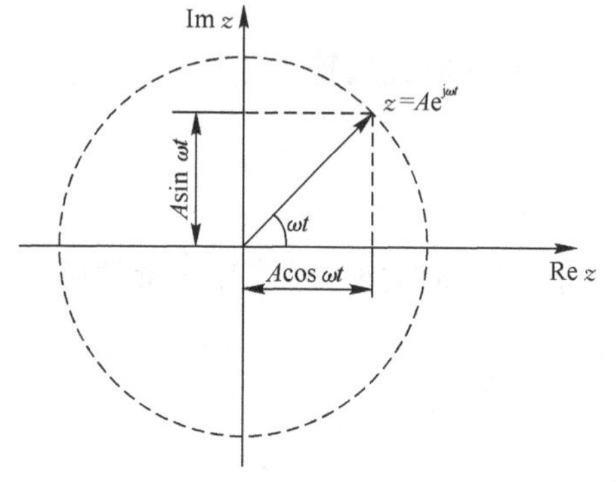

图 1-5 简谐振动的复数表示法

则复数表达式为

$$z = A(\cos\omega t + \mathrm{j}\sin\omega t) = A\mathrm{e}^{\mathrm{j}\omega t} \tag{1-12}$$

由式(1-11)或式(1-12)可知，复数 z 的虚部和实部均表示一个简谐振动。为了便于运算，可事先约定用复数的虚部或实部来表示所研究的简谐振动。

对于一个简谐振动，设其位移的复数形式为

$$z = A\mathrm{e}^{\mathrm{j}(\omega t+\varphi)} \tag{1-13}$$

则相应速度和加速度的复数形式分别为：

$$\dot{z} = \mathrm{j}\omega A\,\mathrm{e}^{\mathrm{j}(\omega t+\varphi)} = \omega A\,\mathrm{e}^{\mathrm{j}(\omega t+\varphi+\frac{\pi}{2})} \tag{1-14}$$

$$\ddot{z} = -\omega^2 A\mathrm{e}^{\mathrm{j}(\omega t+\varphi)} = \omega^2 A\mathrm{e}^{\mathrm{j}(\omega t+\varphi+\pi)} \tag{1-15}$$

将式(1-13)～式(1-15)分别与式(1-6)～式(1-8)对比可知：

$$x = \mathrm{Re}\, z,\ \dot{x} = \mathrm{Re}\, \dot{z},\ \ddot{x} = \mathrm{Re}\, \ddot{z} \tag{1-16}$$

1.1.3 简谐振动的基本特征

1) 振动方向相同的简谐振动的合成

运用三角函数容易证明：

性质 1 两个同方向且同频率简谐振动的合成(叠加)结果仍为简谐振动，且频率不变。

性质 2 两个不同频率的简谐振动的合成结果一般为周期振动，特殊情况下为非周期振动(此时两频率比为无理数)。

性质 3 两个频率十分接近的简谐振动合成后会产生周期性的拍振，如图 1-6 所示，其中虚线 $\bar{a}(t)$ 为合成振动的包络线。

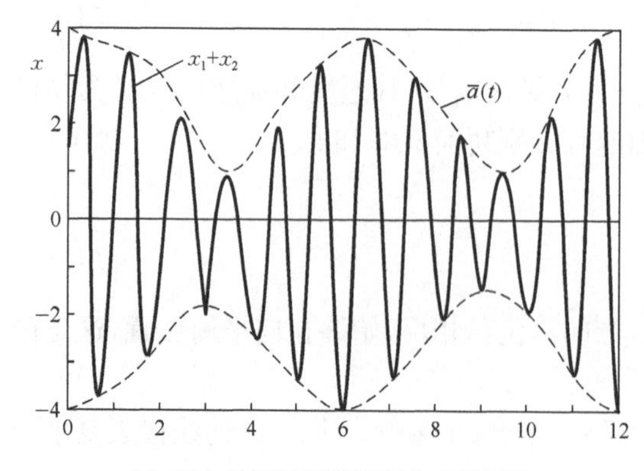

(a) 两个异振幅简谐振动合成的拍振

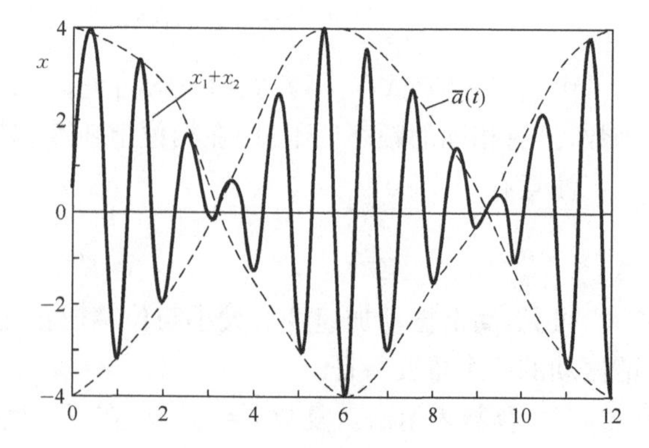

(b) 两个同振幅简谐振动合成的拍振

图 1-6 频率十分接近的简谐振动的合成

下面给出两个简谐振动合成的证明。

(1) 两个相同频率的简谐振动的合成仍然是简谐振动，而且保持原来的频率。

证明：设两个简谐振动分别为

$$x_1 = A_1\cos(\omega t + \varphi_1) \text{ 及 } x_2 = A_2\cos(\omega t + \varphi_2)$$

则有

$$\begin{aligned} x_1 + x_2 &= A_1\cos(\omega t + \varphi_1) + A_2\cos(\omega t + \varphi_2) \\ &= \mathrm{Re}[A_1 e^{j(\omega t+\varphi_1)} + A_2 e^{j(\omega t+\varphi_2)}] \\ &= \mathrm{Re}[e^{j\omega t}(A_1 e^{j\varphi_1} + A_2 e^{j\varphi_2})] \\ &= \mathrm{Re}\{e^{j\omega t}[(A_1\cos\varphi_1 + A_2\cos\varphi_2) + j(A_1\sin\varphi_1 + A_2\sin\varphi_2)]\} \\ &= \mathrm{Re}(e^{j\omega t}A e^{j\varphi}) = A\cos(\omega t + \varphi) \end{aligned}$$

式中：

$$A = [(A_1\cos\varphi_1 + A_2\cos\varphi_2)^2 + (A_1\sin\varphi_1 + A_2\sin\varphi_2)^2]^{1/2}$$

$$\varphi = \arctan\frac{A_1\sin\varphi_1 + A_2\sin\varphi_2}{A_1\cos\varphi_1 + A_2\cos\varphi_2}$$

(2) 频率不同的简谐振动的合成不再是简谐振动。当频率比为有理数时，合成为周期振动；当频率比为无理数时，合成为非周期振动。

证明：设两个简谐振动分别为

$$x_1 = A_1\cos(\omega_1 t + \varphi_1)$$
$$x_2 = A_2\cos(\omega_2 t + \varphi_2)$$

令 $\frac{\omega_1}{\omega_2} = \frac{m}{n}$，$m$、$n$ 互质，则

$$m\frac{2\pi}{\omega_1} = n\frac{2\pi}{\omega_2}$$

设

$$mT_1 = nT_2 = T$$

记 $x(t) = x_1(t) + x_2(t)$，所以 $x(t+T) = x_1(t+T) + x_2(t+T) = x_1(t+mT_1) + x_2(t+nT_2) = x_1(t) + x_2(t) = x(t)$。

例 1-1　判断下列振动是否为周期振动，若是求其周期。

(1) $x(t) = \cos 3t + 7\sin 3.5t$；

(2) $x(t) = 6\cos 3t + 8\cos^2 1.6t$；

(3) $x(t) = 3\sin\sqrt{2}t + \cos\sqrt{3}t$；

解：(1) 根据性质 2，由于 $\frac{\omega_1}{\omega_2} = \frac{3}{3.5} = \frac{6}{7}$ 为有理数，则该振动为周期振动，周期 $T = 6\times\frac{2\pi}{3}\text{ s} = 7\times\frac{2\pi}{3.5}\text{ s} = 4\pi\text{ s}$。

(2) $\cos^2 1.6t = \frac{1}{2}(\cos 3.2t + 1) \Rightarrow 8\cos^2 1.6t = 4\cos 3.2t + 4$ 将原式变换得 $x(t) = 6\cos 3t + 4\cos 3.2t + 4$。根据性质 2，由于 $\frac{\omega_1}{\omega_2} = \frac{3}{3.2} = \frac{15}{16}$ 为有理数，则该振动为周期振动，周期 $T = 15\times\frac{2\pi}{3}\text{ s} =$

$16 \times \frac{2\pi}{3.2}\ \mathrm{s} = 10\pi\ \mathrm{s}$。

(3) 根据性质 2,由于 $\frac{\omega_1}{\omega_2} = \frac{\sqrt{2}}{\sqrt{3}} = \sqrt{\frac{2}{3}}$ 为无理数,所以该振动为非周期振动。

2) 振动方向相互垂直的简谐振动的合成

借助解析几何可以证明:在同一平面内沿相互垂直方向的两个同频率简谐振动合成后的运动轨迹一般为椭圆。若频率不同,合成后的运动轨迹则较为复杂。当频率存在一定的比例关系时,合成后的运动轨迹呈现出稳定的有规律的图像。借助双线示波器可以观察到这些有趣的图形,这些图形被称为李萨如(Lissajous)图形。它在振动试验中很有用。

设两个简谐振动分别为 $x_1 = a_1 \sin(t + \varphi_1)$ 和 $x_2 = a_2 \sin(\omega t + \varphi_2)$,即动点独立地在水平方向做圆频率为 1 rad/s、振幅为 a_1 的振动,以及在垂直方向上做圆频率为 ω、振幅为 a_2 的振动。在图 1-7 上做一个底长为 $2\pi a_1$、高为 $2a_2$ 的带形,在此带上作一个周期为 $2\pi a_1/\omega$、振幅为 a_2 的正弦波,同时将此带卷成圆柱面,最后将绕在圆柱面上的正弦波正交投影到(x_1, x_2)平面上,即可得到李萨如图形。

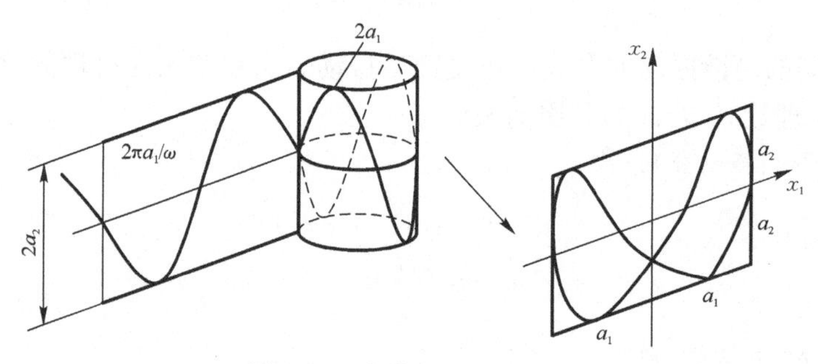

图 1-7 李萨如图形的作法

李萨如图形的形状与频率 ω 有关系。当 $\omega = 1$ rad/s 时(图 1-8a),圆柱面上的曲线是一个椭圆,此时该曲线在(x_1, x_2)平面上的投影即李萨如图形依赖于相位差 $\varphi_2 - \varphi_1$。如果 $\varphi_2 - \varphi_1 = 0$,则李萨如图形为矩形的一条对角线;如果 $\varphi_2 - \varphi_1 = \pi/4$ 或 $\varphi_2 - \varphi_1 = \pi/2$,则李萨如图形成为椭圆;若 $\varphi_2 - \varphi_1$ 由 $\pi/2$ 增加到 π,则椭圆缩成矩形的第二条对角线;如果 $\varphi_2 - \varphi_1$ 再增加,则上述过程重复进行。当 $\omega \approx 1$ rad/s 时(图 1-8b),则相应的李萨如图形为变了形的椭圆。

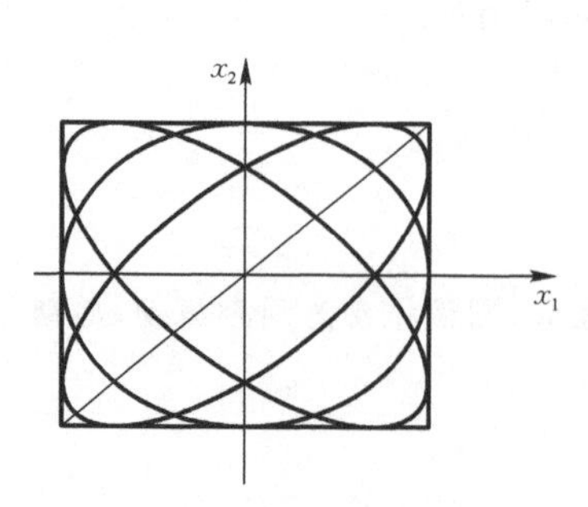

(a) $\omega = 1$ rad/s 时的一串李萨如图形

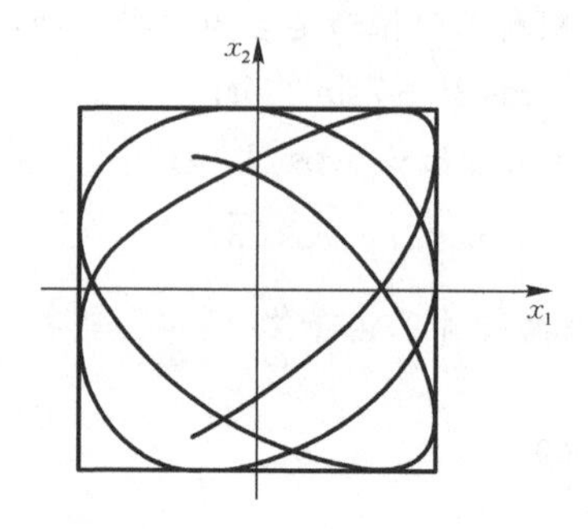

(b) $\omega \approx 1$ rad/s 时的一串李萨如图形

图 1-8 李萨如图形

1.2 机械振动系统的三要素和动力学模型

1.2.1 机械振动系统的三要素

机械系统之所以会产生振动,是因为它有惯性和弹性。从能量的观点看,惯性是系统保持动能的特性,而弹性则是系统储存势能的特性。此外,一个实际的机械系统在振动时总要耗散能量,将所有耗散振动能量的因素归结为一种特性,称为阻尼。当外界对系统做功时,系统的惯性就吸收动能,使质量获得速度,弹簧获得变形能,具备了使质量回到原来状态的能力。这种能量的不断转换就导致了系统质量围绕平衡位置的往复振动。系统如果没有外界能量的不断输入,由于阻尼的存在,振动现象将逐渐消失。因此,惯性、弹性和阻尼是机械振动系统的三要素。

1) 质量元件

系统的惯性由质量元件来表征,用字母 m 表示,单位为 kg(扭转振动时的惯性用 J 表示,单位为 $\mathrm{kg}\cdot\mathrm{m}^2$)。

在振动系统中,质量元件(或质量块)对于外力作用的响应表现为一定的加速度,如图 1-9 所示。根据牛顿定律,质量元件所受外力 F_m(或惯性力 $-F_m$)与加速度 $\ddot{x}(t)$间的关系为:

$$F_m = m\ddot{x}(t) \tag{1-17}$$

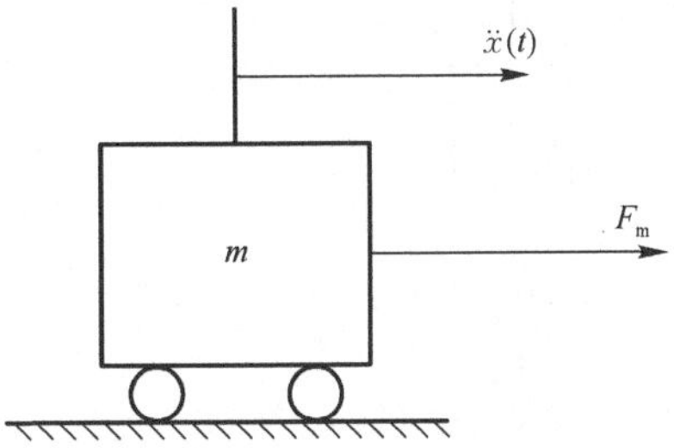

图1-9 质量加速度

对于质量元件,需要指出的是:

(1) 通常假定质量元件是刚体(即不具有弹性特征),不消耗能量(即不具有阻尼特性)。

(2) 对于扭转振动系统,其质量元件以其对于支点的转动惯量 J 来描述。力矩 M_m 与角加速度$\ddot{\theta}(t)$间的关系为

$$M_m = J\ddot{\theta}(t) \tag{1-18}$$

(3) 对于复杂的系统,可采用系统能量相等的原则来得到等效质量。

2) 等效质量

实际的机械结构通常由多个构件组成,如发动机顶置气门装置由凸轮、推杆、摇杆、阀门及弹簧组成。为了分析推杆的动力特性,可将摇杆、阀门及弹簧的质量等效到推杆上,以简化分析。通常假定弹性元件是没有质量的,当弹性元件的质量不能忽略时,也应考虑弹性元件的质量对运动元件的附加影响。这种附加到分析对象上的弹性元件或其他运动元件的质量影响称为弹性元件或其他运动元件的"等效质量",等效质量记为 m_{eq}。计算等效质量依据的原则是:等效前后系统的动能相等。

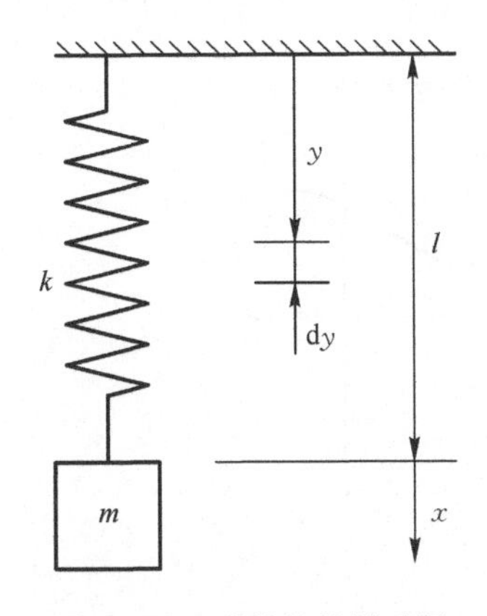

图1-10 弹簧的等效质量

例1-2 求图1-10所示弹簧的等效质量。

解: 图中弹簧质量的分布是均匀的,总质量为 m_s,设$\dot{x}$是集中质量 m 的速度,假定弹簧元件的速度从固定端开始按纵坐标 y 轴作线性增加,即

$$v = \dot{x}\frac{y}{l}$$

弹簧的动能可以根据下式积分得到:

$$E_k = \frac{1}{2}\int_0^l \left(\dot{x}\frac{y}{l}\right)^2 \frac{m_s}{l}dy = \frac{1}{2}\frac{m_s}{3}\dot{x}^2$$

弹簧等效质量产生的动能为

$$E_k = \frac{1}{2}m_{eq}\dot{x}^2$$

由此可知，弹簧的等效质量是弹簧质量的1/3，即$m_{eq} = \frac{m_s}{3}$。

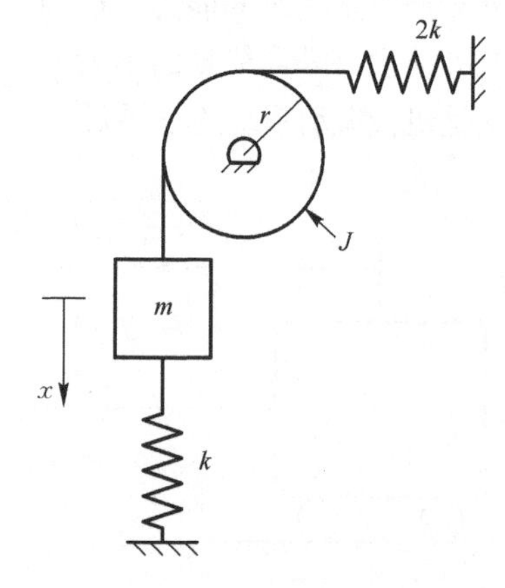

图1-11 系统的等效质量

例1-3 求图1-11所示滑轮—弹簧—质量系统的等效质量(不计弹簧的质量)。

解： 取物体m向下的位移x为广义坐标，

该系统的动能为

$$E_k = \frac{1}{2}m\dot{x}^2 + \frac{1}{2}J\left(\frac{\dot{x}}{r}\right)^2 = \frac{1}{2}\left(m+\frac{J}{r^2}\right)\dot{x}^2$$

设该系统等效后的动能为

$$E_k = \frac{1}{2}m_{eq}\dot{x}^2$$

所以，系统的等效质量为

$$m_{eq} = m + \frac{J}{r^2}$$

3) 弹性元件

系统的弹性由弹性元件(或弹簧)来表征，用字母k表示(弹簧的刚度)，单位为N/m(扭转振动时的单位为N·m/rad)。

在振动系统中，弹性元件(或弹簧)对于外力作用的响应表现为一定的位移或变形。图1-12a为弹性元件的示意图，弹性元件所受外力F_s是位移x的函数，即

$$F_s = f(x) \tag{1-19}$$

在一定的范围(称为线性范围)内，如图1-12b所示，F_s是x的线性函数，即

$$F_s = kx \tag{1-20}$$

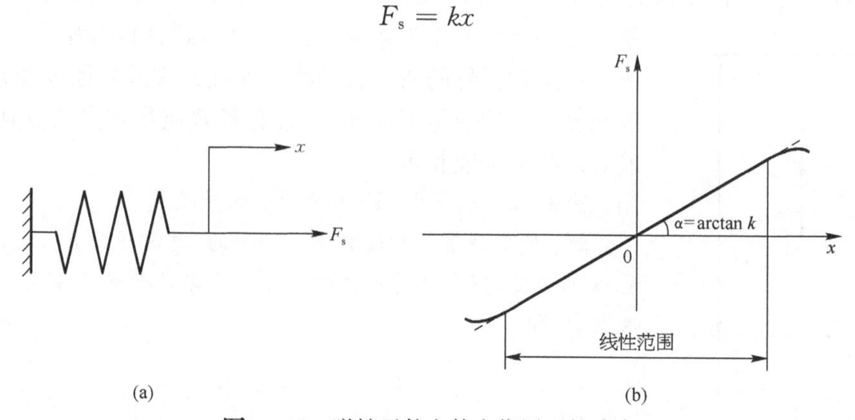

图1-12 弹性元件在外力作用下的响应

对于弹性元件,需要指出的是:

(1) 通常假定弹性元件是没有质量的。实际的物理系统中弹性元件总是具有质量的,在处理实际问题时,如果弹簧的质量相对较小,则可忽略不计;否则需要对弹簧的质量做专门处理,或采用连续模型。

(2) 从能量的角度来说,弹性元件不消耗能量,而是以势能的方式储存能量。

(3) 对于扭转振动的系统,其弹性元件为扭转弹簧,其刚度 k_θ 等于使弹簧产生单位角位移所需施加的力矩。在线性范围内,扭转弹簧所受的外力矩 M、转角 θ 与扭转刚度 k_θ 的关系为

$$M = k_\theta \theta \tag{1-21}$$

(4) 实际工程结构中的许多构件,在一定的受力范围内作用力与变形量之间都具有线性关系,因此都可作为线性弹性元件来处理。

如图 1-13 所示的拉杆,根据材料力学,拉力 F 与杆的变形 δ 之间的关系为

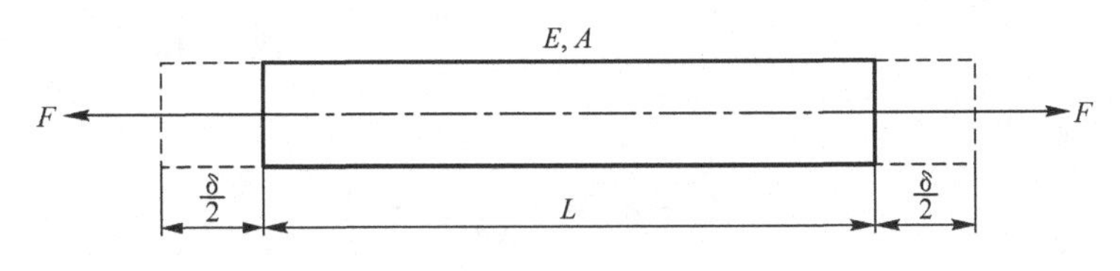

图 1-13　拉力与杆的变形

$$\delta = \frac{FL}{EA}$$

式中,L 为杆长;E 为材料的弹性模量;A 为杆的横截面面积。若设 $k = EA/L$,则有

$$F = k\delta$$

上式与式(1-20)的意义和形式完全一致。因此,拉杆相当于一个刚度 $k = EA/L$ 的线性弹簧。

如图 1-14 所示的扭转振动系统,根据材料力学,扭转力矩 M 与角位移 θ 之间的关系为

$$\theta = \frac{ML}{GI}$$

式中,L 为轴的长度;G 为轴材料的切变模量;I 为轴的截面极惯性矩。如果设 $k_\theta = GI/L$,则有式(1-21)所示的关系。因此,一段轴相当于扭转刚度 $k_\theta = GI/L$ 的一个扭转弹簧。

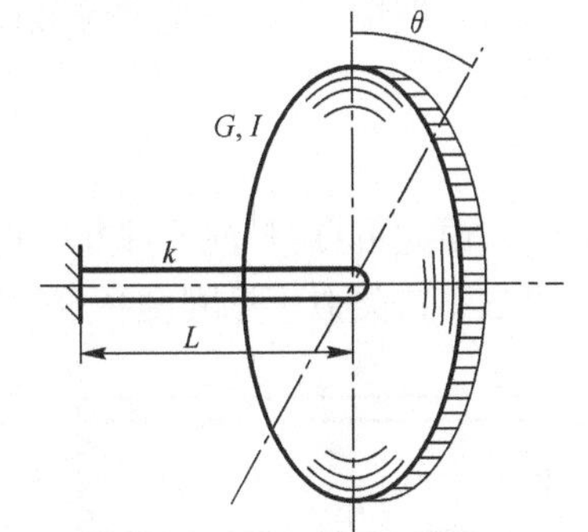

图 1-14　扭转振动系统

4) 等效刚度

机械结构中的弹性元件往往具有比较复杂的组合形式,这时可用一个"等效弹簧"来代替整个弹簧组以简化分析。等效弹簧的刚度称为等效刚度,记为 k_{eq},等于组合弹簧系统的刚度。计算等效刚度依据的原则是:等效前后系统的弹性势能相等。

如图 1-15 所示,当刚度系数为 k_1 和 k_2 的两个弹簧并联时,在外力 F 的作用下,两弹簧

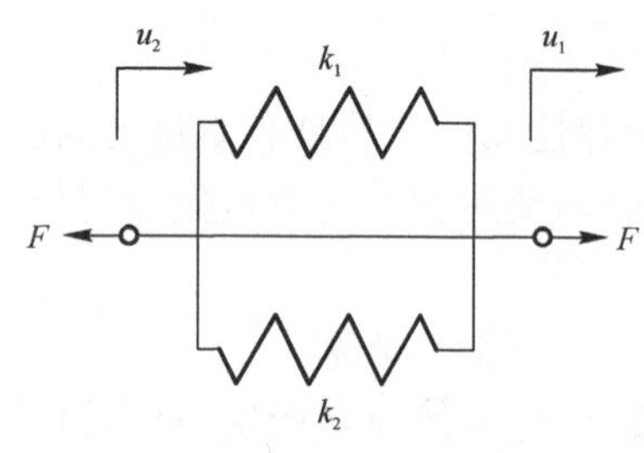

图 1-15 两个弹簧并联

的变形均为 $\delta = u_1 - u_2$，但各自受的力分别为

$$F_1 = k_1\delta,\ F_2 = k_2\delta$$

根据合力关系

$$F = F_1 + F_2 = (k_1 + k_2)\delta$$

得到并联弹簧的总刚度系数为

$$k = \frac{F}{\delta} = k_1 + k_2$$

如图 1-16 所示，当刚度系数为 k_1 和 k_2 的两个弹簧串联时，在外力 F 的作用下，两个弹簧的变形分别为

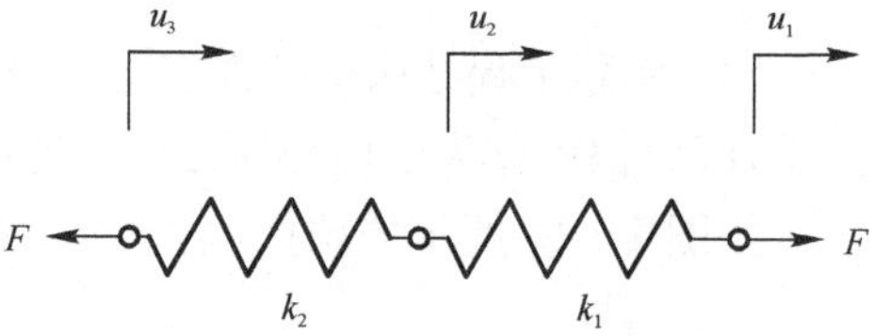

图 1-16 两个弹簧串联

$$\delta_1 = u_1 - u_2 = \frac{F}{k_1},\ \delta_2 = u_2 - u_3 = \frac{F}{k_2}$$

根据总变形

$$\delta = \delta_1 + \delta_2 = F\left(\frac{1}{k_1} + \frac{1}{k_2}\right)$$

两个串联弹簧的总刚度系数 k 满足

$$\frac{1}{k} = \frac{\delta}{F} = \frac{1}{k_1} + \frac{1}{k_2}$$

即

$$k = \frac{k_1 k_2}{k_1 + k_2}$$

一般情况下，系统的等效刚度系数的计算方法为：并联弹簧 $k_{\mathrm{eq}} = \sum_{i=1}^{n} k_i$，串联弹簧 $\frac{1}{k_{\mathrm{eq}}} = \sum_{i=1}^{n} \frac{1}{k_i}$。

由此可见，弹性元件并联将提高总刚度，串联将降低总刚度。阻尼器串联或并联后，其总阻尼系数类似于总刚度系数的情形。

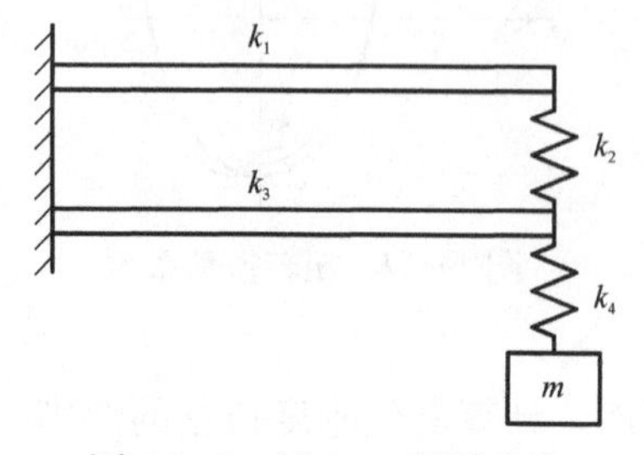

图 1-17 例 1-4 所示系统

例 1-4 求图 1-17 所示系统的等效弹簧刚度，悬臂梁端点的刚度分别为 k_1 和 k_3。

解： k_1 与 k_2 串联后与 k_3 并联，再与 k_4 串联，则系统的总刚度为：

$$k = \frac{\left(\frac{k_1 k_2}{k_1 + k_2} + k_3\right)k_4}{\left(\frac{k_1 k_2}{k_1 + k_2} + k_3\right) + k_4} = \frac{k_1 k_2 k_4 + k_1 k_3 k_4 + k_2 k_3 k_4}{k_1 k_2 + k_1 k_3 + k_2 k_3 + k_1 k_4 + k_2 k_4}$$

例1-5　求图1-18所示扭转系统中的扭转刚度。

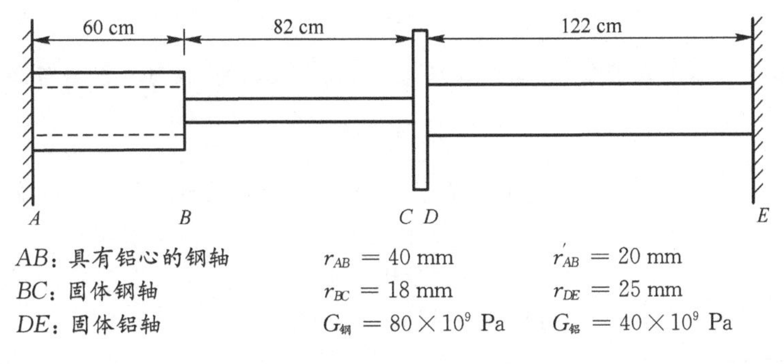

图1-18　例1-5所示系统

解：

$$k_{\text{AB钢}}=\frac{I_{\text{AB钢}}G_{\text{钢}}}{L_{\text{AB}}}=\frac{\frac{\pi}{2}\times(0.04^4-0.02^4)\times80\times10^9}{0.6}\ \text{N}\cdot\text{m/rad}$$
$$=5.03\times10^5\ \text{N}\cdot\text{m/rad}$$

$$k_{\text{AB铝}}=\frac{I_{\text{AB铝}}G_{\text{铝}}}{L_{\text{AB}}}=\frac{\frac{\pi}{2}\times0.02^4\times40\times10^9}{0.6}\ \text{N}\cdot\text{m/rad}=1.68\times10^4\ \text{N}\cdot\text{m/rad}$$

$$k_{\text{BC}}=\frac{I_{\text{BC}}G_{\text{钢}}}{L_{\text{BC}}}=\frac{\frac{\pi}{2}\times0.018^4\times80\times10^9}{0.82}\ \text{N}\cdot\text{m/rad}=1.61\times10^4\ \text{N}\cdot\text{m/rad}$$

$$k_{\text{DE}}=\frac{I_{\text{DE}}G_{\text{铝}}}{L_{\text{DE}}}=\frac{\frac{\pi}{2}\times0.025^4\times40\times10^9}{1.22}\ \text{N}\cdot\text{m/rad}=2.01\times10^4\ \text{N}\cdot\text{m/rad}$$

轴AB的铝心在末端的扭转角与轴AB的钢套在末端的扭转角相等，轴AB在末端的总扭矩为铝心和钢套的扭矩之和，因此轴AB的铝心和钢套可看成并联的扭转弹簧，其等效刚度为

$$k_{\text{AB}}=k_{\text{AB钢}}+k_{\text{AB铝}}=(5.03\times10^5+1.68\times10^4)\text{N}\cdot\text{m/rad}$$
$$=5.20\times10^5\ \text{N}\cdot\text{m/rad}$$

轴AB与轴BC的扭矩是相等的，因此轴AB与BC可为串联的扭转弹簧。它们的组合与轴DE并联，因此总的扭转刚度为

$$k_\theta=\frac{1}{\frac{1}{k_{\text{AB}}}+\frac{1}{k_{\text{BC}}}}+k_{\text{DE}}=3.57\times10^4\ \text{N}\cdot\text{m/rad}$$

例1-6　求图1-11所示滑轮—弹簧—质量系统的等效刚度。

解：方法1：物体的质量为m，位移为x，则系统的弹性势能

$$E_{\text{p}}=\frac{1}{2}kx^2+\frac{1}{2}(2k)x^2=\frac{1}{2}(3k)x^2$$

设该系统等效后的弹性势能为

$$E_{\text{p}}=\frac{1}{2}k_{\text{eq}}x^2$$

所以，系统的等效刚度为

$$k_{eq} = 3k$$

方法 2：系统中弹簧 k 和弹簧 $2k$ 共同作用在质量 m 上，因此，根据并联弹簧的计算可得

$$k_{eq} = 3k$$

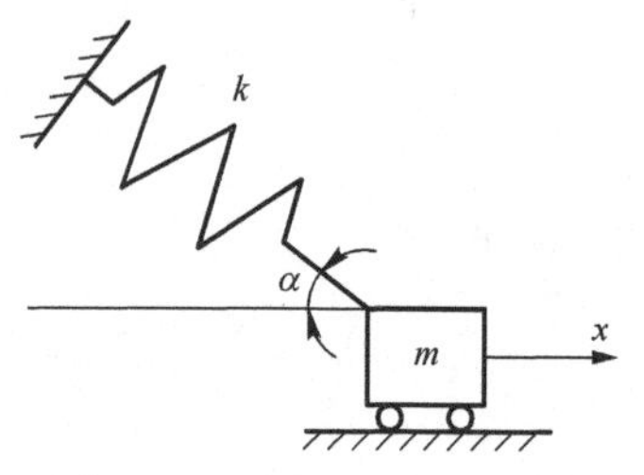

图 1-19 例 1-7 所示系统

例 1-7 图 1-19 所示系统的弹簧轴线与质量块运动方向的夹角为 α，求其在运动方向上的等效弹簧刚度。

解： 当质量块沿运动方向产生一个位移 x 时，弹簧沿其轴线方向的伸长量为 δ，近似为

$$\delta = x\cos\alpha$$

弹簧沿其轴线的恢复力为

$$F_k = k\delta = kx\cos\alpha$$

质量块在其运动方向上受到的拉力为

$$F_x = F_k\cos\alpha = kx\cos^2\alpha$$

相当于质量块在其运动方向受到一等效弹簧的拉力 $k_{eq}x$，即 $k_{eq}x = kx\cos^2\alpha$。因此，刚度为 k 的斜弹簧在运动方向上的等效弹簧刚度为

$$k_{eq} = k\cos^2\alpha \tag{1-22}$$

5) 阻尼元件

系统的阻尼由阻尼元件来表征，用字母 c(阻尼系数)表示，单位为 N · s/m(扭转振动时的单位为 N · m · s/rad)。

在振动系统中，阻尼元件(或阻尼器)对于外力作用的响应表现为其端点一定的移动速度。图 1-20a 为阻尼器的示意图。它所受到的外力 F_d(或其产生的阻尼力 F_d)是振动速度 $\dot{x}$ 的函数，即

$$F_d = f(\dot{x}) \tag{1-23}$$

对于线性阻尼器，F_d 是 $\dot{x}$ 的线性函数，如图 1-20b 所示，

$$F_d = c\dot{x} \tag{1-24}$$

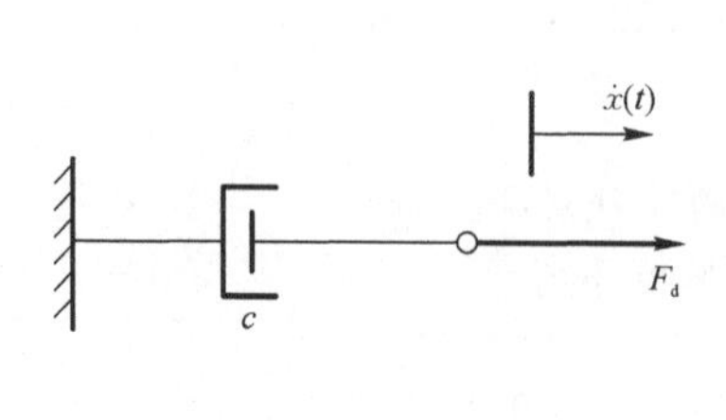

(a)　　(b)

图 1-20 阻尼器及其线性关系

阻尼系数 c 是使阻尼器产生单位速度所需施加的力。

对于阻尼元件，需要指出的是：

(1) 通常假定阻尼元件是没有质量的，或质量忽略不计。

(2) 与弹性元件不同的是，阻尼元件是消耗能量的，它以热能、声能等方式耗散系统的机械能。

(3) 对于扭转振动系统，阻尼元件为扭转阻尼器，其阻尼系数 c 是产生单位角速度 $\dot{\theta}$ 所需施加的力矩，力矩 M_d 与角速度 $\dot{\theta}$ 间的关系为

$$M_d = c\dot{\theta} \tag{1-25}$$

6) 等效黏性阻尼系数

与速度成正比的阻尼称为黏性(viscous)阻尼，也称为线性阻尼。采用线性阻尼的模型使得振动分析的问题大大简化。工程实际中大量存在着其他性质的阻尼，统称为非黏性阻尼。处理这类问题通常采用将其折算成等效黏性阻尼系数 c_{eq} 的方法。折算的原则是：将振动周期内由非黏性阻尼所消耗的能量等于等效黏性阻尼所消耗的能量。

(1) 库仑(Coulomb)阻尼。库仑阻尼也称为干摩擦阻尼。如图1-21所示，振动时，质量为 m 的物体与摩擦系数为 μ 的表面间产生库仑阻尼力 $F_c = \mu mg$，F_c 始终与运动速度 $\dot{x}$ 的方向相反且大小不变，即

$$F_c = -\mu mg \cdot \mathrm{sgn}(\dot{x}) \tag{1-26}$$

式中，sgn 为符号函数，这里定义为

$$\mathrm{sgn}(\dot{x}) = \frac{\dot{x}}{|\dot{x}|} \tag{1-27}$$

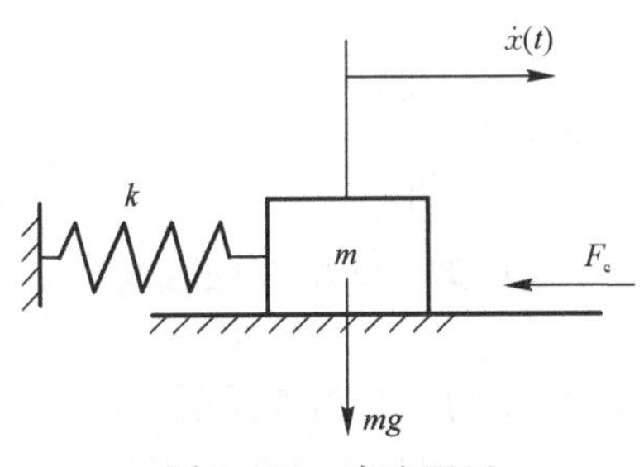

图1-21　库仑阻尼

须注意，当 $\dot{x} = 0$ 时，库仑阻尼力是不定的，它取决于合外力的大小，而方向同合外力的方向相反。

在一个振动周期中，振动系统由于库仑摩擦力而耗散的能量为

$$\Delta E_c = 4\mu mg|X|$$

式中，$|X|$ 为稳态振动的振幅。

在谐波激励(谐波激励将在第2章讨论)下达到稳态响应时，一个振动周期内外力做功为

$$\Delta E = c\pi\omega|X|^2$$

式中，ω 为激励力的圆频率。

库仑摩擦力耗散的能量与外力对系统做功平衡，振动系统达到稳态响应，因此库仑阻尼的等效黏性阻尼系数为

$$c_{eq} = \frac{4\mu mg}{\pi\omega|X|} \tag{1-28}$$

(2) 流体阻尼。流体阻尼是当物体以较大速度在黏性较小的流体(如空气、液体等)中运动时，由于流体介质所产生的阻尼。流体阻尼力 F_n 始终与运动速度 $\dot{x}$ 方向相反，大小与速度平方成正比，即

$$F_n = -\gamma\dot{x}^2\,\mathrm{sgn}(\dot{x}) \tag{1-29}$$

式中，γ 为常数。

在一个振动周期中，振动系统由于流体阻尼力 F_n 耗散的能量为

$$\Delta E_n = 4\int_0^{T/4} |F_n| \dot{x} dt = 4\int_{\varphi/\omega}^{(\pi/2+\varphi)/\omega} \gamma \dot{x}^3 dt = \frac{8}{3}\gamma\omega^2 |X|^3$$

流体阻尼力耗散的能量与外力对系统做功平衡，因此流体阻尼的等效黏性阻尼系数为

$$c_{eq} = \frac{8}{3\pi}\gamma\omega |X| \tag{1-30}$$

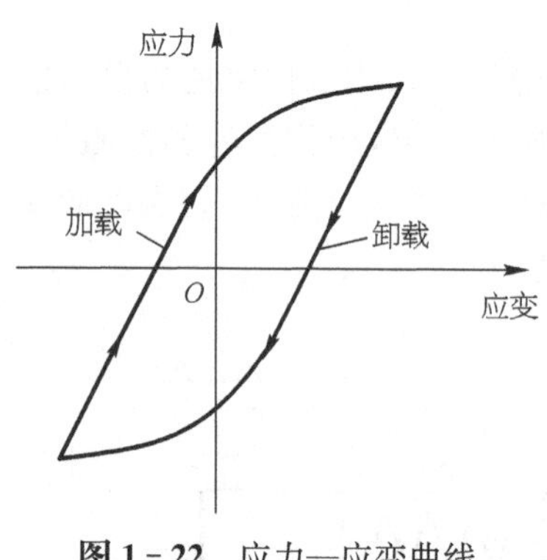

图 1-22 应力—应变曲线

(3) 结构阻尼。由材料内部摩擦所产生的阻尼称为材料阻尼，由结构各部件连接面之间相对滑动产生的阻尼称为滑移阻尼，两者统称为结构阻尼。试验表明，对材料反复加载和卸载，其应力—应变曲线会成为一个滞后回线，如图1-22所示。此回线所围的面积表示一个循环中单位体积的材料所耗散的能量，从而对结构产生阻尼，也称为滞后阻尼。对于大多数金属结构，材料阻尼力在一个周期内所耗散的能量 ΔE_s 与振幅的平方成正比，在相当大的范围内与振动频率无关，即

$$\Delta E_s = a |X|^2$$

式中，a 为由材料性质所决定的常数。

结构阻尼力耗散的能量与外力对系统做功平衡，因此结构阻尼的等效黏性阻尼系数为

$$c_{eq} = \frac{a}{\pi\omega} \tag{1-31}$$

1.2.2 动力学模型

机械系统的振动特性主要取决于系统本身的惯性、弹性和阻尼。实际机械或结构的这些性质都比较复杂，为了能运用数学工具对它们的振动特性进行分析计算，需要将实际系统做一定程度的简化，建立起既能反映实际系统的动力学特性又能进行分析计算的动力学模型。

根据实际系统的复杂程度和所采用的简化方法，动力学模型包括：

(1) 集中参数模型。由惯性元件、弹性元件和阻尼元件等离散元件组成。

(2) 有限单元模型。由有限个离散单元所组成，每个单元则是连续的。

(3) 连续弹性体模型。将实际结构简化为质量和刚度均匀分布或按简单规律分布的弹性体。

前两种模型属于离散系统，其自由度数是有限的，系统的运动状态用常微分方程来描述；而后一种模型则属于连续系统，其自由度数是无限的，它的运动状态需要用偏微分方程来描述。

需要指出的是，由于实际系统的情况十分复杂，因此根据所要解决的问题和所要求的精度不同，即使是对同一实际系统，也可建立起不同的动力学模型。

还需要指出的是，机械振动系统中各参数的动态特性严格来讲，都与系统的运动状态成非线性复杂关系。但是，由于工程实际中的机械振动大多是属于微小振动，所以就有可能将上述非线性关系加以线性化，即当振动体的位移和速度较小时，可以认为弹性力是位移的一次函

数，阻尼是速度的一次函数，在这些条件下建立系统的线性动力学模型。在工程中还有很多机械振动系统是不能够线性化的，如果强行线性化，就会使系统的性质改变，所得的结果也无法解决实际的动力学问题，对于这类系统就只能建立非线性动力学模型来加以研究。

1.3　振动实验

解决工程振动问题的方法有两种：一种是解析的方法，它通过建立理论模型的运动微分方程组，求解得到动力系统的响应；另一种方法是实验方法，它是通过采用某些激励的方法使系统产生一定的振动响应，或通过现场测量，利用有关仪器、设备直接得到和分析系统的响应，从而达到解决振动问题的目的。两种方法相辅相成，振动实验是解决振动问题必不可少的重要手段之一。通过实验可以得到第一手客观的数据资料，它是检验理论或计算可靠性的最有力的依据。实际系统常常十分复杂，许多细节难以用理论或计算模型进行描述，而实验则可以最全面地反映系统的内在联系和特性。

1.3.1　振动信号的采集

1）信号采集

振动实验总体上可以分为信号采集和信号分析两大步。信号采集是信号分析的基础，只有得到真实可信的信号，才能进行信号分析以得到正确的结论。

振动信号采集主要用到以下仪器设备：

(1) 传感器。传感器的作用是将其感受到的结构机械振动转变为电信号。在振动实验中最常用的一类传感器是压电加速度传感器。这类传感器的工作原理是某些石英晶体在受力作用时可以产生电荷。压电加速度传感器的特点是体积小、适用的频带宽。加速度传感器常简称为加速度计。图1-23所示的是几种常见的加速度计。压电加速度计有两种基本型式：受压型和受剪型。受压型加速度计利用压缩型压电效应，使晶体元件产生与测量点的加速度成正比的电荷。受剪型加速度计只对剪切力敏感，惯性质量的惯性力使晶体元件发生剪切变形而产生电荷。一般情况下，受剪型加速度计的电荷灵敏度大于受压型加速度计，从而减少惯性质量，缩小传感器的尺寸和重量。

图1-23　常见的加速度计

加速度计的灵敏度常以其感受到的主轴线方向 $1g$($g=9.8\,\mathrm{m/s^2}$) 加速度时输出的电压值来衡量。由于信号采集系统输入端的电压范围通常为 $\pm 5\,\mathrm{V}$，因此灵敏度高的传感器量程小，灵敏度低的传感器量程大。

压电加速度计可看成有阻尼、单自由度弹簧质量系统，其频率响应特性为

$$\frac{a_0}{b_0}=\frac{1}{\sqrt{\left[1-\left(\frac{f}{f_\mathrm{n}}\right)^2\right]^2+\left(\frac{1}{Q^2}\right)\left(\frac{f}{f_\mathrm{n}}\right)^2}} \tag{1-32}$$

式中，f_n 为无阻尼固有频率(Hz)；f 为测量点的振动频率；a_0 为输出加速度；b_0 为底座或测量

点的加速度；Q 为共振时振幅放大系数。

图 1－24 是某个加速度计的频率特性图。由图 1－24 可以看出，在 $f_n/5$ 处，频率响应大概上升 5％，在低频处(3 Hz 以下)，误差增大。图中，区间①是可用的频率范围。

每一个加速度计在出厂时都会随附一张类似图 1－24 的频率响应特性图。

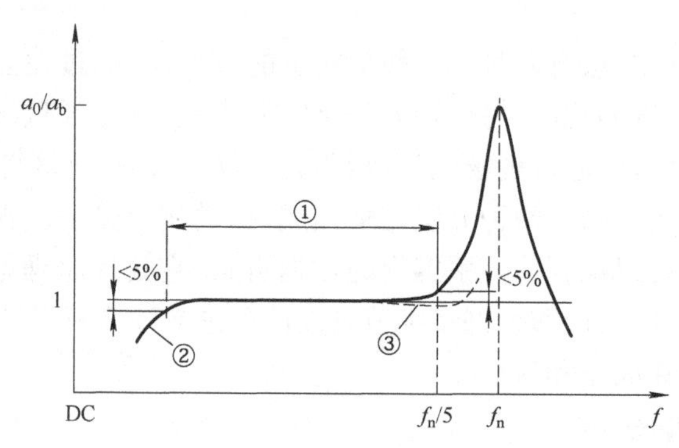

图 1－24 典型的频率响应曲线

①—可用的频率范围；②—高通滤波器；③—低通滤波器

(2) 信号适调器。信号适调器的主要作用是将传感器输出的信号进行放大和滤波，或给内置放大型传感器供电。在专用的信号采集与分析系统中，信号适调功能常常集成在系统内。

(3) 数据采集与分析系统。数据采集与分析系统的作用是对信号进行采集和保存，并可对其进行分析处理。目前的发展趋势是以微型计算机为核心构筑成数据采集与分析系统，如图 1－25 所示。这类系统的优点是充分利用了现代微机高性能的数据处理能力和大量的数据分析与处理软件，可实现多通道，大速率数据采集和强大的数据分析处理功能，系统采用多 CPU、多 DSP、并行和模块设计，集成各种信号调理手段，能满足不同使用目的和使用环境的需求。

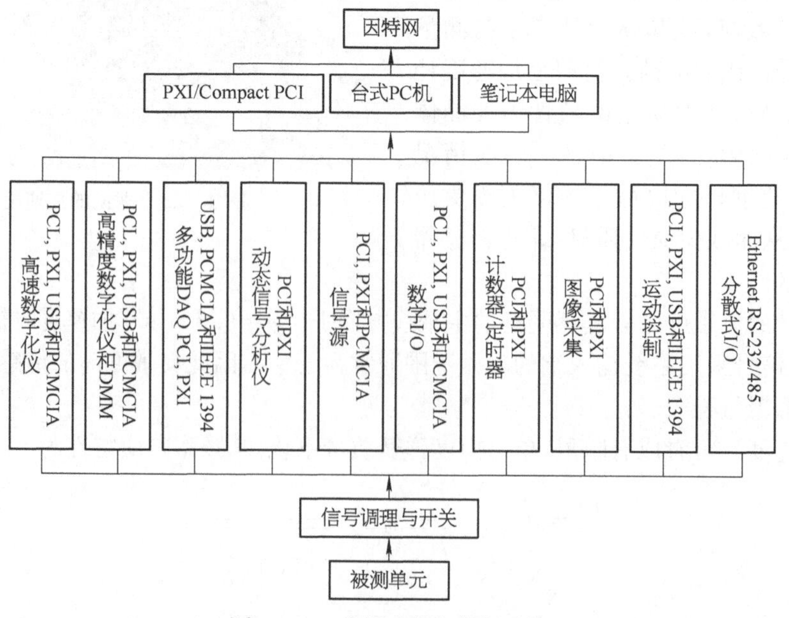

图 1－25 信号采集与分析系统

2）采样定理

如果从传感器中输出的电信号是随时间连续变化的，这样的信号就称为模拟信号，如图 1－26a所示。计算机只能对离散的数值进行处理，因此必须将这种连续信号用一系列离散的数值点来代替，将其输入到计算机内，此时模拟信号就转变成了数字信号，如图 1－26b 所示。对这一过程的实现就称为信号采集或简称采样，也称为模-数转换。很明显，信号由模拟量转换为数字量时，若在单位时间内采样的点数（采样频率）越多，则数字信号越能真实反映模拟信号的变化。但采样率越大，对 AD 卡和计算机的性能要求就越高。模拟信号变化越快，即频率越高，则所需的采样频率越高。采样定理指出：数字信号能复现模拟信号所需的最低采样频率必须大于或等于模拟信号中最高频率的 2 倍，即

$$f_s \geqslant 2f_N \tag{1-33}$$

式中，f_s 为采样频率；f_N 为模拟信号中的最高频率。

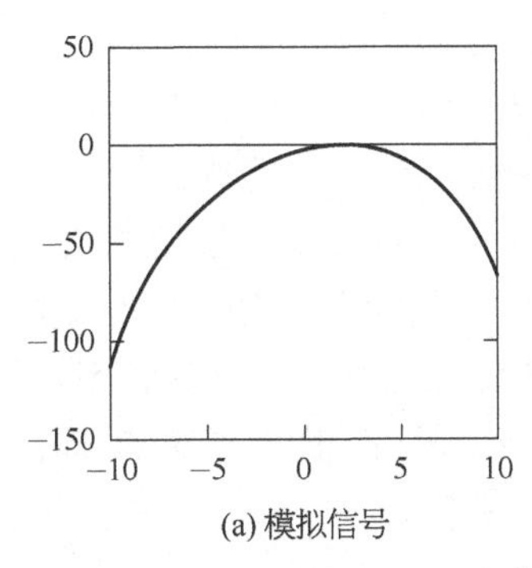

(a) 模拟信号

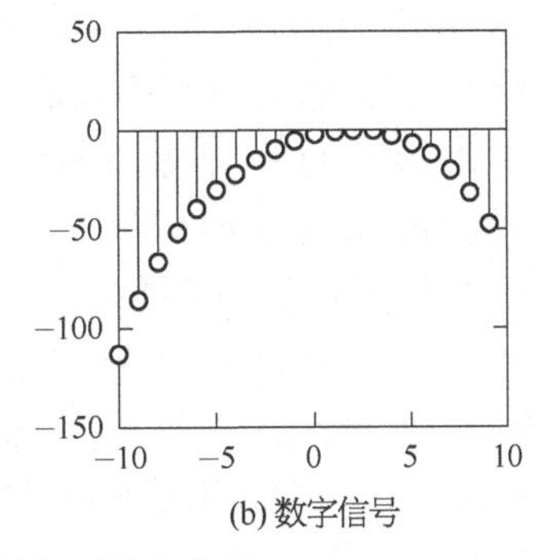

(b) 数字信号

图 1－26　由模拟信号得到数字信号

当采样过程不满足采样定理时，采样的结果将产生频率混淆。例如对于图 1－27 中粗实线代表的简谐振动，若每间隔 $\Delta t < 1/(2f_N)$ 采样一次，将采样点（以"•"表示）用直线连接后的图形能反映实际的振动，但若每间隔 $7\Delta t > 1/(2f_N)$ 采样一次（以"□"表示），反映的振动将如细实线所示，频率只有实际频率的 1/7。这意味着，如果采样频率不满足采样定理，则模拟信号中高频部分的信号可能被误作为低频信号，从而与实际的低频部分相混淆。实验中，一般应保证采样频率满足

$$f_s > (2.5 \sim 5)f_N \tag{1-34}$$

图 1－27　采样中的频率混淆

在实际测量时，模拟信号中常含有高频噪声，因此数据采集系统内一般装有特殊的低通滤波器，称作抗混滤波器。它的作用是将模拟信号中不需要的高频部分的信号在 AD 变换前衰减掉，从而保证采样过程满足采样定理。

3）快速傅里叶变换

采集到计算机内的数字信号反映了信号的时域特征，在实际中常常需要知道信号的频域

特征。快速傅里叶变换(fast Fourier transformation, FFT)是针对离散信号的一种快速计算方法,它可以快速地将离散时域信号变换为离散的频域信号。快速傅里叶变换相当于对信号进行傅里叶级数展开,这要求时域信号必须是周期性的。在实际测量中,由于受到噪声干扰,在严格意义上的信号周期性是难以保证的,此时就要求信号必须是平稳的。使用快速傅里叶变换时必须知道以下几个关键点:

(1) 所采集的时域信号的时间总长度决定了频域内信号的频率分辨率。例如,若采集的时间长度为 T,则频域内谱线之间的间隔为

$$\Delta f = \frac{1}{T} \tag{1-35}$$

显然,在相同的采样频率下,采样的时间越长,即采样的点数越多,Δf 就越小,频率的分辨率也就越高。

(2) 频域内谱线的根数与所采集的时域信号采样点数(为 2 的幂次值)相同,且谱线在正负频率区间内对称分布。在实际数值计算时,例如用 MATLAB 进行 FFT 计算时,频域数据将按照图 1-28 所示的方式排列(图中仅取 8 个采样点)。

在图 1-28 中,零频率点和折叠点是两个较特殊的点,它们的数值均为实数。除零频率点外(零频率点的谱线幅值表征了时域信号中的直流分量),其余点围绕折叠点左右对称分布。对称点的数值为一对共轭复数,表明它们代表的振动幅值相同,相位相反。由于对称点谱线所包含的振动信息是等价的,因此,在实际应用中,频域数据中可仅取零频率点到折叠点之间的谱线即可,负频率部分的谱线就不需要了。但如果要进行傅里叶逆变换,即由频域返回时域,则必须按照图 1-28 所示的方式形成所有谱线上的数值。

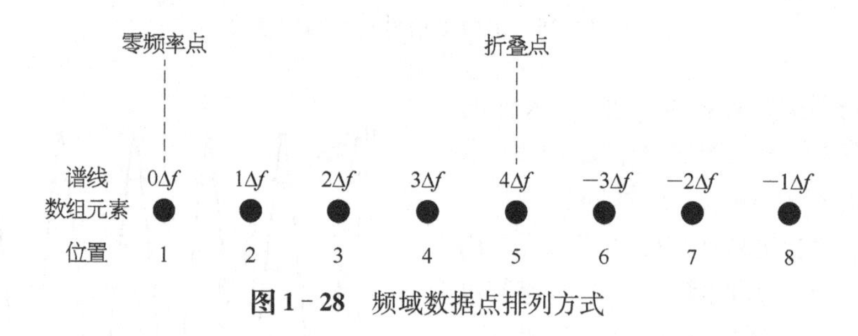

图 1-28 频域数据点排列方式

由图 1-28 可推得,若采样点数为 n,则频域中折叠点在数组中第 $(n/2+1)$ 个位置,有效谱线数为$(n/2+1)$ 根,理论最高分析频率为

$$f_{\max} = \frac{1}{2}n\Delta f = \frac{1}{2}n \cdot \frac{1}{T} = \frac{1}{2}f_s \tag{1-36}$$

式中,f_s 为单位时间内的采样点数,即采样频率。

(3) 与理论上的模拟计算不同,实际采集过程受抗混滤波器性能的限制,靠近理论上最高分析频率的谱线会遭到高频信号的污染,因而不能达到理论最高分析频率。常用的数据采集设备中,大多设定采样频率为要分析的频率带宽的 2.56 倍。因此,若采样点数为 1 024,则可用的谱线根数为 $1\,024/2.56 = 400$,其余 113 根$\left(\frac{1\,024}{2} + 1 - 400 = 113\right)$谱线不能用,这就是实际中常讲的 400 线的含义。

例 1-8 一振动信号的采样长度为 $T=20\,\text{s}$，采样点数 $n=1\,024$，试求采样频率、频率分辨率和理论最高分析频率。如果采用的是 400 线有效带宽，求实际可得到的最高分析频率。

解: 采样频率为

$$f_s=\frac{1}{\Delta t}=\frac{n}{T}=\frac{1\,024}{20}=51.2\ \text{Hz}$$

频率分辨率为

$$\Delta f=\frac{1}{T}=\frac{1}{20}=0.05\ \text{Hz}$$

由式(1-36)得理论最高分析频率为

$$f_{\max}=\frac{f_s}{2}=\frac{51.2}{2}=25.6\ \text{Hz}$$

对于 400 线有效带宽，实际可得到的最高分析频率为

$$f_{400}=400\times\Delta f=\frac{f_s}{2.56}=\frac{51.2}{2.56}=20\ \text{Hz}$$

4) 频谱泄漏

对周期振动来讲，若采样的时间长度不是该周期振动周期的整数倍时，则在频域内原来谱线上的能量会泄漏到其他谱线上去，这就是频谱泄漏现象。泄漏现象可用正弦信号来说明。图 1-29a 是一振动频率为 ω_0、周期为 T_0 的正弦波。如果采样时间长度 T 是正弦波周期 T_0 的整数倍，则在频域内可得到频率为 ω_0 的唯一谱线。但若 T 不是 T_0 的整数倍，见图 1-29b，则在频域内将得到包括频率 ω_0 在内的多根谱线，频率为ω_0的谱线幅值最大。实际信号仅有一个振动频率，结果得到多个频率，这就是发生了泄漏，即振动能量泄漏到 ω_0 之外的其他频率的振动中去了。在理论上进行模拟计算时，可将采样时间长度精确地设定为正弦波周期的整数倍，从而消除泄漏现象。但实际中 AD 卡的采样周期是分级固定的，常常不能精确地实现整周期采样，因此在实际采集过程中，泄漏大多无法避免。为了减少泄漏，可对已采集的信号进行加窗处理。需要指出的是，除周期信号外，其他信号在采样时也会发生泄漏。

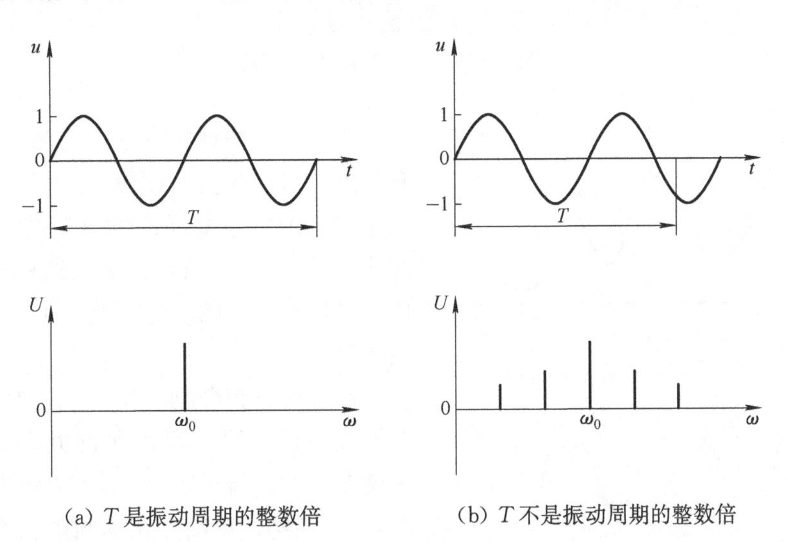

(a) T 是振动周期的整数倍　　(b) T 不是振动周期的整数倍

图 1-29 振动信号及其频谱

1.3.2 振动测试系统

所谓振动测试，是指将一已知的激振力施加于振动系统上，测量其响应，从而确定结构的动态特性，如固有频率，模态向量及阻尼率等。激振的方式有很多种，如正弦激励、瞬态激励、随机激励等，相应地有不同的测试系统与分析方法。

1）正弦激振测试系统

正弦激振是指在测试对象具有有效响应的频带范围内，逐一用各个频率的正弦激振力进行激振，从而测定对象的频率特性 $H(\omega)$。

图 1－30 是正弦激振测量系统的流程图。信号发生器产生的正弦或余弦电信号经过功率放大器放大后驱动激振器，激振器经力传感器对系统进行激振。力传感器和加速度传感器分别用于测量激振力与响应，其测得的数据可从相应的测量仪表（电压表或测量放大器）上读出或由 $X-Y$ 记录仪记录。系统中的示波器用来监视信号的波形。跟踪滤波器可以确保测出的激振力与响应只与激振频率有关。相位计中读出的是激振力和加速度之间的相位差。

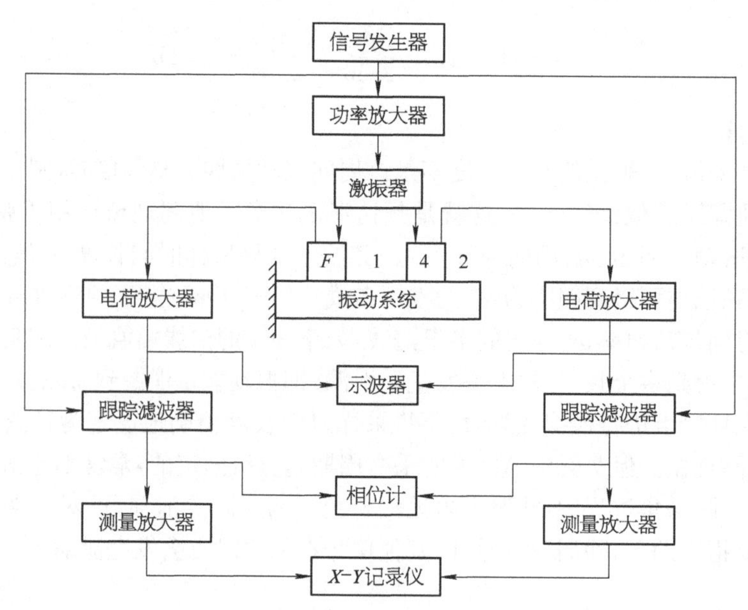

图 1－30 正弦激振测量系统

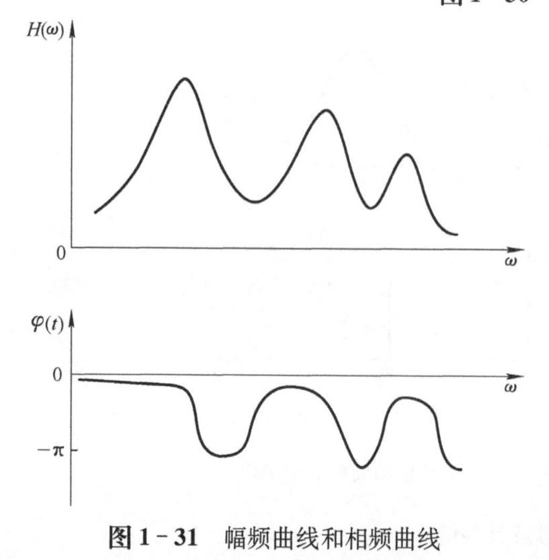

图 1－31 幅频曲线和相频曲线

逐一改变振动频率来进行激振，测量记录各频率点的响应幅值与相位，可得到振动系统在感兴趣的整个频率范围内的响应幅频曲线和相频曲线，如图 1－31 所示。利用这样的频响曲线可以估计振动系统的动态特性，确定固有频率及阻尼比等参数。

在进行正弦激励实验时，必须保证激振力的幅值在各种激振频率下保持恒定。这是因为如果激振力的幅值过小，则不足以激发各个主要模态，而且结构中可能存在的间隙会在测试结果中引入显著的误差；如果激振力的幅值过大，又可能会激发结构中的非线性因素，同样会造成测试误差。由于从功率放大器到激振器这一子系统的幅频特性一般并非常数，为了使其激振力的输出为等幅值的，其输入信号的幅值就必须做相应的变化。这一点可由手动调节或自动反馈控制来完成。如果信号发生器以数字计算机与 D/A 转换来取代，则也可以用计算机编程的方法来实现。正弦激励的优点是激振功率大、信噪比高、能保证测试精度，主要缺点是测试周期长。

2）瞬态激振测试系统

（1）脉冲激振测试系统。脉冲激振是一种瞬态激振方法，从理论上讲，它是以式 $f(t)=P_0\delta(t-a)$ 表示的理想脉冲激励 $P_0\delta(t-\tau)$ 对系统进行激励的。脉冲函数在 $-\infty\sim+\infty$ 的整个频率范围内的频谱是连续恒定的，因此用一个脉冲函数激励相当于用所有频率的正弦信号同时激励。

实际的脉冲激振是用锤击实现的，基本测试系统如图 1 - 32a 所示。脉冲锤由锤头、力传感器、锤柄及配重所组成，如图 1 - 32b 所示。用它敲击被测试系统，以产生瞬时冲击。对系统进行激振时所产生的激振力并非理想的 $\delta(t)$ 函数，而是近似于图 1 - 33a 所示的三角脉冲，其表达式为

$$f(t)=\frac{4P_0}{T^2}\left[r(t)-2r\left(t-\frac{T}{2}\right)+r(t-T)\right] \tag{1-37}$$

式中，$r(t)$ 为斜坡函数。

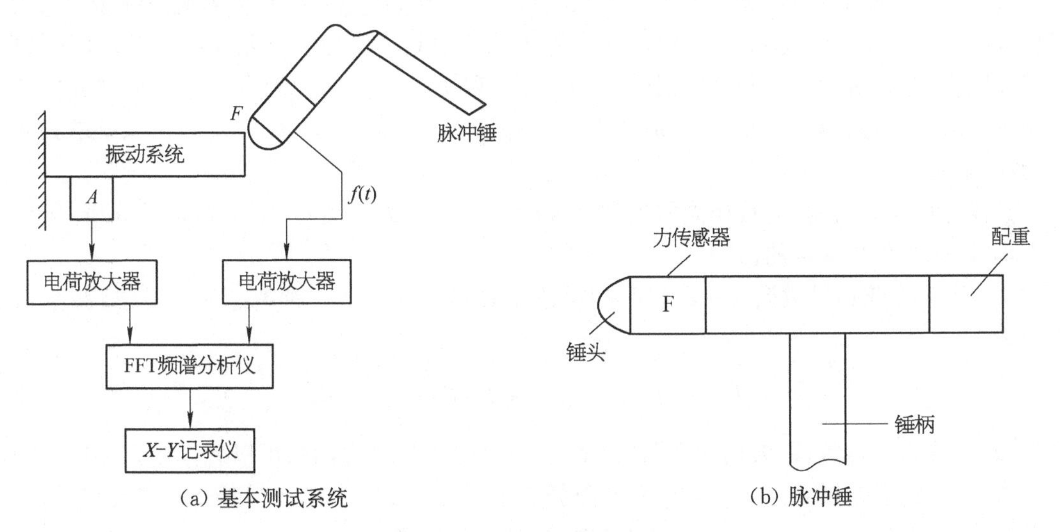

（a）基本测试系统　　　（b）脉冲锤

图 1 - 32　脉冲锤测量系统

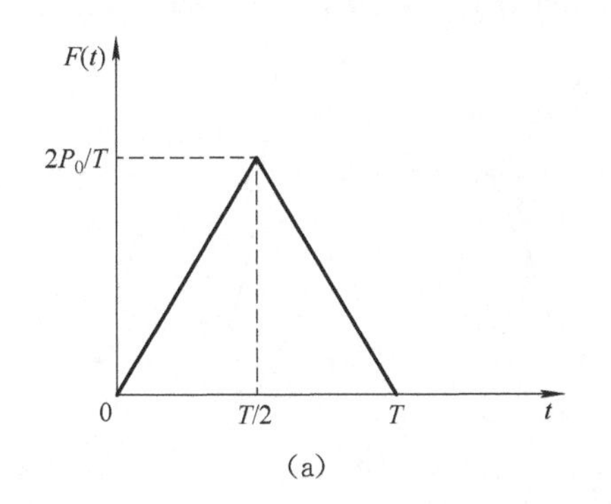

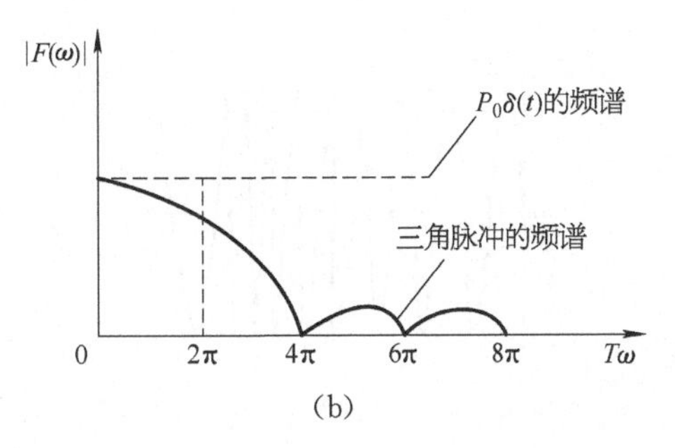

（a）　　　（b）

图 1 - 33　三角脉冲

$$r(t)=\begin{cases}t,\ t>0\\0,\ t\leqslant 0\end{cases} \tag{1-38}$$

对式(1-37)做拉普拉斯变换，得

$$F(s)=\frac{4P_0}{T^2s^2}-\frac{8P_0}{T^2s^2}\mathrm{e}^{-\frac{Ts}{2}}+\frac{4P_0}{T^2s^2}\mathrm{e}^{-Ts} \tag{1-39}$$

对式(1-39)取 $s=\mathrm{j}\omega$，转换到频域，并利用欧拉公式，可得到

$$F(\mathrm{j}\omega)=\frac{8P_0}{T^2\omega^2}\left(1-\cos\frac{T\omega}{2}\right)\cos\frac{T\omega}{2}-j\,\frac{8P_0}{T^2\omega^2}\left(1-\cos\frac{T\omega}{2}\right)\sin\frac{T\omega}{2} \tag{1-40}$$

由此可做出激振力的频谱图，如图 1-33b 所示。由图可知，当 $T\omega<2\pi$ 时，三角脉冲可近似代替 $\delta(t)P_0$；当 $T\omega>2\pi$ 时，三角形脉冲的幅值 $|F(\omega)|$ 衰减得很快，已不能近似代替 $\delta(t)P_0$。因此，使用锤击进行脉冲激振时，要求 $T<\frac{2\pi}{\omega}$，这里的 ω 是对振动敏感频率的上限。T 与锤头和被激振系统的接触表面刚度有关，锤头越硬，T 越小。改变锤头的材料，可调整 T 的大小，从而有效地改变锤击激振的频率范围。在激励的有效带宽能够覆盖感兴趣频率的前提下，选用的锤头要尽量软，以使激振的能量尽量集中于对振动敏感的频率范围内，而又不致损坏被激表面。

改变锤头的配重大小和敲击加速度的大小可调节激振力的大小。要注意避免锤击力过大和二次锤击，前者往往会引起结构非线性，并使测试系统过载，后者会给分析结果带来较大的误差。

如图 1-32a 所示，将测取的激振力信号 $f(t)$ 和振动信号 $x(t)$ 都直接送入频谱分析仪进行频谱分析，求得其傅里叶变换 $F(\omega)$ 和 $X(\omega)$，并按 $X(\omega)=H(\omega)F(\omega)$ 计算出系统的频率响应函数 $H(\omega)$。

具体运用时，往往在大致相同的条件下进行一系列的重复实验、测量和频谱分析，然后加以平均，以减少外界噪声的污染。

(2) 快速正弦扫描激振。快速正弦扫描法也是目前流行的一种瞬态激振方法，激励力可表示为

$$f(t)=P_0\sin 2\pi(at+b)t(0<t<T) \tag{1-41}$$

式中，a、b 均为正常数；T 为扫描周期(通常为数秒钟)。这种力函数可以看作是频率连续变化的正弦函数，其下限频率为 $f_{\min}=b$，而上限频率为 $f_{\max}=aT+b$。其时间历程与频谱分析分别如图 1-34a、b 所示，上、下限频率及扫描周期可根据实验要求选定。快速正弦扫描激振系统的方框图与图 1-32 类似。这种方法兼有阶梯正弦激振的精确性与瞬态激振的快速性。

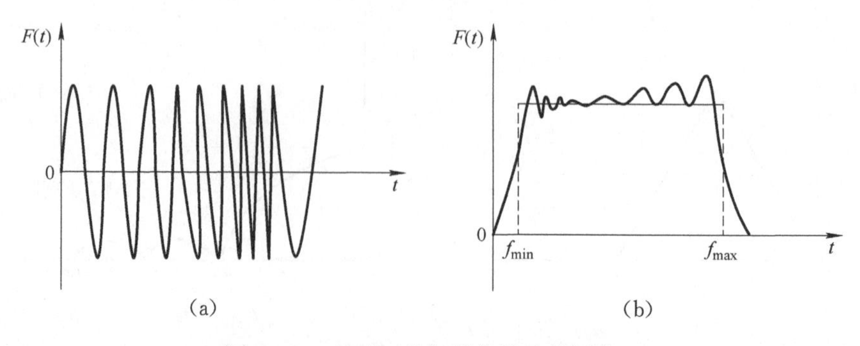

图 1-34 快速正弦扫描信号及其频谱

瞬态激振方法的优点是迅速省时，实验设备也比较简单，但其激励能量分散在较宽的频率范围内，因而对于有的模态可能存在激励能量不足、信噪比低而测试精度不高的问题。如果加大冲击能量，有可能引入非线性因素，甚至损坏被测试的结构或测试设备。下面介绍的随机激振法在一定程度上可克服上述不足。

3) 随机瞬态激振测试系统

随机激振法是广泛应用的一种宽带激振方法，其测试系统如图1-35所示。由信号发生器产生白噪声信号(也可由计算机产生一种“伪随机码”，经D/A转换输出)，经功率放大器驱动激振器，对被测试结构进行激励。分别以力传感器和加速度计测量激振力和响应，经放大后输入谱分析仪，求出系统的频响函数或脉冲响应函数，由 $X-Y$ 记录仪绘图、输出。

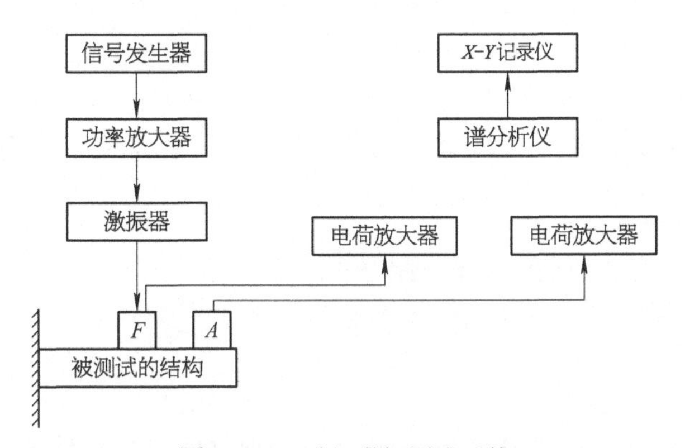

图1-35　随机激振测试系统

与瞬态激振不同，这种方法是在一段时间内，以随机信号对被测试系统进行连续激励，因而可以获得较大的激励能量。其信噪比优于瞬态激励，但不如阶梯正弦激励，其测试时间也居于两者之间。

随机激振方法有一个突出的优点，就是它具有在噪声背景中提取有用信号的能力，因而抗噪声干扰的能力比较强。其原因在于随机激振法并非就个别的激励与响应来分析振动系统的动态特性，而是就激励与响应的统计平均参数来分析系统的特性。因此，只要混入的噪声与施加的激励在统计上是不相关的，那么在计算统计平均的过程中就会自动排除噪声的影响。

采用随机激振方法对系统进行测试时，甚至可以不必中断系统的正常运行，只要所施加的振动信号与系统正常运行中的载荷或扰动信号是不相关的，则系统的运行信号和扰动就不会影响测试的结果。此外，还可直接以系统的工作载荷或环境中的自然扰动作为随机激振源，只要这些振源的带宽足以覆盖系统的有效响应频带即可。这样就不必另外施加激励，从而可简化测试系统，降低测试成本。

第 2 章

单自由度机械系统的振动

◎ **学习成果达成要求**

工程结构问题可以简化为单自由度系统的振动，为了解决简单的工程问题，需要学习单自由度机械系统的运动微分方程及求解。

学生应达成的能力要求包括：

1. 能够了解单自由度系统的自由振动、强迫振动；
2. 能够掌握单自由度系统的运动微分方程及求解。

被限制只能产生一种形态的振动，或只需要一个独立的坐标就能够完全描述系统质量在空间位置的系统就是单自由度系统。振动系统的“自由度”定义为描述振动系统的位置或形状所需要的独立坐标的个数。有的工程结构可以简化为单自由度系统。例如电动机固定在混凝土基础上，如图 2 - 1a 所示，电动机和基座可以看成一个刚性物体，而土壤既具有弹性，又具有阻尼作用，此系统的动力学模型如图 2 - 1b 所示。

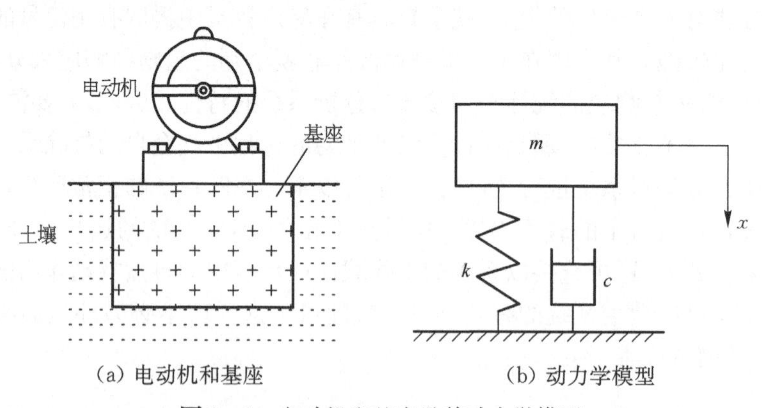

(a) 电动机和基座　　(b) 动力学模型

图 2 - 1　电动机和基座及其动力学模型

2.1　单自由度系统的运动微分方程

图 2 - 2a 所示是一个典型的单自由度振动系统，质量块 m 直接受到外界激励力 F 的作用。对质量块 m 取分离体，如图 2 - 2b 所示，x 表示以 m 的静平衡位置为起点的位移，F_S 表示弹簧作用在 m 上的弹性恢复力，F_d 则表示阻尼器作用在 m 上的阻尼力，根据牛顿定律有

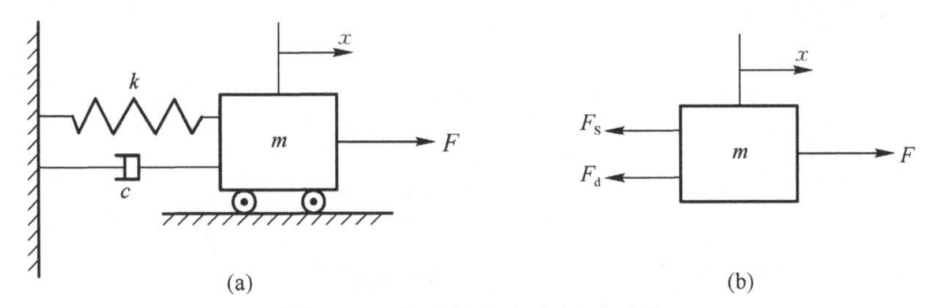

图 2－2　典型单自由度振动系统

$$m\ddot{x}=F-F_d-F_s \tag{2-1}$$

对于线性系统，$F_d=c\dot{x}$，$F_s=kx$，代入上式并整理，得

$$m\ddot{x}+c\dot{x}+kx=F \tag{2-2}$$

式(2－2)为单自由度线性系统的运动微分方程。从数学上看，这是一个二阶常系数、非齐次线性常微分方程。方程的左边完全由系统参数 m、c 与 k 所决定，反映了振动系统本身的固有特性；方程的右边则是外加的驱动力 F，反映了振动系统的输入特性。微分方程式(2－2)实质上是提出了这样一个问题：由 m、c、k 所代表的单自由度线性系统在激励力 F 的作用下，会具有什么样的运动或响应 x?

2.2　单自由度系统的自由振动

对于式(2－2)所示的单自由度线性系统的运动微分方程，当 $F=0$ 时，表示外界对系统没有持续的激励作用，但此时系统仍可在初速度或初位移的作用下发生振动，这种振动称为自由振动。当 $c=0$ 时，系统称为无阻尼系统。

2.2.1　无阻尼情形

对于图 2－2a 所示的单自由度系统，不考虑阻尼的影响，其自由振动微分方程为

$$m\ddot{x}+kx=0 \tag{2-3}$$

令 $\omega_n=\sqrt{\dfrac{k}{m}}$，称其为无阻尼系统的固有角频率(或圆频率)，单位为 rad/s，其频率 $f_n=\dfrac{1}{2\pi}\sqrt{\dfrac{k}{m}}$ 为固有频率，单位为 Hz。则方程式(2－3)变为

$$\ddot{x}+\omega_n^2x=0 \tag{2-4}$$

方程式(2－4)的通解为

$$x=A_1\cos\omega_nt+A_2\sin\omega_nt=A\cos(\omega_nt-\varphi) \tag{2-5}$$

式中，$A=\sqrt{A_1^2+A_2^2}$ 为振幅；$\varphi=\arctan\dfrac{A_2}{A_1}$ 为初相位，二者由初始条件确定。已知系统的初始位移和速度分别是 $x(0)=x_0$，$\dot{x}(0)=\dot{x}_0$，分别代入式(2－5)中得

$$A_1=x_0,\ A_2=\frac{\dot{x}_0}{\omega_n}$$

则系统对初始条件的响应为

$$
\begin{aligned}
x &= x_0\cos\omega_n t+\frac{\dot{x}_0}{\omega_n}\sin\omega_n t \\
&= \sqrt{x_0^2+\left(\frac{\dot{x}_0}{\omega_n}\right)^2}\cos\left(\omega_n t-\arctan\frac{\dot{x}_0}{\omega_n x_0}\right)
\end{aligned}
\tag{2-6}
$$

例 2-1 求图 1-17 所示系统的固有角频率,悬臂梁的质量不计。

解: 此问题中的系统是单自由度系统,则系统的总刚度为

$$k=\frac{k_1k_2k_4+k_1k_3k_4+k_2k_3k_4}{k_1k_2+k_1k_3+k_2k_3+k_1k_4+k_2k_4}$$

而系统的固有角频率为

$$\omega_n=\sqrt{\frac{k}{m}}=\sqrt{\frac{k_1k_2k_4+k_1k_3k_4+k_2k_3k_4}{m(k_1k_2+k_1k_3+k_2k_3+k_1k_4+k_2k_4)}}$$

2.2.2 有阻尼情形

对于图 2-2a 所示的单自由度系统,考虑阻尼的影响,其自由振动的微分方程为

$$m\ddot{x}+c\dot{x}+kx=0 \tag{2-7}$$

令 $x=Ae^{st}$,代入式(2-7)中得

$$s_{1,2}=-\frac{c}{2m}\pm\sqrt{\left(\frac{c}{2m}\right)^2-\frac{k}{m}} \tag{2-8}$$

式中,令 $c_{cr}=2\sqrt{km}=2m\omega_n$($c_{cr}$ 为临界阻尼系数),$\xi=\frac{c}{c_{cr}}=\frac{c}{2m\omega_n}$($\xi$ 为阻尼比)。则有

$$s_{1,2}=-\xi\omega_n\pm\omega_n\sqrt{\xi^2-1} \tag{2-9}$$

方程式(2-7)的通解为

$$x=A_1e^{s_1t}+A_2e^{s_2t} \tag{2-10}$$

下面分三种情况进行讨论。

1) 小阻尼情况($0<\xi<1$)

此时式(2-9)变为

$$s_{1,2}=-\xi\omega_n\pm j\omega_n\sqrt{1-\xi^2} \tag{2-11}$$

所以

$$x=e^{-\xi\omega_n t}(A_1e^{j\omega_d t}+A_2e^{-j\omega_d t}) \tag{2-12}$$

式中,$\omega_d=\omega_n\sqrt{1-\xi^2}$,称其为有阻尼系统的固有角频率。利用欧拉公式 $e^{\pm j\omega_d t}=\cos\omega_d t\pm j\sin\omega_d t$,则式(2-12)变为

$$x = e^{-\xi\omega_n t}(C_1\cos\omega_d t + C_2\sin\omega_d t) \tag{2-13}$$

式中,待定系数 C_1、C_2 同样由初始条件确定。若系统的初始位移和速度分别记为 $x(0)=x_0$, $\dot{x}(0)=\dot{x}_0$,将其代入式(2-13),可得

$$C_1 = x_0,\ C_2 = \frac{\dot{x}_0 + \xi\omega_n x_0}{\omega_d} \tag{2-14}$$

将式(2-14)代入式(2-13)中,则有

$$x = e^{-\xi\omega_n t}\left(x_0\cos\omega_d t + \frac{\dot{x}_0 + \xi\omega_n x_0}{\omega_d}\sin\omega_d t\right) = e^{-\xi\omega_n t}A\cos(\omega_d t - \varphi) \tag{2-15}$$

式中,$A = \sqrt{x_0^2 + \frac{(\dot{x}_0 + \xi\omega_n x_0)^2}{\omega_d^2}}$, $\varphi = \arctan\frac{\dot{x}_0 + \xi\omega_n x_0}{\omega_d x_0}$。

由式(2-15)可以看出,此时系统对初始条件的响应是一种振幅按指数规律逐渐衰减的简谐振动。

2) 临界阻尼情况($\xi = 1$)

由式(2-9)可知此时

$$s_{1,2} = -\omega_n \tag{2-16}$$

此时系统的响应有如下形式:

$$x = e^{-\omega_n t}(C_1 + C_2 t) \tag{2-17}$$

式中,待定系数 C_1、C_2 同样由初始条件 $x(0)=x_0$, $\dot{x}(0)=\dot{x}_0$ 确定如下:

$$C_1 = x_0,\ C_2 = \dot{x}_0 + \omega_n x_0 \tag{2-18}$$

$$x = e^{-\omega_n t}[x_0 + (\dot{x}_0 + \omega_n x_0)t] \tag{2-19}$$

这时阻尼的大小使系统处于开始要振动而又未开始发生振动的临界状态。

3) 过阻尼情况($\xi > 1$)

此时

$$s_{1,2} = -\xi\omega_n \pm \omega_n\sqrt{\xi^2 - 1} \tag{2-20}$$

系统的响应有如下形式:

$$\begin{aligned} x &= e^{-\xi\omega_n t}(A_1 e^{\omega_n t\sqrt{\xi^2-1}} + A_2 e^{-\omega_n t\sqrt{\xi^2-1}}) \\ &= e^{-\xi\omega_n t}(C_1\operatorname{ch}\omega^* t + C_2\operatorname{sh}\omega^* t) \end{aligned} \tag{2-21}$$

式中,$\omega^* = \omega_n\sqrt{\xi^2 - 1}$。待定系数 C_1、C_2 由初始条件 $x(0)=x_0$, $\dot{x}(0)=\dot{x}_0$ 确定如下:

$$C_1 = x_0,\ C_2 = \frac{\dot{x}_0 + \xi\omega_n x_0}{\omega^*} \tag{2-22}$$

将式(2-22)代入式(2-21)中,得

$$x = e^{-\xi\omega_n t}\left(x_0\operatorname{ch}\omega^* t + \frac{\dot{x}_0 + \xi\omega_n x_0}{\omega^*}\operatorname{sh}\omega^* t\right) \tag{2-23}$$

由式(2-23)可以看出,这时系统对初始条件的响应是一种振幅按指数规律逐渐衰减的非

周期运动。

由以上分析可知，阻尼对单自由度系统自由振动的影响包括：改变了振动频率；使振幅衰减。

图 2-3 描述了有阻尼的三种情形。由图 2-3 可见，当 $\xi=0$ 时，振动形式是等幅振动，角频率为 ω_n；当 $0<\xi<1$ 时，振动形式是一种振幅按指数规律逐渐衰减的简谐振动，角频率为 ω_d；当 $\xi\geqslant 1$ 时，振动形式是一种振幅按指数规律逐渐衰减的非周期蠕动。

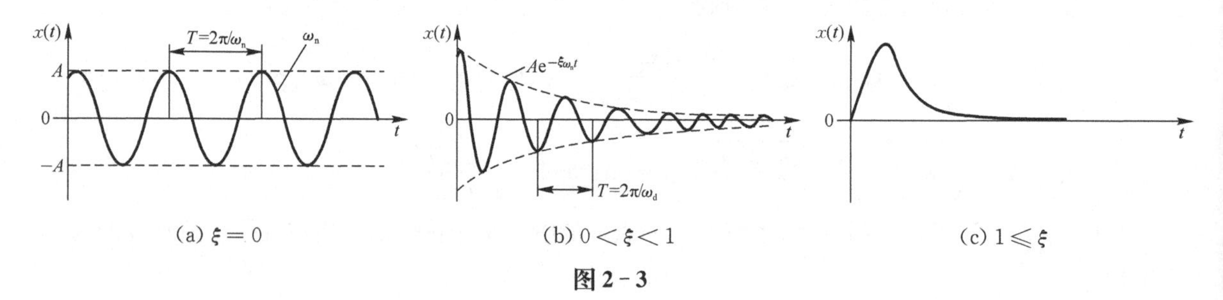

(a) $\xi=0$　　(b) $0<\xi<1$　　(c) $1\leqslant\xi$

图 2-3

2.3 等效单自由度系统

图 2-2 所示为一个典型的单自由度系统的力学模型。在工程实际中，存在着许多可以简化成这种力学模型的结构系统，它们具有相同形式的运动微分方程，即它们具有等效性。下面讨论几个这样的系统。

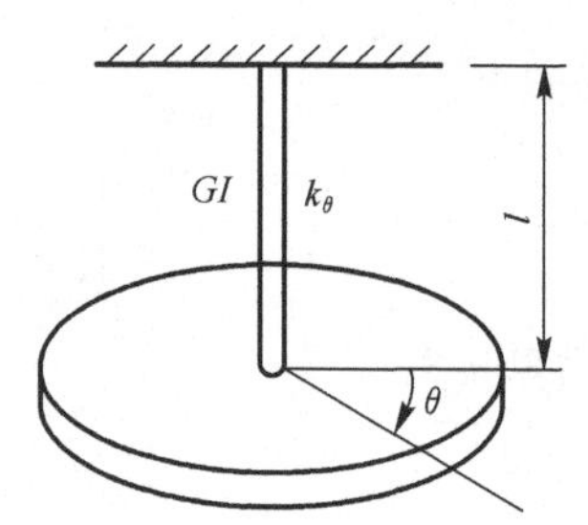

图 2-4 单自由度扭振系统

2.3.1 单自由度扭转振动系统

对于图 2-4 所示的扭转振动系统，假定圆盘和轴都为均质体，不考虑轴的质量，且圆盘是刚性盘。设扭转 T 作用在盘面上，圆盘产生一个角位移 θ，根据材料力学知：

$$\theta=\frac{Tl}{GI} \tag{2-24}$$

式中，G 为切变模量；I 为截面极惯性矩。对于圆截面 $I=\frac{\pi d^4}{32}$，d 为轴的直径，轴的扭转刚度 $k_\theta=\frac{GI}{l}$，则该系统的运动微分方程为

$$J\ddot{\theta}+k_\theta\theta=0 \tag{2-25}$$

式中，J 是圆盘的转动惯量。扭转振动的固有频率

$$\omega_n=\sqrt{\frac{k_\theta}{J}} \tag{2-26}$$

系统对初始条件自由振动的响应为

$$\theta=\theta(0)\cos\omega_n t+\frac{\dot{\theta}(0)}{\omega_n}\sin\omega_n t \tag{2-27}$$

2.3.2 单摆

图 2-5 所示为单摆的振动。该系统中不存在弹性元件，恢复力由摆锤重力提供。以摆角

θ为位移，不计摆线质量，则系统的运动微分方程为

$$\ddot{\theta}+\frac{g}{l}\sin\theta=0 \tag{2-28}$$

当振动的幅度很小时，$\sin\theta\approx\theta$，则上式可以线性化为

$$\ddot{\theta}+\frac{g}{l}\theta=0 \tag{2-29}$$

系统振动的固有频率

$$\omega_{\mathrm{n}}=\sqrt{\frac{g}{l}} \tag{2-30}$$

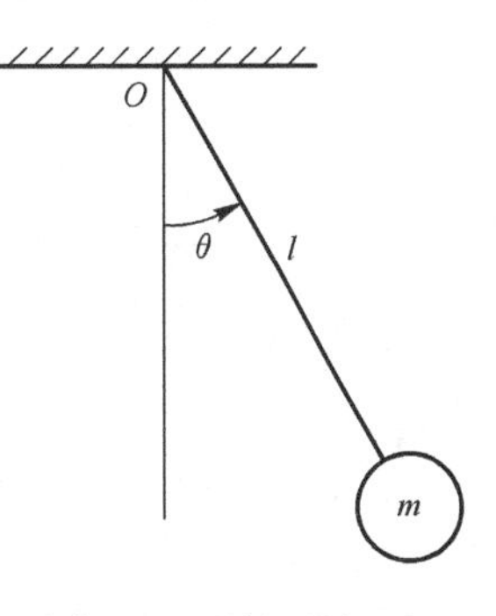

图 2-5　单摆的振动

可见在微小振幅条件下，单摆的振动周期与摆锤的质量无关。

2.3.3　简支梁横向振动

图 2-6 所示为一均质简支梁的横向振动模型，假设系统的质量全部集中在梁的中部，且为m_{eq}。取梁中部的挠度Δ作为系统的位移，根据材料力学，梁的静挠度为

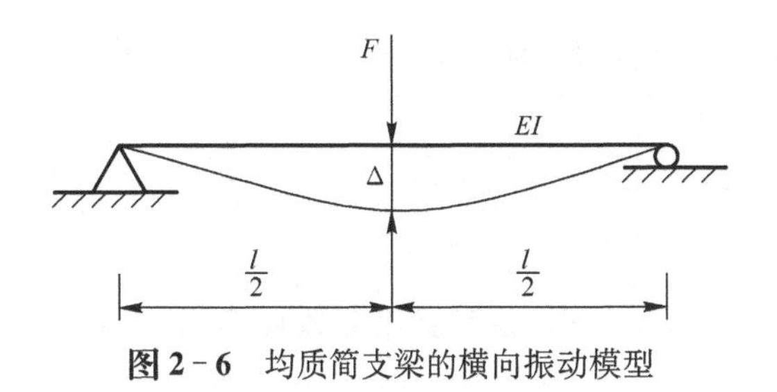

图 2-6　均质简支梁的横向振动模型

$$\Delta=\frac{Fl^3}{48EI} \tag{2-31}$$

式中，EI为梁截面的抗弯刚度。定义简支梁的等效刚度为

$$k_{\mathrm{eq}}=\frac{F}{\Delta}=\frac{48EI}{l^3} \tag{2-32}$$

振动系统的运动微分方程为

$$m_{\mathrm{eq}}\ddot{x}+k_{\mathrm{eq}}x=0 \tag{2-33}$$

振动的固有频率为

$$\omega_{\mathrm{n}}=\sqrt{\frac{k_{\mathrm{eq}}}{m_{\mathrm{eq}}}}=\sqrt{\frac{48EI}{m_{\mathrm{eq}}l^3}} \tag{2-34}$$

需要注意的是，m_{eq}不是梁的总质量。为了将系统简化为单自由度系统，等效质量m_{eq}可通过动能等效的原则获得。

2.4　对数衰减率及阻尼比的测定

与固有频率ω_{n}一样，阻尼比ξ也是表征振动系统特性的一个重要的参数。而且一般ω_{n}比较容易由实验准确地测定或辨识出，而对ξ的测定或辨识则较为困难。利用自由振动的衰减曲线计算ξ是一种常用的方法。

图 2-3b 为单自由度系统自由振动的减幅振动曲线，这一曲线可在冲击激振实验中记录得到。在间隔时间为一个振动周期T的任意两时刻t_1、t_2，相应的振动位移分别为$x(t_1)$、$x(t_2)$，由式(2-15)得

$$x(t_1)=\mathrm{e}^{-\xi\omega_n t_1}A\cos(\omega_d t_1-\varphi)$$
$$x(t_2)=\mathrm{e}^{-\xi\omega_n t_2}A\cos(\omega_d t_2-\varphi)$$

由于 $t_2=t_1+T=t_1+2\pi/\omega_d$，有

$$x(t_2)=\mathrm{e}^{-\xi\omega_n(t_1+T)}A\cos(\omega_d t_1-\varphi)$$

即有

$$\frac{x(t_1)}{x(t_2)}=\mathrm{e}^{\xi\omega_n T} \tag{2-35}$$

通常，为了提高测量与计算的准确度，可将 $x(t_1)$、$x(t_2)$分别选在相应的峰值处，于是

$$\frac{A_1}{A_2}=\mathrm{e}^{\xi\omega_n T} \tag{2-36}$$

对于正阻尼情况，恒有 $x(t_1)>x(t_2)$，则式(2-36)表示振动波形按 $\mathrm{e}^{\xi\omega_n T}$ 的比例衰减，且当阻尼比 ξ 越大时衰减越快。对上式取对数，有

$$\delta=\ln A_1-\ln A_2=\xi\omega_n T=\xi\omega_n\frac{2\pi}{\omega_d}=\frac{2\pi\xi}{\sqrt{1-\xi^2}} \tag{2-37}$$

式中，δ 为对数衰减率。当由实验记录曲线测出 $x(t_1)$、$x(t_2)$后，容易算出对数衰减率 δ，再根据 δ 就可算出阻尼比 ξ，有

$$\xi=\frac{\delta}{\sqrt{4\pi^2+\delta^2}} \tag{2-38}$$

当 ξ 很小时，$\delta^2\ll 1$，与 $4\pi^2$ 相比可略去，故 ξ 的近似计算公式为

$$\xi\approx\frac{\delta}{2\pi} \tag{2-39}$$

上面是根据相邻两个波形的幅值进行的计算，但由于单个周期 T 不易准确测得，实际中可测量间隔时间为 k 个振动周期 kT 的波形，以便更精确地计算出 δ 值。有

$$\frac{x(t_1)}{x(t_1+kT)}=\frac{x(t_1)}{x(t_1+T)}\cdot\frac{x(t_1+T)}{x(t_1+2T)}\cdot\cdots\cdots\cdot\frac{x(t_1+(k-1)T)}{x(t_1+kT)}=\mathrm{e}^{k\xi\omega_n T}$$

对上式取对数，并根据式(2-37)有

$$\delta=\frac{1}{k}\ln\frac{x(t_1)}{x(t_1+kT)} \tag{2-40}$$

这样，取足够大的 k，测取振动位移 $x(t_1)$与 $x(t_1+kT)$，即可按式(2-40)与式(2-38)算出 ξ。

例 2-2 已知一单自由度系统，其自由振动的振幅在 5 个整周期后衰减为原来的 25%，试计算系统的阻尼比 ξ。

解： 由题意知

$$k=5,\ x(t_1)/x(t_1+5T)=4$$

得对数衰减率

$$\delta = \frac{1}{5}\ln 4 = 0.277\ 26$$

则阻尼比

$$\xi = \frac{\delta}{\sqrt{4\pi^2 + \delta^2}} = \frac{0.277\ 26}{\sqrt{4\pi^2 + 0.277\ 26^2}} = 0.044\ 08$$

例 2-3　某振动系统的阻尼比为 0.02，振动周期为 0.35 s，最初振幅为 12 mm，求振幅衰减到 0.4 mm 所需要的时间。

解：由于阻尼比很小，按式(2-39)近似计算对数衰减率。

$$\delta = 2\pi\xi = 2\pi \times 0.02 = 0.126$$

由式(2-40)可求出振幅衰减到 0.4 mm 时的振动次数为

$$k = \frac{1}{\delta}\ln\frac{12}{0.4} = \frac{1}{0.126} \times 3.40 = 26.98 \approx 27$$

即经过 27 次振动约需时间

$$t = 0.35 \times 27\ \text{s} = 9.45\ \text{s}。$$

2.5　单自由度系统的强迫振动

2.5.1　简谐激励下的响应

对于图 2-2a 所示的单自由度系统，设其受到简谐激励 $F = F_0\cos\omega t$ 的作用，则系统的运动微分方程为

$$m\ddot{x} + c\dot{x} + kx = F_0\cos\omega t \tag{2-41}$$

根据数学知识可知，上述非齐次方程的解为 $x = x_1 + x_2$。其中 x_1 为相应的齐次方程的通解，称为瞬态响应[表达式见式(2-13)、式(2-17)、式(2-21)]，而 x_2 为非齐次方程的一个特解，称为强迫振动下的稳态响应。

下面用复数法来求解 x_2。令 $x_2 = \mathrm{Re}(\overline{A}\mathrm{e}^{\mathrm{j}\omega t})$，将其代入到方程式(2-41)中得

$$\begin{aligned}\overline{A} &= \frac{F_0}{m}\frac{1}{\omega_n^2 - \omega^2 + \mathrm{j}2\xi\omega_n\omega} \\ &= \frac{F_0}{k}\frac{1}{1-\lambda^2+\mathrm{j}2\xi\lambda} \\ &= \frac{F_0}{k}\cdot\frac{1}{\sqrt{(1-\lambda^2)^2+(2\xi\lambda)^2}}\mathrm{e}^{-\mathrm{j}\varphi} \\ &= A\mathrm{e}^{-\mathrm{j}\varphi}\end{aligned} \tag{2-42}$$

式中，

$$\lambda = \frac{\omega}{\omega_n};\ A = \frac{F_0}{k}\frac{1}{\sqrt{(1-\lambda^2)^2+(2\xi\lambda)^2}};\ \varphi = \arctan\frac{2\xi\lambda}{1-\lambda^2} \tag{2-43}$$

所以系统对简谐激励的稳态响应为

$$x_2 = \mathrm{Re}(\overline{A}\mathrm{e}^{\mathrm{j}\omega t}) = \mathrm{Re}[A\mathrm{e}^{\mathrm{j}(\omega t-\varphi)}] = A\cos(\omega t - \varphi) \tag{2-44}$$

式中，A 为强迫振动的振幅；$\frac{F_0}{k}$是与简谐激励力的力幅 F_0 相等的恒力作用在系统上所引起的静位移。

由以上分析可以看出稳态强迫振动有如下特点：

① 线性系统对简谐激励的稳态响应是频率等于激励频率而相位滞后于激励力的简谐振动；

② 稳态响应的振幅与相位差只与 m、c、k、F_0、ω 有关，与初始条件无关。

对于无阻尼系统，此时 $\xi=0$，根据式(2-43)、式(2-44)可知：

1) 当 $\lambda<1$ 时

$$\varphi=0,\ x_2=\frac{F_0}{k}\frac{1}{1-\lambda^2}\cos\omega t \tag{2-45}$$

2) 当 $\lambda>1$ 时

$$\varphi=\pi,\ x_2=\frac{F_0}{k}\frac{1}{\lambda^2-1}\cos(\omega t-\pi) \tag{2-46}$$

为了便于讨论，引入振幅放大因子 β，即

$$\beta=\frac{1}{\sqrt{(1-\lambda^2)^2+(2\xi\lambda)^2}} \tag{2-47}$$

当 $\lambda=\sqrt{1-2\xi^2}$ 时(此时系统发生共振)，振幅放大因子 β 达到最大值，且 $\beta_{\max}=\frac{1}{2\xi\sqrt{1-\xi^2}}$，此时共振频率为 $\omega=\sqrt{1-2\xi^2}\,\omega_n$。

因此，单自由度系统在简谐激励下的响应为

$$x=x_1+x_2=e^{-\xi\omega_n t}(C_1\cos\omega_d t+C_2\sin\omega_d t)+A\cos(\omega t-\varphi) \tag{2-48}$$

上式中的待定系数 C_1、C_2 由初始条件确定，经过运算得

$$x=\underbrace{e^{-\xi\omega_n t}\left(x_0\cos\omega_d t+\frac{\dot{x}_0+\xi\omega_n x_0}{\omega_d}\sin\omega_d t\right)}_{\text{(自由振动，瞬态响应)}}-$$

$$\underbrace{Ae^{-\xi\omega_n t}\left[\cos\varphi\cos\omega_d t+\frac{\omega_n}{\omega_d}(\xi\cos\varphi+\lambda\sin\varphi)\sin\omega_d t\right]}_{\text{自由伴随振动，瞬态响应}}+\underbrace{A\cos(\omega t-\varphi)}_{\text{强迫振动，稳态响应}} \tag{2-49}$$

综上所述，简谐激励下的单自由度系统的响应由初始条件引起的自由振动、伴随强迫振动发生的自由振动以及等幅的稳态强迫振动三部分组成。前两部分由于阻尼的存在，是逐渐衰减的瞬态振动，称为瞬态响应；第三部分是与激励同频率、同时存在的简谐振动，称为稳态响应。瞬态响应只存在于振动的初始阶段，该阶段称为过渡阶段。当激励频率与系统的固有频率很接近时，将发生共振现象。

例 2-4 单自由度无阻尼系统从 $t=0$ 时刻开始受到 $F=F_0\cos\omega t$ 的激励，假定其初始条件为零，即 $x(0)=\dot{x}(0)=0$，试求系统的振动。

解：根据题意，系统的运动微分方程为

$$\ddot{x}+\omega_n^2 x=\omega_n^2\frac{F_0}{k}\cos\omega t$$

由式(2-43)及式(2-49)得系统的振动为

$$x=\frac{F_0}{k}\frac{1}{1-(\omega/\omega_{\mathrm{n}})^2}[\cos\omega t-\cos\omega_{\mathrm{n}}t]$$

由此可见，即使在 $x(0)=\dot{x}(0)=0$ 的条件下，响应中仍有自由振动项 $-\frac{F_0}{k}\frac{1}{1-(\omega/\omega_{\mathrm{n}})^2}\cos\omega_{\mathrm{n}}t$。由于假定系统无阻尼，系统的自由振动没有衰减掉，因此强迫振动是由两个振幅相同而频率不同的简谐振动叠加而成的。当 $\omega/\omega_{\mathrm{n}}$ 不是有理数时，总响应不是周期函数。当然，实际系统总是有阻尼的，自由振动部分总会被衰减掉，因此系统的稳态响应应为 $x=\frac{F_0}{k}\cdot\frac{1}{1-(\omega/\omega_{\mathrm{n}})^2}\cos\omega t$。

2.5.2 周期激励下的响应

满足狄利克雷(Dirichlet)条件的周期信号 $x(t)=x(t+T)$ 可写成如下傅里叶级数形式：

$$x(t)=\frac{a_0}{2}+\sum_{n=1}^{\infty}(a_n\cos n\omega_1 t+b_n\sin n\omega_1 t)=\frac{a_0}{2}+\sum_{n=1}^{\infty}A_n\sin(n\omega_1 t+f_n)$$

式中，$\omega_1=\frac{2\pi}{T}$ 为基频；$f_n=\arctan\frac{a_n}{b_n}$；$a_0=\frac{2}{T}\int_0^T x(t)\mathrm{d}t$，$a_n=\frac{2}{T}\int_0^T x(t)\cos n\omega_1 t\mathrm{d}t$；$b_n=\frac{2}{T}\int_0^T x(t)\sin n\omega_1 t\mathrm{d}t$。

周期激励下单自由度系统的响应通常指稳态响应，可借助于谐波分析法来进行研究。对于图2-2a所示的单自由度系统，设其受到周期激励 $F(t)$ 的作用，利用谐波分析法将 $F(t)$ 展开成无穷多个简谐激励的叠加形式，

$$\begin{aligned}F(t)&=\frac{a_0}{2}+\sum_{n=1}^{\infty}(a_n\cos n\omega_1 t+b_n\sin n\omega_1 t)\\&=\frac{a_0}{2}+\sum_{n=1}^{\infty}A_n\cos(n\omega_1 t-\varphi_n)\end{aligned}\tag{2-50}$$

式中，$\omega_1=\frac{2\pi}{T}$ 为基频；$A_n=\sqrt{a_n^2+b_n^2}$；$\varphi_n=\arctan\frac{b_n}{a_n}$；$a_0$、$a_n$、$b_n$ 可利用如下的三角函数的正交性得到，即

$$\left.\begin{aligned}a_0&=\frac{2}{T}\int_0^T F(t)\mathrm{d}t\\a_n&=\frac{2}{T}\int_0^T F(t)\cos n\omega_1 t\mathrm{d}t\\b_n&=\frac{2}{T}\int_0^T F(t)\sin n\omega_1 t\mathrm{d}t\end{aligned}\right\}\tag{2-51}$$

式(2-50)中的 $\frac{a_0}{2}$ 表示周期激励的平均值，级数的每一项都是简谐激励。因此，借助于谐波分析的方法，任意一个周期激励都可以分解成无穷多个简谐激励的叠加。则系统的运动微分方程为：

$$m\ddot{x}+c\dot{x}+kx=\frac{a_0}{2}+\sum_{n=1}^{\infty}(a_n\cos n\omega_1 t+b_n\sin n\omega_1 t)\tag{2-52}$$

由线性叠加原理求得稳态响应如下：

$$x = \frac{a_0}{2k} + \sum_{n=1}^{\infty} \frac{a_n \cos(n\omega_1 t - \psi_n) + b_n \sin(n\omega_1 t - \psi_n)}{k\sqrt{(1-n^2\lambda^2)^2 + (2\xi n\lambda)^2}} \tag{2-53}$$

式中，

$$\lambda = \frac{\omega_1}{\omega_n},\ \omega_n = \sqrt{\frac{k}{m}},\ \xi = \frac{c}{2m\omega_n},\ \psi_n = \arctan\frac{2\xi n\lambda}{1-n^2\lambda^2} \tag{2-54}$$

2.5.3 任意激励下的响应

在任意激励或作用时间极短的脉冲激励下，单自由度系统的响应通常没有稳态响应，只有瞬态响应。这种情况下的系统响应可借助于脉冲响应来分析，也可采用拉普拉斯变换法进行求解。本节介绍第二种方法。

对于图2-2b所示的单自由度系统，设其所受到任意激励$F(t)$的作用，则系统的运动微分方程为

$$m\ddot{x} + c\dot{x} + kx = F(t) \tag{2-55}$$

设系统的初始位移和速度分别为：

$$x(0) = x_0,\ \dot{x}(0) = \dot{x}_0$$

则对式(2-55)两边分别进行拉普拉斯变换得

$$m[s^2X(s) - sx_0 - \dot{x}_0] + c[sX(s) - x_0] + kX(s) = F(s) \tag{2-56}$$

由式(2-56)解得

$$\begin{aligned} X(s) &= \frac{F(s)}{ms^2+cs+k} + mx_0\frac{s}{ms^2+cs+k} + (m\dot{x}_0 + cx_0)\frac{1}{ms^2+cs+k} \\ &\Rightarrow X(s) = X_1(s) + X_2(s) + X_3(s) \end{aligned} \tag{2-57}$$

式中，

$$\begin{cases} X_1(s) = \dfrac{1}{m\omega_d}F(s)\dfrac{\omega_d}{(s+\xi\omega_n)^2+\omega_d^2} \\ X_2(s) = x_0\dfrac{s}{[s-(-\xi\omega_n+j\omega_d)][s-(-\xi\omega_n-j\omega_d)]} \\ X_3(s) = (\dot{x}_0 + 2\xi\omega_n x_0)\dfrac{1}{[s-(-\xi\omega_n+j\omega_d)][s-(-\xi\omega_n-j\omega_d)]} \end{cases} \tag{2-58}$$

对式(2-57)进行拉普拉斯反变换，得到系统对任意激励的响应为：

$$\begin{aligned} x(t) = &\frac{1}{m\omega_d}\int_0^t F(\tau)e^{-\xi\omega_n(t-\tau)}\sin\omega_d(t-\tau)d\tau + \\ &e^{-\xi\omega_n t}\left(x_0\cos\omega_d t + \frac{\dot{x}_0 + \xi\omega_n x_0}{\omega_d}\sin\omega_d t\right) \end{aligned} \tag{2-59}$$

如果上式中系统的初始位移和速度均为零，则变为

$$x(t) = \frac{1}{m\omega_d}\int_0^t F(\tau)e^{-\xi\omega_n(t-\tau)}\sin\omega_d(t-\tau)d\tau \tag{2-60}$$

式(2-60)即著名的杜哈梅积分，表示系统对零初始条件的响应。值得一提的是，式

(2-59)同样适用于简谐激励情形，此时杜哈梅积分即为自由伴随振动和稳态强迫振动两部分。

例2-5　如图2-7所示，已知支承端有运动 $x_s = a\sin\omega t$，写出该系统的运动微分方程并求解稳态响应。

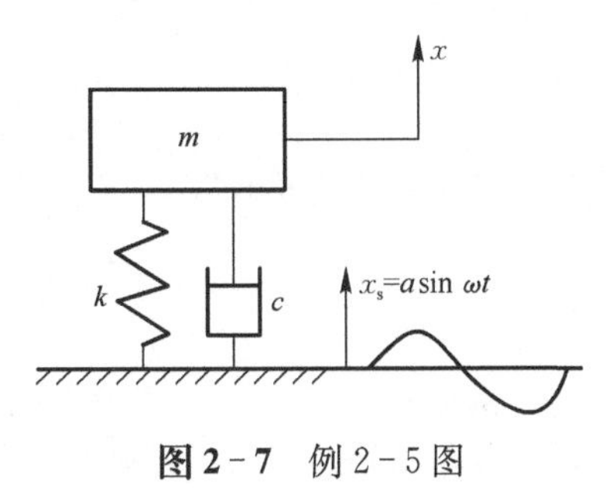

图2-7　例2-5图

解：由达朗贝尔原理可得系统的运动微分方程为

$$m\ddot{x} + c(\dot{x} - \dot{x}_s) + k(x - x_s) = 0 \qquad (2-61a)$$

将支承运动 $x_s = a\sin\omega t$ 代入方程并简化得

$$m\ddot{x} + c\dot{x} + kx = ka\sin\omega t + ca\omega\cos\omega t \qquad (2-61b)$$

此式表明，支承的运动使质量 m 受到两部分激励力。一部分是由弹簧传递过来的 kx_s，相位与 x_s 的相位相同；另一部分是由阻尼器传递过来的 $c\dot{x}_s$，相位比 x_s 的相位超前 $\pi/2$。

利用线性叠加原理，方程式(2-61b)的解是右端项仅为 $ka\sin\omega t$ 和仅为 $ca\omega\cos\omega t$ 时的解之和，参考式(2-43)、式(2-44)，则系统的稳态响应为

$$\begin{aligned} x &= \frac{a}{\sqrt{(1-\lambda^2)^2 + (2\xi\lambda)^2}}[\sin(\omega t - \varphi_1) + 2\xi\lambda\cos(\omega t - \varphi_1)] \\ &= a\sqrt{\frac{1+(2\xi\lambda)^2}{(1-\lambda^2)^2+(2\xi\lambda)^2}}\cos(\omega t - \varphi_1 - \varphi_2) \\ &= A_s\cos(\omega t - \varphi) \end{aligned}$$

式中，ξ、λ、ω 的含义同式(2-43)，而

$$\left.\begin{aligned} &\varphi_1 = \arctan\frac{2\xi\lambda}{1-\lambda^2},\ \varphi_2 = \arctan 2\xi\lambda \\ &\varphi = \varphi_1 + \varphi_2 \\ &A_s = a\sqrt{\frac{1+(2\xi\lambda)^2}{(1-\lambda^2)^2+(2\xi\lambda)^2}} \end{aligned}\right\}$$

例2-6　写出图2-8所示系统的运动微分方程并求其固有频率。若阻尼比 ξ 为1.25，则 c 为多少？

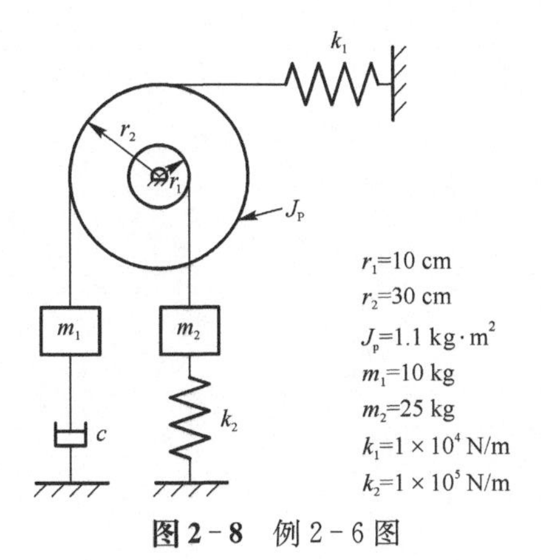

图2-8　例2-6图

解：设 θ 为圆盘逆时针的角位移，系统的等效转动惯量为

$$\begin{aligned} J_{eq} &= J_p + m_1 r_2^2 + m_2 r_1^2 = 1.1 + 10\times 0.3^2 + 25\times 0.1^2 \\ &= 2.25\ (\mathrm{kg\cdot m^2}) \end{aligned}$$

对圆盘中心有

$$J_{eq}\ddot{\theta} = \sum M$$

即 $J_{eq}\ddot{\theta} + cr_2\dot{\theta}\cdot r_2 + k_1 r_2\theta\cdot r_2 + k_2 r_1\theta\cdot r_1 = 0$

$$J_{eq}\ddot{\theta} + cr_2^2\dot{\theta} + (k_1 r_2^2 + k_2 r_1^2)\theta = 0$$

$$2.25\ddot{\theta} + 0.09c\dot{\theta} + 1\,900\theta = 0$$

因此，运动微分方程为

$$\ddot{\theta} + 0.04c\dot{\theta} + 844.4\theta = 0$$

固有频率

$$\omega_n = \sqrt{844.4}\ \text{rad/s} = 29.1\ \text{rad/s}$$

若阻尼比 ξ 为 1.25，则阻尼系数

$$c = \frac{2\xi\omega_n}{0.04} = \frac{2 \times 1.25 \times 29.1}{0.04}\ \text{N} \cdot \text{s/m} = 1\,819\ \text{N} \cdot \text{s/m}$$

例 2-7　图 2-8 中若质量为 25 kg 的物块(m_2)移动 20 mm 后释放，如果 $c = 100\ \text{N} \cdot \text{s/m}$，经过多少个周期后振幅衰减到 1 mm?

解: 阻尼比

$$\xi = \frac{0.04c}{2\omega_n} = \frac{0.04 \times 100}{2 \times 29.1} = 0.069$$

所以其对数衰减率

$$\delta = \frac{2\pi\xi}{\sqrt{1-\xi^2}} = \frac{2\pi \cdot 0.069}{\sqrt{1-0.069^2}} = 0.435$$

根据式(2-40)有

$$0.435 = \frac{1}{k}\ln\frac{20}{1}$$

得 $k = 6.89$，即经过 7 个周期后振幅降为 1 mm。

第 3 章

多自由度机械系统的振动

◎ **学习成果达成要求**

复杂工程结构问题为多自动系统的振动，为了研究多自由度系统的振动理论，需要学习两自由度系统和多自由度系统的运动微分方程。

学生应达成的能力要求包括：

1. 能够掌握两自由度系统的运动微分方程和模态分析；
2. 能够了解多自由度系统的运动微分方程、模态和强迫振动。

前面详细讨论了单自由度系统的振动问题。对单自由度系统振动的研究是振动理论的基础，有着广泛的应用价值，但在实际工程中，还经常遇到一些不能简化为单自由度系统的振动问题，因此有必要进一步研究多自由度系统的振动理论。

从数学上来说，单自由度系统的振动问题比较容易求解，只需解决单个二阶常微分方程。但对于多自由度系统则不同，需要解决多元联立常微分方程。方程组各方程之间在变量上存在耦合，就是说微分方程之间存在着变量上的联系，即一个微分方程包含多个变量及其导数。这种耦合使方程的求解变得困难，因此需要借助线性代数中的线性变换方法来消除这种耦合，即“解耦”，然后按单自由度系统的分析方法进行求解，再叠加，这就是模态分析。

两自由度系统是最简单的多自由度系统，我们先解决两自由度系统的振动问题。再解决两个以上自由度的多自由度系统振动问题。从单自由度系统到两自由度系统，振动的性质和研究的方法有质的不同，但从两自由度系统到更多自由度系统的振动，无论模型的简化、振动微分方程的建立和求解的一般方法，以及系统响应表现出来的振动特性等，却没有本质上的区别，主要是量的差别。因此，研究两自由度系统是分析和掌握多自由度系统振动特性的基础。所谓两自由度系统是指需要两个独立的坐标描述质量位置的系统。

3.1 两自由度系统的运动微分方程

图 3 - 1a 是一个典型的两自由度振动系统的力学模型，质量 m_1 和 m_2 分别用刚度为 k_1 的弹簧、阻尼为 c_1 的阻尼器和刚度为 k_3 的弹簧、阻尼为 c_3 的阻尼器连接于左、右侧的支承点，并用刚度为 k_2 的弹簧、阻尼为 c_2 的阻尼器相互连接，m_1 和 m_2 可沿光滑水平面移动，它们在任何时刻的位置由独立坐标 x_1 和 x_2 完全确定。

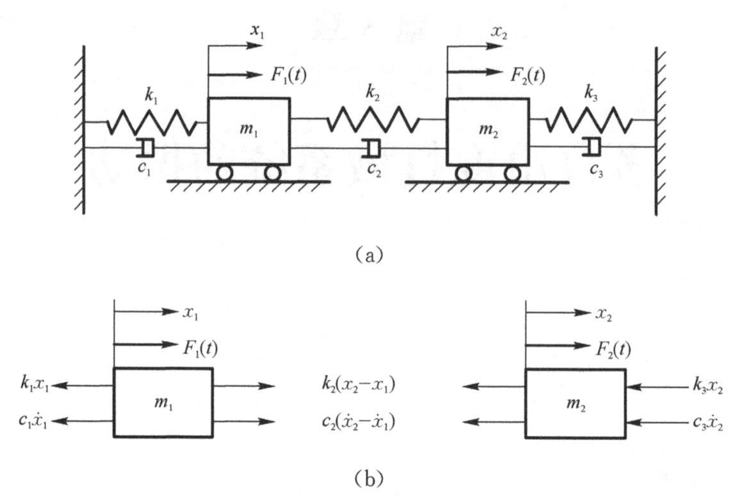

图 3-1 一个典型的两自由度振动系统

选取 m_1 与 m_2 的静平衡位置为坐标 x_1、x_2 的原点，那么在任一时刻，当 m_1、m_2 的位移为 x_1、x_2 时，在水平方向上，m_1 承受弹性恢复力 k_1x_1、$k_2(x_2-x_1)$，阻尼力 $c_1\dot{x}_1$、$c_2(\dot{x}_2-\dot{x}_1)$，外界激励力 $F_1(t)$；m_2 承受弹性恢复力 k_3x_2、$k_2(x_2-x_1)$，阻尼力 $c_3\dot{x}_2$、$c_2(\dot{x}_2-\dot{x}_1)$，外界激励力 $F_2(t)$，图 3-1b 为 m_1，m_2 的分离体图。根据牛顿运动定律，可得到系统的两个运动微分方程：

$$
\begin{aligned}
m_1\ddot{x}_1 &= -c_1\dot{x}_1+c_2(\dot{x}_2-\dot{x}_1)-k_1x_1+k_2(x_2-x_1)+F_1(t)\\
m_2\ddot{x}_2 &= -c_3\dot{x}_2-c_2(\dot{x}_2-\dot{x}_1)-k_3x_2-k_2(x_2-x_1)+F_2(t)
\end{aligned}
$$

移项得

$$
\left.\begin{aligned}
m_1\ddot{x}_1+(c_1+c_2)\dot{x}_1-c_2\dot{x}_2+(k_1+k_2)x_1-k_2x_2 &= F_1(t)\\
m_2\ddot{x}_2+(c_2+c_3)\dot{x}_2-c_2\dot{x}_1+(k_2+k_3)x_2-k_2x_1 &= F_2(t)
\end{aligned}\right\} \tag{3-1}
$$

从方程式(3-1)可以看出：对 m_1 取分离体的过程中包含了 x_2、$\dot{x}_2$，而对 m_2 取分离体的过程中包含了 x_1、$\dot{x}_1$，这就使方程式(3-1)成为联立方程，而坐标 x_1、x_2 则被称为是耦合的，m_1 和 m_2 的运动是通过耦合项相互影响的。显然，当耦合项为零时，即 $c_2=k_2=0$ 时，原来的两自由度系统就成为两个单自由度系统。一般情况下，运动方程式(3-1)为常系数二阶线性微分方程组，可采用消去法求解其中的两未知函数 $x_1(t)$、$x_2(t)$。但此法会使方程的阶数升高，也不易体现方程中的物理意义。因此对多自由度系统的振动分析，一般都采用下节讲述的方法来解除坐标耦合。

方程式(3-1)可写为矩阵形式：

$$
\begin{bmatrix} m_1 & 0\\ 0 & m_2\end{bmatrix}\begin{bmatrix}\ddot{x}_1\\ \ddot{x}_2\end{bmatrix}+\begin{bmatrix} c_1+c_2 & -c_2\\ -c_2 & c_2+c_3\end{bmatrix}\begin{bmatrix}\dot{x}_1\\ \dot{x}_2\end{bmatrix}+\begin{bmatrix} k_1+k_2 & -k_2\\ -k_2 & k_2+k_3\end{bmatrix}\begin{bmatrix}x_1\\ x_2\end{bmatrix}=\begin{bmatrix}F_1(t)\\ F_2(t)\end{bmatrix} \tag{3-2}
$$

设 $\boldsymbol{M}=\begin{bmatrix} m_1 & 0\\ 0 & m_2\end{bmatrix}$ 为质量矩阵，m_{ij} 称为质量影响系数；$\boldsymbol{C}=\begin{bmatrix} c_1+c_2 & -c_2\\ -c_2 & c_2+c_3\end{bmatrix}$ 为阻尼矩阵，c_{ij} 称为阻尼影响系数；$\boldsymbol{K}=\begin{bmatrix} k_1+k_2 & -k_2\\ -k_2 & k_2+k_3\end{bmatrix}$ 为刚度矩阵，k_{ij} 称为刚度影响系数；$\boldsymbol{x}=\begin{bmatrix}x_1\\ x_2\end{bmatrix}$ 为位

移矩阵(向量);$\boldsymbol{F}=\begin{bmatrix}F_1(t)\\F_2(t)\end{bmatrix}$为激励力矩阵(向量)。于是,方程式(3-2)写为

$$\boldsymbol{M}\ddot{\boldsymbol{x}}+\boldsymbol{C}\dot{\boldsymbol{x}}+\boldsymbol{K}\boldsymbol{x}=\boldsymbol{F} \tag{3-3}$$

式中,$\boldsymbol{M}$、$\boldsymbol{C}$、$\boldsymbol{K}$都是对称矩阵。当且仅当它们都是对角矩阵时,方程式(3-3)才是无耦合的。

质量矩阵中非零的非对角元素称为耦合项,质量矩阵中出现的耦合项称为惯性耦合或动力耦合。刚度矩阵中非零的非对角元素也称为耦合项,刚度矩阵中出现的耦合项称为弹性耦合或静力耦合。运动方程的矩阵形式,在形式上,它可以是任何自由度线性系统的运动方程,只不过矩阵和向量的维数需要与系统的自由度数一致。由简入繁,即首先忽略系统的阻尼研究系统的自由振动。另外,在很多实际工程问题中,阻尼对系统运动的影响很小,根据求解的需要,有时可以忽略不计。

3.2 两自由度系统的模态

当不考虑图3-1所示两自由度系统的阻尼和激励力时,得到图3-2所示的两自由度无阻尼自由振动系统。

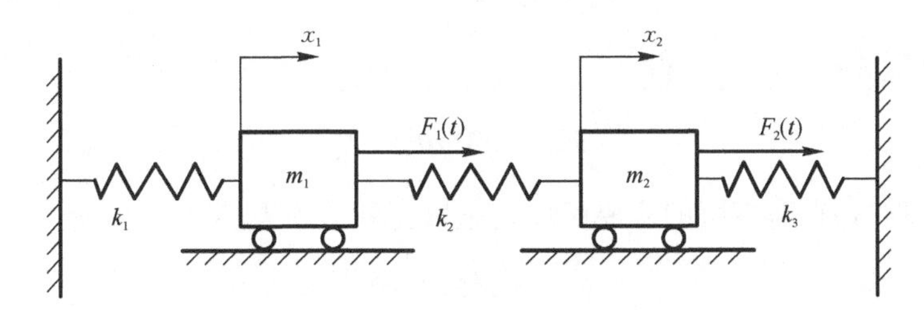

图3-2 两自由度无阻尼自由振动系统

令式(3-3)中的阻尼项和激励力项为0,则系统的运动方程为

$$\boldsymbol{M}\ddot{\boldsymbol{x}}+\boldsymbol{K}\boldsymbol{x}=\boldsymbol{0} \tag{3-4}$$

即

$$\begin{bmatrix}m_1 & 0\\0 & m_2\end{bmatrix}\begin{bmatrix}\ddot{x}_1\\\ddot{x}_2\end{bmatrix}+\begin{bmatrix}k_1+k_2 & -k_2\\-k_2 & k_2+k_3\end{bmatrix}\begin{bmatrix}x_1\\x_2\end{bmatrix}=\begin{bmatrix}0\\0\end{bmatrix} \tag{3-5}$$

3.2.1 主振动

假设系统的运动为

$$\begin{bmatrix}x_1\\x_2\end{bmatrix}=\begin{bmatrix}u_1\\u_2\end{bmatrix}f(t)$$

即

$$\boldsymbol{x}=\boldsymbol{u}f(t) \tag{3-6}$$

式中,u_1、u_2为常数。将上式代入到方程式(3-4)中,两边左乘$\boldsymbol{u}^{\mathrm{T}}$,则

$$\boldsymbol{u}^{\mathrm{T}}\boldsymbol{M}\boldsymbol{u}\ddot{f}(t)+\boldsymbol{u}^{\mathrm{T}}\boldsymbol{K}\boldsymbol{u}f(t)=0 \tag{3-7}$$

即

$$-\frac{\ddot{f}(t)}{f(t)}=\frac{\boldsymbol{u}^{\mathrm{T}}\boldsymbol{K}\boldsymbol{u}}{\boldsymbol{u}^{\mathrm{T}}\boldsymbol{M}\boldsymbol{u}}=\lambda \tag{3-8}$$

对于正定系统，$\boldsymbol{M}$ 正定，$\boldsymbol{K}$ 正定，因此 λ 总是大于零。令 $\lambda=\omega^2$，将其代入式(3-8)中，得

$$\ddot{f}(t)+\omega^2 f(t)=0 \tag{3-9}$$

解得

$$f(t)=a\cos(\omega t-\varphi) \tag{3-10}$$

将上式代入式(3-6)中可得系统的运动为

$$\boldsymbol{x}=\boldsymbol{u}a\cos(\omega t-\varphi) \tag{3-11}$$

以上分析表明正定系统只能出现如式(3-11)的同步运动，通常称为主振动。

3.2.2 固有频率和主振型(模态)

如果将式(3-11)中的常数 a 并入 $\boldsymbol{u}$ 的各元素内，则系统的主振动可设为

$$\boldsymbol{x}=\boldsymbol{u}\cos(\omega t-\varphi) \tag{3-12}$$

将其代入方程式(3-4)中可得

$$(\boldsymbol{K}-\omega^2\boldsymbol{M})\boldsymbol{u}=0 \tag{3-13}$$

方程式(3-13)存在非零解的充要条件是系数行列式为零，即

$$|\boldsymbol{K}-\omega^2\boldsymbol{M}|=0 \tag{3-14}$$

方程式(3-14)被称为特征方程，ω^2 为特征值，$\boldsymbol{u}$ 为特征向量。对于两自由度系统，存在 2 个特征值和特征向量。记 $\boldsymbol{u}^{(i)}$ 为对应于特征值 $\omega_i^2(i=1,2)$ 的特征向量，称其为第 i 阶主振型(又称固有振型)。ω_i 通常按升序排列，称其为第 i 阶固有频率。$\boldsymbol{u}^{(1)}$ 和 $\boldsymbol{u}^{(2)}$ 也被称为系统的模态向量，每一个模态向量和相应的固有频率构成系统的一个模态。$\boldsymbol{u}^{(1)}$ 和 ω_1 组成第一阶模态，$\boldsymbol{u}^{(2)}$ 和 ω_2 组成第二阶模态。两自由度系统正好有两个模态，它们代表两种形式的同步运动。

根据式(3-5)确定的 $\boldsymbol{K}$ 和 $\boldsymbol{M}$ 的元素，解式(3-14)得

$$\omega_{1,2}^2=\frac{1}{2}\left(\frac{k_1+k_2}{m_1}+\frac{k_2+k_3}{m_2}\right)\mp\frac{1}{2}\sqrt{\left(\frac{k_1+k_2}{m_1}-\frac{k_2+k_3}{m_2}\right)^2+\frac{4k_2^2}{m_1m_2}} \tag{3-15}$$

$$\left.\begin{aligned}
\boldsymbol{u}^{(1)}&=\begin{bmatrix}u_1\\u_2\end{bmatrix}^{(1)}=\begin{bmatrix}u_1^{(1)}\\ \dfrac{\dfrac{k_1+k_2}{m_1}-\omega_1^2}{\dfrac{k_2}{m_1}}u_1^{(1)}\end{bmatrix}=u_1^{(1)}\begin{bmatrix}1\\r_1\end{bmatrix}\\
\boldsymbol{u}^{(2)}&=\begin{bmatrix}u_1\\u_2\end{bmatrix}^{(2)}=\begin{bmatrix}u_1^{(2)}\\ \dfrac{\dfrac{k_1+k_2}{m_1}-\omega_2^2}{\dfrac{k_2}{m_1}}u_1^{(2)}\end{bmatrix}=u_1^{(2)}\begin{bmatrix}1\\r_2\end{bmatrix}
\end{aligned}\right\} \tag{3-16}$$

式中，

$$r_1=\frac{\frac{k_1+k_2}{m_1}-\omega_1^2}{\frac{k_2}{m_1}},\ r_2=\frac{\frac{k_1+k_2}{m_1}-\omega_2^2}{\frac{k_2}{m_1}}$$

3.2.3 系统的通解

两自由度无阻尼自由振动系统的两个同步解的具体形式为

$$\boldsymbol{x}^{(1)}=\boldsymbol{u}^{(1)}C_1\cos(\omega_1 t-\varphi_1)$$
$$\boldsymbol{x}^{(2)}=\boldsymbol{u}^{(2)}C_2\cos(\omega_2 t-\varphi_2)$$

即

$$\left.\begin{aligned}\begin{bmatrix}x_1\\x_2\end{bmatrix}^{(1)}&=\begin{bmatrix}u_1\\u_2\end{bmatrix}^{(1)}C_1\cos(\omega_1 t-\varphi_1)=\begin{bmatrix}1\\r_1\end{bmatrix}u_1^{(1)}C_1\cos(\omega_1 t-\varphi_1)\\\begin{bmatrix}x_1\\x_2\end{bmatrix}^{(2)}&=\begin{bmatrix}u_1\\u_2\end{bmatrix}^{(2)}C_2\cos(\omega_2 t-\varphi_2)=\begin{bmatrix}1\\r_2\end{bmatrix}u_1^{(2)}C_2\cos(\omega_2 t-\varphi_2)\end{aligned}\right\}\tag{3-17}$$

式(3-17)是式(3-4)的解，将它们叠加可得到该微分方程的通解为

$$\boldsymbol{x}=\boldsymbol{x}^{(1)}+\boldsymbol{x}^{(2)}$$

$$\begin{aligned}\begin{bmatrix}x_1\\x_2\end{bmatrix}&=\begin{bmatrix}u_1\\u_2\end{bmatrix}^{(1)}C_1\cos(\omega_1 t-\varphi_1)+\begin{bmatrix}u_1\\u_2\end{bmatrix}^{(2)}C_2\cos(\omega_2 t-\varphi_2)\\&=\begin{bmatrix}u_1^{(1)}C_1\cos(\omega_1 t-\varphi_1)+u_1^{(2)}C_2\cos(\omega_2 t-\varphi_2)\\u_1^{(1)}r_1C_1\cos(\omega_1 t-\varphi_1)+u_1^{(2)}r_2C_2\cos(\omega_2 t-\varphi_2)\end{bmatrix}\end{aligned}\tag{3-18}$$

式中，$\boldsymbol{u}^{(1)}=\begin{bmatrix}u_1\\u_2\end{bmatrix}^{(1)}$ 和 $\boldsymbol{u}^{(2)}=\begin{bmatrix}u_1\\u_2\end{bmatrix}^{(2)}$ 是对应于两个特征值的特征向量；$u_1^{(1)}C_1$、φ_1 和 $u_1^{(2)}C_2$、φ_2 是任意常数，其值由系统的初始条件确定。

在一般情况下，两自由度系统的自由振动是两个模态振动的叠加，即两个不同频率的简谐运动的叠加，其结果一般不是简谐运动。

3.3 两自由度系统的强迫振动

研究图 3-1a 所示的系统，考虑谐波激励，则 $F_1(t)=A_1e^{j\omega t}$，$F_2(t)=A_2e^{j\omega t}$，运动方程式(3-3)成为

$$\begin{bmatrix}m_{11}&m_{12}\\m_{21}&m_{22}\end{bmatrix}\begin{bmatrix}\ddot{x}_1\\\ddot{x}_2\end{bmatrix}+\begin{bmatrix}c_{11}&c_{12}\\c_{21}&c_{22}\end{bmatrix}\begin{bmatrix}\dot{x}_1\\\dot{x}_2\end{bmatrix}+\begin{bmatrix}k_{11}&k_{12}\\k_{21}&k_{22}\end{bmatrix}\begin{bmatrix}x_1\\x_2\end{bmatrix}=\begin{bmatrix}A_1\\A_2\end{bmatrix}e^{j\omega t}\tag{3-19}$$

这是一个二阶线性常系数非齐次方程组，其通解由两部分组成：一部分是对应于齐次方程的解，即前面讨论过的自由振动。当系统存在阻尼时，这一自由振动经过一段时间就逐渐衰减掉了，因而可忽略不计。通解的另一部分是该非齐次方程的一个特解，它是由激励引起的强迫振动，即稳态振动。对谐波激励，下面采用复向量方法进行求解，设其稳态响应为：

$$x_1 = \boldsymbol{X}_1 e^{j\omega t},\ x_2 = \boldsymbol{X}_2 e^{j\omega t} \tag{3-20}$$

式中，$\boldsymbol{X}_1$，$\boldsymbol{X}_2$ 为复数振幅。将式(3-20)代入方程式(3-19)，得

$$-\omega^2\begin{bmatrix} m_{11} & m_{12} \\ m_{21} & m_{22} \end{bmatrix}\begin{bmatrix} X_1 \\ X_2 \end{bmatrix} + j\omega\begin{bmatrix} c_{11} & c_{12} \\ c_{21} & c_{22} \end{bmatrix}\begin{bmatrix} X_1 \\ X_2 \end{bmatrix} + \begin{bmatrix} k_{11} & k_{12} \\ k_{21} & k_{22} \end{bmatrix}\begin{bmatrix} X_1 \\ X_2 \end{bmatrix} = \begin{bmatrix} A_1 \\ A_2 \end{bmatrix} \tag{3-21}$$

或者写为

$$(\boldsymbol{K} + j\omega\boldsymbol{C} - \omega^2\boldsymbol{M})\boldsymbol{X} = \boldsymbol{A} \tag{3-22}$$

式中，$\boldsymbol{X} = \begin{bmatrix} X_1 \\ X_2 \end{bmatrix}$为位移幅值向量；$\boldsymbol{A} = \begin{bmatrix} A_1 \\ A_2 \end{bmatrix}$为激励幅值向量。

令

$$\boldsymbol{Z}(\omega) = \boldsymbol{K} + j\omega\boldsymbol{C} - \omega^2\boldsymbol{M} \tag{3-23}$$

$\boldsymbol{Z}(\omega)$称为阻抗矩阵，它的元素

$$z_{ij}(\omega) = (k_{ij} - \omega^2 m_{ij}) + j\omega c_{ij} \tag{3-24}$$

称为机械阻抗。

将式(3-23)代入式(3-22)，然后用$\boldsymbol{Z}(\omega)^{-1}$左乘方程两端，得

$$\boldsymbol{X} = \boldsymbol{Z}(\omega)^{-1}\boldsymbol{A} \tag{3-25}$$

其中，

$$\boldsymbol{Z}(\omega)^{-1} = \begin{bmatrix} z_{11} & z_{12} \\ z_{21} & z_{22} \end{bmatrix}^{-1} = \frac{1}{z_{11}z_{22} - z_{12}{}^2}\begin{bmatrix} z_{22} & -z_{12} \\ -z_{12} & z_{11} \end{bmatrix} \tag{3-26}$$

将式(3-26)代入式(3-25)，展开可得

$$\begin{aligned} X_1(\omega) &= \frac{z_{22}(\omega)A_1 - z_{12}(\omega)A_2}{z_{11}(\omega)z_{22}(\omega) - z_{12}^2(\omega)} \\ X_2(\omega) &= \frac{-z_{12}(\omega)A_1 + z_{11}(\omega)A_2}{z_{11}(\omega)z_{22}(\omega) - z_{12}^2(\omega)} \end{aligned} \tag{3-27}$$

再将式(3-2)中矩阵 $\boldsymbol{K}$、$\boldsymbol{M}$、$\boldsymbol{C}$ 的元素代入式(3-24)可得

$$\begin{aligned} z_{11}(\omega) &= k_1 + k_2 - \omega^2 m_1 + j\omega(c_1 + c_2) \\ z_{21}(\omega) &= z_{12}(\omega) = -k_2 - j\omega c_2 \\ z_{22}(\omega) &= k_2 + k_3 - \omega^2 m_2 + j\omega(c_2 + c_3) \end{aligned}$$

于是式(3-27)成为

$$\begin{aligned} X_1(\omega) &= \frac{[k_2 + k_3 - \omega^2 m_2 + j\omega(c_2 + c_3)]A_1 + (k_2 + j\omega c_2)A_2}{[k_1 + k_2 - \omega^2 m_1 + j\omega(c_1 + c_2)][k_2 + k_3 - \omega^2 m_2 + j\omega(c_2 + c_3)] - (k_2 + j\omega c_2)^2} \\ X_2(\omega) &= \frac{(k_2 + j\omega c_2)A_1 + [k_1 + k_2 - \omega^2 m_1 + j\omega(c_1 + c_2)]A_2}{[k_1 + k_2 - \omega^2 m_1 + j\omega(c_1 + c_2)][k_2 + k_3 - \omega^2 m_2 + j\omega(c_2 + c_3)] - (k_2 + j\omega c_2)^2} \end{aligned} \tag{3-28}$$

当系统无阻尼时，

$$X_1(\omega)=\frac{(k_2+k_3-\omega^2 m_2)A_1+k_2A_2}{(k_1+k_2-\omega^2 m_1)(k_2+k_3-\omega^2 m_2)-k_2^2}$$

$$X_2(\omega)=\frac{k_2A_1+(k_1+k_2-\omega^2 m_1)A_2}{(k_1+k_2-\omega^2 m_1)(k_2+k_3-\omega^2 m_2)-k_2^2} \tag{3-29}$$

这时 X_1、X_2 均为实数。

由式(3-29)可知,两自由度系统无阻尼受迫振动的运动规律是简谐振动,频率与激振力频率相同,振幅取决于激振力的幅值与系统本身的物理参数以及激振力的频率。从式(3-29)可见,当该式的分母为零时,即得到式(3-14)的特征方程。因而当 $\omega=\omega_1$ 或 $\omega=\omega_2$ 时,即激振力频率等于系统第一或第二阶固有频率时,系统出现共振,其振幅 X_1、X_2 趋于无穷大。所以两自由度系统有两个共振区,在跨越共振区时,X_1、X_2 将会反向,即出现倒相。图3-3是典型的两自由度系统幅频响应曲线。

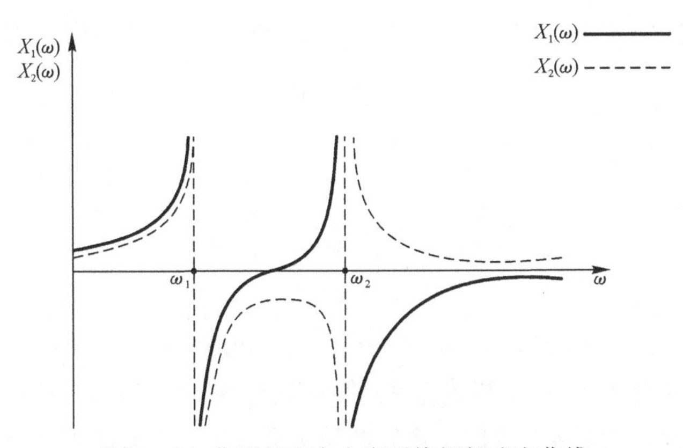

图3-3　典型的两自由度系统幅频响应曲线

3.4　多自由度系统的运动微分方程、模态和强迫振动

3.4.1　运动微分方程

前一节中介绍的处理两自由度系统的矩阵方法也可以用于处理多自由度系统。求多自由度系统数值解所需的计算量非常大,势必采用计算机。

图3-4所示为一个 n 自由度的振动系统,坐标原点取在系统静平衡位置的各质量的质心上,其运动微分方程的矩阵形式从形式上与两自由度系统完全一样,即

$$\boldsymbol{M}\ddot{\boldsymbol{x}}+\boldsymbol{C}\dot{\boldsymbol{x}}+\boldsymbol{K}\boldsymbol{x}=\boldsymbol{F} \tag{3-30}$$

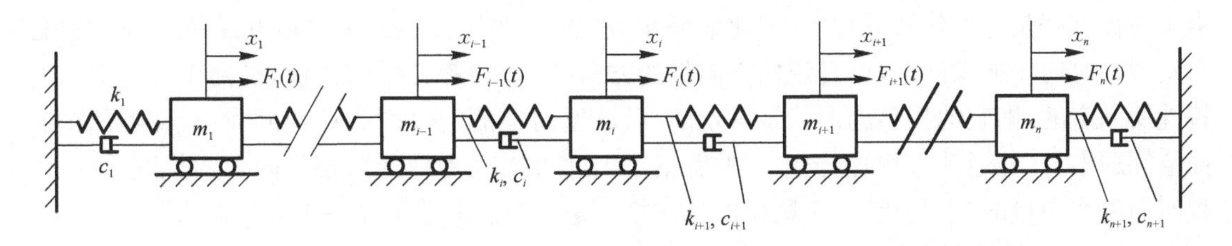

图3-4　n 自由度弹簧-质量-阻尼系统

图 3-4 所示的弹簧-质量-阻尼系统，其质量矩阵 $\boldsymbol{M}$、刚度矩阵 $\boldsymbol{K}$、阻尼矩阵 $\boldsymbol{C}$ 的构成规律为：

(1) 质量矩阵 $\boldsymbol{M}$ 是对角矩阵(将系统各质心作为坐标原点)。但一般情况下，质量矩阵并不一定是对角的。

(2) 刚度矩阵 $\boldsymbol{K}$(或阻尼矩阵 $\boldsymbol{C}$)中的对角元素 k_{ii}(或 c_{ii})为连接在质量 m_i 上的所有弹簧刚度(或阻尼系数)的和。

(3) 刚度矩阵 $\boldsymbol{K}$(或阻尼矩阵 $\boldsymbol{C}$)中的非对角元素 k_{ij}(或 c_{ij})为直接连接在质量 m_i 与 m_j 之间的弹簧刚度(或阻尼系数)之和，取负值。

(4) 一般而言，刚度矩阵 $\boldsymbol{K}$ 和阻尼矩阵 $\boldsymbol{C}$ 都是对称矩阵。

3.4.2 模态

n 自由度无阻尼系统自由振动的运动微分方程为

$$\boldsymbol{M}\ddot{\boldsymbol{x}} + \boldsymbol{K}\boldsymbol{x} = 0$$

与求解两自由度的方法一样，仍然来寻找方程的同步解，求解特征值和特征向量

$$\underbrace{(\boldsymbol{K} - \omega^2\boldsymbol{M})}_{\text{特征矩阵}}\boldsymbol{u} = 0$$

即

$$\underbrace{|\,\boldsymbol{K} - \omega^2\boldsymbol{M}\,|}_{\text{特征多项式}} = 0$$

解得 n 个特征值 ω_1、ω_2、…、ω_n($\omega_1 < \omega_2 < \cdots < \omega_n$) 和对应的 n 个特征向量(模态向量)$\boldsymbol{u}^{(1)}$、$\boldsymbol{u}^{(2)}$、…、$\boldsymbol{u}^{(n)}$。其中最低的频率 ω_1 称为基频，在工程应用中是最重要的一个固有频率。

固有频率 ω_r 和模态向量 $\boldsymbol{u}^{(r)}$ 构成了系统的第 r 阶模态，它表征了系统的一种基本运动模式，即一种同步运动。显然，n 自由度系统一般有 n 种同步运动，每一种均为简谐运动，但频率不同，而且其振幅在各自由度上的分配方式即模态向量也不同。每一种同步运动可写为

$$\boldsymbol{x}^{(r)} = \boldsymbol{u}^{(r)}\cos(\omega_r t - \varphi_r)\,(r = 1,\,2,\,3,\,\cdots,\,n) \tag{3-31}$$

由于运动微分方程是齐次方程，因此以上 n 个解的线性组合仍为原方程的解，由此得系统自由振动的通解为

$$\boldsymbol{x} = \sum_{r=1}^{n} C_r\boldsymbol{x}^{(r)} = \sum_{r=1}^{n} C_r\boldsymbol{u}^{(r)}\cos(\omega_r t - \varphi_r)\,(r = 1,\,2,\,3,\,\cdots,\,n) \tag{3-32}$$

式中，ω_r、$\boldsymbol{u}^{(r)}$ $(r=1,\,2,\,3,\,\cdots,\,n)$ 由系统参数决定；φ_r 和 C_r $(r=1,\,2,\,3,\,\cdots,\,n)$ 是任意常数，其值由系统的初始条件决定。

还须说明，一个特征值问题只能确定特征向量的方向，而不能确定其绝对长度。事实上，由于特征方程是齐次代数方程组，因此如果 $\boldsymbol{u}$ 是它的一个解，那么 $a\boldsymbol{u}$ 也必为其解，这里 a 是任意实数。对应于振动问题，就是说模态向量的方向(即它的各分量的比值)是由系统的参数与特性所确定的，即它的振型的形状是确定的，而振型向量的"长度"为振幅的大小，却不能由特征值问题本身(即运动方程)给出唯一的答案。因此可以人为地选取模态向量的长度，这一过程叫做模态向量的"正则化"。正则化的方法之一是令模态向量的某一个分量取值为 1。

1) 模态向量的正交性

第 r 阶模态有 $\boldsymbol{K}\boldsymbol{u}^{(r)} = \omega_r^2\boldsymbol{M}\boldsymbol{u}^{(r)}$，两边转置后右乘 $\boldsymbol{u}^{(s)}$ 得

$$\boldsymbol{u}^{(r)\mathrm{T}}\boldsymbol{K}\boldsymbol{u}^{(s)}=\omega_r^2\boldsymbol{u}^{(r)\mathrm{T}}\boldsymbol{M}\boldsymbol{u}^{(s)}\ (r,\ s=1,\ 2,\ 3,\ \cdots,\ n) \tag{3-33}$$

第 s 阶模态有 $\boldsymbol{K}\boldsymbol{u}^{(s)}=\omega_s^2\boldsymbol{M}\boldsymbol{u}^{(s)}$，两边左乘 $\boldsymbol{u}^{(r)\mathrm{T}}$ 得

$$\boldsymbol{u}^{(r)\mathrm{T}}\boldsymbol{K}\boldsymbol{u}^{(s)}=\omega_s^2\boldsymbol{u}^{(r)\mathrm{T}}\boldsymbol{M}\boldsymbol{u}^{(s)}\ (r,\ s=1,\ 2,\ 3,\ \cdots,\ n) \tag{3-34}$$

式(3-33)、式(3-34)两式相减，当 $r\neq s$ 时，有

$$\boldsymbol{u}^{(r)\mathrm{T}}\boldsymbol{M}\boldsymbol{u}^{(s)}=0\quad (r,\ s=1,\ 2,\ 3,\ \cdots,\ n;\ r\neq s) \tag{3-35}$$

$$\boldsymbol{u}^{(r)\mathrm{T}}\boldsymbol{K}\boldsymbol{u}^{(s)}=0\quad (r,\ s=1,\ 2,\ 3,\ \cdots,\ n;\ r\neq s) \tag{3-36}$$

式(3-35)与式(3-36)分别称为模态向量对于质量矩阵和对于刚度矩阵的正交性。

2) 模态质量与模态刚度

设

$$\boldsymbol{u}^{(r)\mathrm{T}}\boldsymbol{M}\boldsymbol{u}^{(r)}=M_r\quad (r=1,\ 2,\ 3,\ \cdots,\ n) \tag{3-37}$$

由于 $\boldsymbol{M}$ 是正定的，故 M_r 为一个正实数，称其为第 r 阶模态质量。

同理，设

$$\boldsymbol{u}^{(r)\mathrm{T}}\boldsymbol{K}\boldsymbol{u}^{(r)}=K_r\quad (r=1,\ 2,\ 3,\ \cdots,\ n) \tag{3-38}$$

由于已假定 $\boldsymbol{K}$ 是正定的，故 K_r 也是一个正实数，称其为第 r 阶模态刚度。

根据特征方程有

$$\boldsymbol{u}^{(r)\mathrm{T}}\boldsymbol{K}\boldsymbol{u}^{(r)}=\omega_r^2\boldsymbol{u}^{(r)\mathrm{T}}\boldsymbol{M}\boldsymbol{u}^{(r)}$$

从而有

$$\omega_r^2=\frac{\boldsymbol{u}^{(r)\mathrm{T}}\boldsymbol{K}\boldsymbol{u}^{(r)}}{\boldsymbol{u}^{(r)\mathrm{T}}\boldsymbol{M}\boldsymbol{u}^{(r)}}=\frac{K_r}{M_r}\quad (r=1,\ 2,\ 3,\ \cdots,\ n) \tag{3-39}$$

即第 r 阶固有频率的平方值等于 K_r 除以 M_r，这与单自由度系统的情况相似。

3) 模态向量的正则化

模态向量 $\boldsymbol{u}^{(r)}$ 的长度其实是不定的，因此可按以下方法加以正则化，即将其除以对应的模态质量的平方根 $\sqrt{M_r}$。显然，对于经过正则化以后的模态向量，有

$$\boldsymbol{u}^{(r)\mathrm{T}}\boldsymbol{M}\boldsymbol{u}^{(r)}=1\quad (r=1,\ 2,\ 3,\ \cdots,\ n) \tag{3-40}$$

$$\boldsymbol{u}^{(r)\mathrm{T}}\boldsymbol{K}\boldsymbol{u}^{(r)}=\omega_r^2\quad (r=1,\ 2,\ 3,\ \cdots,\ n) \tag{3-41}$$

以上两式称为模态向量的一种正则化条件。

4) 模态矩阵

将 n 个经过正则化后的模态向量顺序排列成一个方阵，就构成了 $n\times n$ 模态矩阵 $\boldsymbol{U}$，

$$\boldsymbol{U}=[\boldsymbol{u}^{(1)}\quad \boldsymbol{u}^{(2)}\quad \cdots\quad \boldsymbol{u}^{(n)}] \tag{3-42}$$

引入模态矩阵 $\boldsymbol{U}$ 以后，可将式(3-40)及式(3-41)归纳成两个矩阵等式，即

$$\boldsymbol{U}^{\mathrm{T}}\boldsymbol{M}\boldsymbol{U}=\boldsymbol{E} \tag{3-43}$$

式中，$\boldsymbol{E}$ 为单位矩阵。

$$\boldsymbol{U}^{\mathrm{T}}\boldsymbol{K}\boldsymbol{U}=\begin{bmatrix}\omega_1^2 & & & 0\\ & \omega_2^2 & & \\ & & \ddots & \\ 0 & & & \omega_n^2\end{bmatrix} \tag{3-44}$$

其中$\begin{bmatrix}\omega_1^2 & & & 0\\ & \omega_2^2 & & \\ & & \ddots & \\ 0 & & & \omega_n^2\end{bmatrix}$称为系统的特征值矩阵。而特征值问题可综合成

$$\boldsymbol{K}\boldsymbol{U}=\boldsymbol{M}\boldsymbol{U}\begin{bmatrix}\omega_1^2 & & & 0\\ & \omega_2^2 & & \\ & & \ddots & \\ 0 & & & \omega_n^2\end{bmatrix} \tag{3-45}$$

3.4.3 强迫振动

本小节介绍如何用模态分析的方法来求多自由度系统对任意激励的响应。对 n 自由度线性系统，其运动微分方程为式(3-30)：

$$\boldsymbol{M}\ddot{\boldsymbol{x}}+\boldsymbol{C}\dot{\boldsymbol{x}}+\boldsymbol{K}\boldsymbol{x}=\boldsymbol{F}$$

式中，$\boldsymbol{M}$、$\boldsymbol{C}$ 及 $\boldsymbol{K}$ 是实对称矩阵，并且假定它们是正定的。在这里，本书只讨论小阻尼或比例阻尼的情况。

模态分析的基本原理就是经坐标变换，用广义坐标来代替原来的物理坐标而使运动微分方程解耦，使联立方程组变成 n 个独立的微分方程，从而采用"各个击破"的方法逐一求解。

为了用广义坐标代替原来的物理坐标，需要以模态矩阵作为变换矩阵。为此，须先求解系统的特征值问题。

根据

$$\boldsymbol{K}\boldsymbol{u}=\omega^2\boldsymbol{M}\boldsymbol{u}$$

求出系统的各阶模态：ω_r、$\boldsymbol{u}^{(r)}$ $(r=1,2,3,\cdots,n)$。将模态向量组合在一起构成系统的模态矩阵

$$\boldsymbol{U}=[\boldsymbol{u}^{(1)}\quad \boldsymbol{u}^{(2)}\quad \cdots\quad \boldsymbol{u}^{(n)}]$$

正则化的模态矩阵满足式(3-40)和式(3-41)的正则化条件。

又由于系统是比例阻尼(即阻尼矩阵近似是质量矩阵和刚度矩阵的线性组合)或小阻尼(工程中大多数机械振动系统的阻尼都非常小，微小阻尼力耦合项的影响比非耦合项的作用小得多，将它略去仍可得到合理的近似)，故有

$$\boldsymbol{U}^{\mathrm{T}}\boldsymbol{C}\boldsymbol{U}=\begin{bmatrix}2\xi_1\omega_1 & & & 0\\ & 2\xi_2\omega_2 & & \\ & & \ddots & \\ 0 & & & 2\xi_n\omega_n\end{bmatrix} \tag{3-46}$$

采用下列线性坐标变换

$$x = Uq(t) \tag{3-47}$$

因为 U 为常数矩阵，故有

$$\dot{x} = U\dot{q}(t),\ \ddot{x} = U\ddot{q}(t) \tag{3-48}$$

将式(3-47)和式(3-48)代入式(3-30)，并左乘 U^T 得

$$\ddot{q} + \begin{bmatrix} 2\xi_1\omega_1 & & & 0 \\ & 2\xi_2\omega_2 & & \\ & & \ddots & \\ 0 & & & 2\xi_n\omega_n \end{bmatrix}\dot{q} + \begin{bmatrix} \omega_1^2 & & & 0 \\ & \omega_2^2 & & \\ & & \ddots & \\ 0 & & & \omega_n^2 \end{bmatrix} q = N \tag{3-49}$$

式中，$N = U^T F$ 是广义坐标 q 下的 n 维广义力向量。

方程式(3-49)可分开写成

$$\ddot{q}_r + 2\xi_r\omega_r\dot{q}_r + \omega_r^2 q_r = N_r \quad (r = 1,\ 2,\ 3,\ \cdots,\ n) \tag{3-50}$$

式中，q_r 称为第 r 阶模态坐标。

方程式(3-50)相当于 n 个单自由度系统的运动方程，可直接用单自由度系统的求解方法进行求解，解得广义坐标系下的响应，再根据式(3-47)求出原物理坐标系下的响应。

例 3-1 求图 3-5 所示的两自由度系统的固有频率和主振型，并作出振型图。

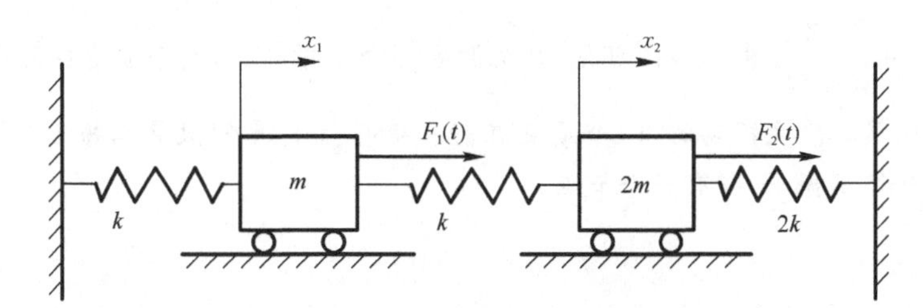

图 3-5 例 3-1 中的两自由度系统

解： 系统的运动微分方程为

$$\begin{bmatrix} m & 0 \\ 0 & 2m \end{bmatrix}\begin{bmatrix} \ddot{x}_1 \\ \ddot{x}_2 \end{bmatrix} + \begin{bmatrix} 2k & -k \\ -k & 3k \end{bmatrix}\begin{bmatrix} x_1 \\ x_2 \end{bmatrix} = \begin{bmatrix} F_1(t) \\ F_2(t) \end{bmatrix}$$

则相应的自由振动方程为

$$\begin{bmatrix} m & 0 \\ 0 & 2m \end{bmatrix}\begin{bmatrix} \ddot{x}_1 \\ \ddot{x}_2 \end{bmatrix} + \begin{bmatrix} 2k & -k \\ -k & 3k \end{bmatrix}\begin{bmatrix} x_1 \\ x_2 \end{bmatrix} = \begin{bmatrix} 0 \\ 0 \end{bmatrix}$$

令主振动为 $\begin{bmatrix} x_1 \\ x_2 \end{bmatrix} = \begin{bmatrix} u_1 \\ u_2 \end{bmatrix}\sin(\omega t + \varphi)$，代入上式中得

$$\begin{bmatrix} 2k - m\omega^2 & -k \\ -k & 3k - 2m\omega^2 \end{bmatrix}\begin{bmatrix} u_1 \\ u_2 \end{bmatrix} = \begin{bmatrix} 0 \\ 0 \end{bmatrix}$$

上式中令 $\alpha=\frac{m\omega^2}{k}$，则有

$$\begin{bmatrix}2-\alpha & -1\\ -1 & 3-2\alpha\end{bmatrix}\begin{bmatrix}u_1\\ u_2\end{bmatrix}=\begin{bmatrix}0\\ 0\end{bmatrix}$$

所以特征方程为

$$\begin{vmatrix}2-\alpha & -1\\ -1 & 3-2\alpha\end{vmatrix}=0$$

解得 $\alpha_1=1$，$\alpha_2=2.5$，进而得到固有频率为

$$\omega_1=\sqrt{\frac{k}{m}},\ \omega_2=\sqrt{2.5\frac{k}{m}}$$

特征矩阵的伴随矩阵为

$$\mathrm{adj}\begin{bmatrix}2-\alpha & -1\\ -1 & 3-2\alpha\end{bmatrix}=\begin{bmatrix}3-2\alpha & 1\\ 1 & 2-\alpha\end{bmatrix}$$

将 $a_1=1$，$a_2=2.5$ 分别代入上述矩阵的第一列，得到主振型分别为

$$\boldsymbol{u}^{(1)}=\begin{bmatrix}1\\ 1\end{bmatrix},\ \boldsymbol{u}^{(2)}=\begin{bmatrix}-2\\ 1\end{bmatrix}$$

系统第一、二阶主振动的振型图如图 3-6a 和图 3-6b 所示，它们分别表示了主振型 $\boldsymbol{u}^{(1)}=\begin{bmatrix}1\\ 1\end{bmatrix}$ 及主振型 $\boldsymbol{u}^{(2)}=\begin{bmatrix}-2\\ 1\end{bmatrix}$。由振型图可见，系统做第一阶主振动时，两个质量在静平衡位置的同侧做同向振动。而做第二阶主振动时，两个质量在静平衡位置的异侧做异向振动，这时中间的一个弹簧上有一个点始终不振动，即有一个节点。

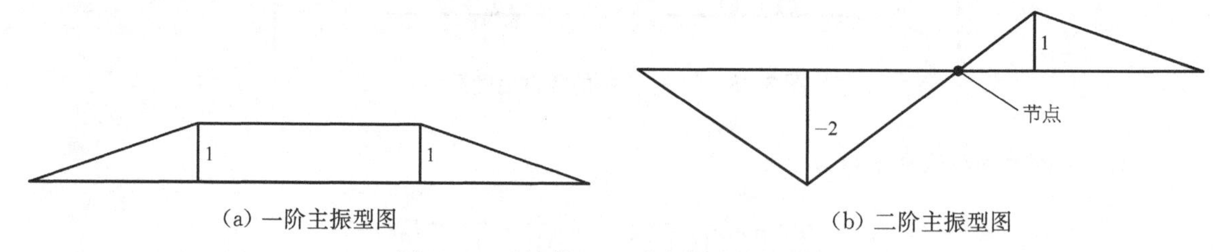

图 3-6 系统第一、二阶主振动的振形图

例 3-2 图 3-7 为一个三自由度系统，$k_1=3k$，$k_2=2k$，$k_3=k$，$m_1=2m$，$m_2=1.5m$，$m_3=m$，求系统的固有频率与模态向量。

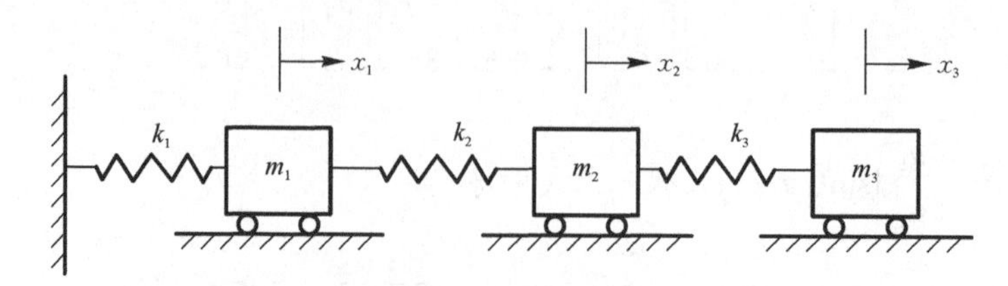

图 3-7 例 3-2 中的三自由度系统

解: 取质量块 m_1, m_2, m_3 的静平衡位置为坐标原点,水平位移 x_1、x_2、x_3 所在的方向为坐标轴方向,系统的质量矩阵 $\boldsymbol{M}$ 和刚度矩阵 $\boldsymbol{K}$ 为

$$\boldsymbol{M}=\begin{bmatrix}2m & 0 & 0\\ 0 & 1.5m & 0\\ 0 & 0 & m\end{bmatrix},\ \boldsymbol{K}=\begin{bmatrix}5k & -2k & 0\\ -2k & 3k & -k\\ 0 & -k & k\end{bmatrix}$$

系统的特征值方程 $|\boldsymbol{K}-\omega^2\boldsymbol{M}|=0$, 即

$$\begin{vmatrix}5k-2m\omega^2 & -2k & 0\\ -2k & 3k-1.5m\omega^2 & -k\\ 0 & -k & k-m\omega^2\end{vmatrix}=0,$$

用数值法可求出它的三个特征根

$$\omega_1^2=0.351\,465\frac{k}{m},\ \omega_2^2=1.606\,599\frac{k}{m},\ \omega_3^2=2.541\,936\frac{k}{m}$$

系统的固有频率为

$$\omega_1=0.592\,845\sqrt{\frac{k}{m}},\ \omega_2=1.267\,517\sqrt{\frac{k}{m}},\ \omega_3=1.882\,003\sqrt{\frac{k}{m}}$$

对应的三个模态向量为

$$\boldsymbol{u}^{(1)}=\begin{bmatrix}0.301\,850\\ 0.648\,535\\ 1\end{bmatrix},\ \boldsymbol{u}^{(2)}=\begin{bmatrix}-0.678\,977\\ -0.606\,599\\ 1\end{bmatrix},\ \boldsymbol{u}^{(3)}=\begin{bmatrix}2.439\,628\\ -2.541\,936\\ 1\end{bmatrix}$$

三个模态质量为

$$M_1=1.813\,12m,\ M_2=2.473\,96m,\ M_3=22.595\,7m$$

将其开方后分别除以 $\boldsymbol{u}^{(1)}$、$\boldsymbol{u}^{(2)}$、$\boldsymbol{u}^{(3)}$ 得正则化后的模态向量。

将它们构成模态矩阵 $\boldsymbol{U}$,得坐标变换 $\boldsymbol{x}=\boldsymbol{U}\boldsymbol{q}(t)$,经变换后得

$$\ddot{q}_r+\omega_r^2q_r=0\quad(r=1,2,3)$$

这是一批(这里是3个)独立的微分方程,按单自由度的方法解出广义坐标下的响应 $q_r(t)(r=1, 2, 3)$,再变换回原坐标下的响应,得 $\boldsymbol{x}=\boldsymbol{U}\boldsymbol{q}(t)$。

例3-3 求图3-8所示系统的稳态响应。

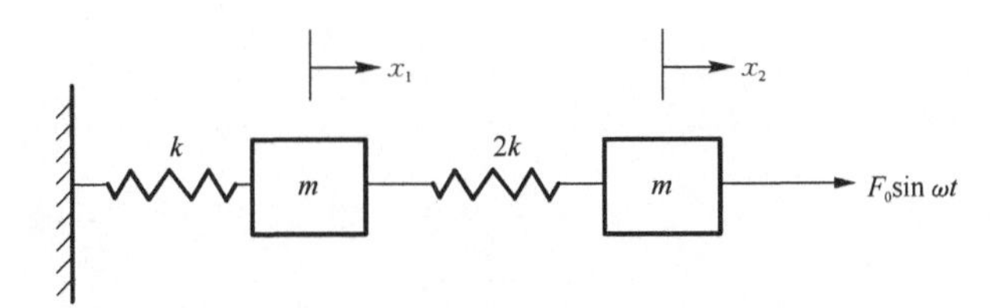

图3-8 例3-3中的系统

解: 系统的运动微分方程为

$$\begin{bmatrix}m & 0\\ 0 & m\end{bmatrix}\begin{bmatrix}\ddot{x}_1\\ \ddot{x}_2\end{bmatrix}+\begin{bmatrix}3k & -2k\\ -2k & 2k\end{bmatrix}\begin{bmatrix}x_1\\ x_2\end{bmatrix}=\begin{bmatrix}0\\ F_0\end{bmatrix}\sin\omega t$$

令

$$\begin{bmatrix} x_1 \\ x_2 \end{bmatrix} = \begin{bmatrix} X_1 \\ X_2 \end{bmatrix} \sin \omega t$$

得

$$\begin{bmatrix} 3k - m\omega^2 & -2k \\ -2k & 2k - m\omega^2 \end{bmatrix} \begin{bmatrix} X_1 \\ X_2 \end{bmatrix} = \begin{bmatrix} 0 \\ F_0 \end{bmatrix}$$

解得

$$X_1 = \frac{2kF_0}{(2k - m\omega^2)(3k - m\omega^2) - 4k^2}, \quad X_2 = \frac{(3k - m\omega^2)F_0}{(2k - m\omega^2)(3k - m\omega^2) - 4k^2}$$

由式(3-20)得

$$x_1 = X_1 \sin \omega t = \frac{2k}{(2k - m\omega^2)(3k - m\omega^2) - 4k^2} F_0 \sin \omega t$$

$$x_2 = X_2 \sin \omega t = \frac{3k - m\omega^2}{(2k - m\omega^2)(3k - m\omega^2) - 4k^2} F_0 \sin \omega t$$

第 4 章

机械振动控制及其应用

◎ **学习成果达成要求**

在设计阶段分析工程问题的动态性能，预估其动态响应，以消除振动或将其控制在允许范围内，需要学习抑制振动的基本原理和方法。

学生应达成的能力要求包括：

1. 能够了解隔振技术、减振技术和振动主动控制；
2. 能够了解工程中的振动测试和分析过程。

在工程技术中，振动是一种普遍存在的现象，日益受到人们的关注。在动力机械中，大多数振动是有害的，它们会引起动态变形和动应力。动应力是交变应力，比在静态工作负荷下引起的静应力要大很多，会造成结构的疲劳、破坏和磨损，并使使用寿命缩短、功能降低、环境污染、健康损坏等。振动也有有利的一面，有些机械利用振动产生预期的效果或提高工作效率。因此设计、制造和使用机械设备和工程结构时，应考虑如何避免有害振动，利用有利振动。

避免有害振动的方法包括：

(1) 在设计阶段分析其动态性能(CAD)，预估其动态响应，以消除振动或将其控制在允许范围内。

(2) 针对具体工况，采用隔离、减振等措施，将有害振动抑制在许可范围内。

本章介绍抑制振动的基本原理和方法，包括抑制振源、隔振技术、减振技术、振动主动控制及振动实验的内容。

4.1 抑制振源

激发振动的力源和运动源称为振源，抑制振源是消除或减小振动的最为积极有效的措施。

机械设备中典型激振源的产生因素包括：

(1) 旋转质量不平衡。当转子(旋转的部件)的质量中心与其回转轴线不重合时，将会产生惯性离心力，构成谐波激振。

(2) 往复机械的往复质量不平衡。如内燃机、蒸汽机、曲柄机构。

(3) 传动系统缺陷或误差。如齿轮、蜗轮蜗杆因制造不良或安装不好会产生周期性的激振力；链轮、联轴节、间歇机构、皮带接缝本身就包含传动的不均匀性，会引起周期性的冲击；油泵造成的液体脉动、电机的转矩脉动也可能产生周期性的激励。

(4) 工作载荷的波动。如冲床、锻锤等机器工作载荷的波动会引起各种类型的激振力;金属切削的切削力的变化会形成连续或阶跃激励;破碎机等设备的载荷波动会产生随机激励。

(5) 外界环境的激励。如路面不平对汽车的悬挂激励,海浪对船体的激励,风力对大型建筑或野外高大机械设备的激励,地面传至机械设备的振动激励。

以上种种因素均可能形成激振源,但主要是哪一种或哪几种因素起主要作用,与系统本身的性质有关。

判定主要激振源的基本方法是实测设备或结构的振动信号,分析其频率、幅值及特点,然后与上述各种可能振源的特点进行比较,找出起主要作用的激振源。

找到激振源后根据不同的激励采用不同的抑制振源的方法。如果是由旋转质量不平衡而引起的激振源,可采用动平衡的方法消除或减小不平衡质量引起的激励;如果是由制造或安装造成的,可提高制造或安装精度来消除或减小激励;如果是由工作载荷的波动引起的,可用飞轮等技术来降低因工作载荷的波动所引起的转矩波动。

4.2 隔振技术

机械设备运转时产生的剧烈振动不但会引起机械本身结构或部件的破坏,还会影响周围精密仪器设备的正常工作或降低其灵敏度和精确度。因此,有效地隔离振动,使振源所产生的大部分振动能量被隔振装置所吸收,以防止和减弱振动能量的传播,可以有效地达到减振的目的。

4.2.1 基本原理

隔振就是在振源与需要防振的机器或仪器之间,安放一组或几组具有弹性性能的隔振装置,使振源与地基之间或设备与地基之间的刚性连接转变为弹性连接,以隔绝或减弱振动能量的传递。根据隔振目的的不同,一般分为两种不同性质的隔振,即积极隔振和消极隔振。

1) 积极隔振

对于本身是振源的设备,为了降低它对周围其他设备的影响,将它与支承隔离开,减小它传给支承的力,并使设备本身的振动减小,这称为积极隔振。

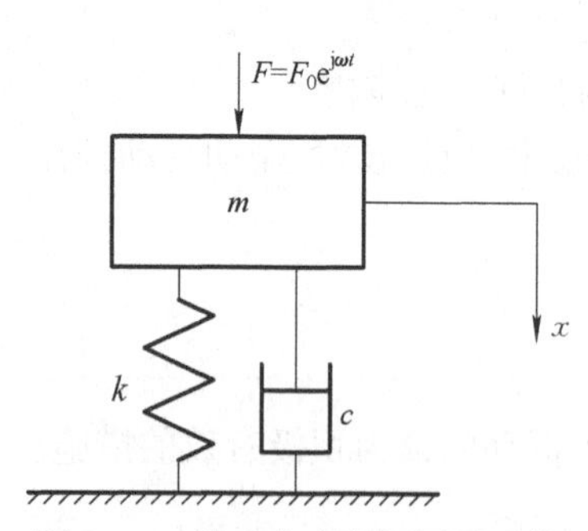

图 4-1 单自由度积极隔振系统

例如,在精密机床中,电机常常是一个重要的振源,若将它直接安装在机器上,电机的振动和激振力将全部传给机床。若在电机和机床之间加入由弹簧和阻尼器组成的隔振器,则电机的激振力将在通过隔振器之后才传到机床上。如果传到机床上的力小于激振力,则隔振器起到了隔振作用。此例中,电机和隔振器相比,可认为电机是没有弹性只有质量的刚体,其质量为 m,而认为隔振器只有弹性和阻尼而质量可忽略不计,其刚度和黏性阻尼系数分别为 k 和 c。考虑单方向振动的情况,电机和隔振器可简化为一个单自由度隔振系统,其动力学模型如图 4-1 所示。

设电机的激振力为 $F_0e^{j\omega t}$,系统产生的振动为 $x=Ae^{j(\omega t-\varphi)}$,则通过弹簧传到支承上的力为 $F_k=kx$,通过阻尼传到支承上的力为 $F_c=c\dot{x}=jc\omega x$ 。这两个力的频率相同,相位差为$\frac{\pi}{2}$,故其最大合力为

$$F_{max}=\sqrt{F_{kmax}^2+F_{cmax}^2}=\sqrt{(kA)^2+(c\omega A)^2}=kA\sqrt{1+(2\xi\lambda)^2} \tag{4-1}$$

式中,各参数的含义与第 2 章中一致。又从第 2 章式(2-43)可知,振幅 A 为

$$A=\frac{F_0}{k\sqrt{(1-\lambda^2)^2+(2\xi\lambda)^2}} \tag{4-2}$$

将式(4-2)代入式(4-1)后,可知通过隔振器传递到支承上的力幅 F_{max} 与激振力幅 F_0 之比为

$$\eta=\frac{F_{max}}{F_0}=\sqrt{\frac{1+(2\xi\lambda)^2}{(1-\lambda^2)^2+(2\xi\lambda)^2}} \tag{4-3}$$

式中,η 表示采用隔振器后传递给支承的动载荷的减小程度,称为隔振系数。有时隔振的效果也可用隔振效率 ε 表示为

$$\varepsilon=(1-\eta)\times 100\% \tag{4-4}$$

2) 消极隔振

对于需要隔振的设备,为了降低周围振源对它的影响,将它与支承隔离开来,减小支承传递给它的力,使设备的振动小于支承的振动,这称为消极隔振。

在机床中消极隔振的典型例子是对精密机床本身或对安装在机床上的精密仪表采取的。如果将精密机床直接安装在地基上,则地基的振动将全部直接传给机床。如果传到机床的振动小于地基的振动,隔振器就起到了隔振作用。对于只考虑单方面振动的情况,机床和隔振器可简化为图 4-2 所示的单自由度隔振系统。

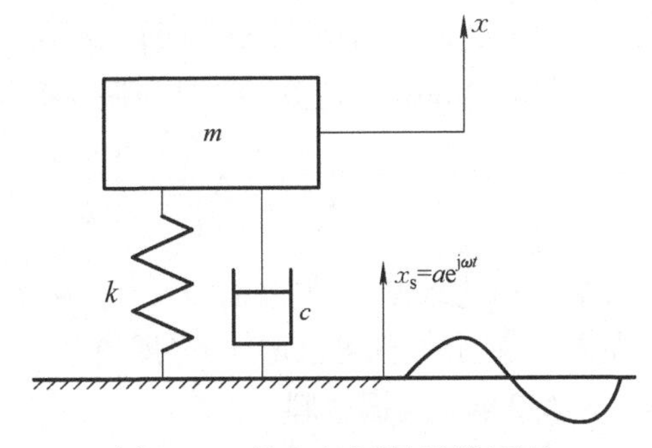

图 4-2　单自由度消极隔振系统

设支承以 $x_s=ae^{j\omega t}$ 的规律振动,则振动体也将受迫产生振动 $x=Ae^{j(\omega t-\varphi)}$。关于由支承运动而引起的强迫振动已在第 2 章的例 2-5 中讨论过,易知振动体(即机床或其他需要防振的设备)的振幅为

$$A=a\sqrt{\frac{1+(2\xi\lambda)^2}{(1-\lambda^2)^2+(2\xi\lambda)^2}} \tag{4-5}$$

振动体的振幅 A 与支承的振幅 a 之比就是隔振系数 η:

$$\eta=\frac{A}{a}=\sqrt{\frac{1+(2\xi\lambda)^2}{(1-\lambda^2)^2+(2\xi\lambda)^2}} \tag{4-6}$$

上式与式(4-3)完全相同。可知,积极隔振和消极隔振的目的不相同,但两者的原理、隔振系数的计算公式相同,采用的隔振手段也一样,都是在设备与支承之间安放隔振器,使隔振系数小于 1,以达到隔振的目的。

4.2.2　隔振特性

隔振系统的隔振特性可由隔振系数随各系统参数的变化规律看出。因此,以频率比 λ 为横坐标,隔振系数 η 为纵坐标,阻尼比 ξ 为参变量,由式(4-6)可得图 4-3。

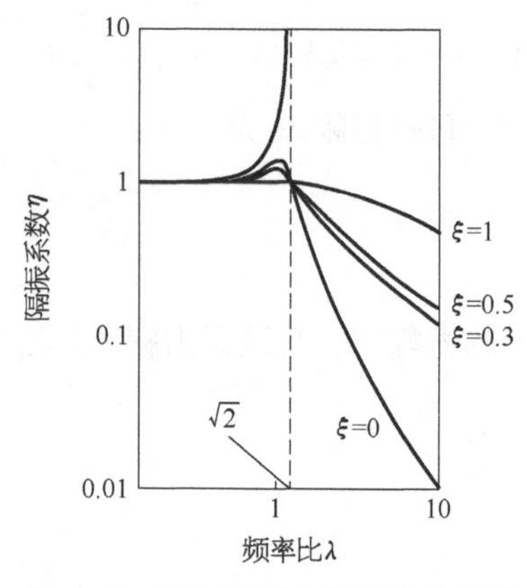

图 4-3 隔振系数与频率比的关系

由图 4-3 可以得出以下结论：

(1) 在 $\lambda > \sqrt{2}$ 的区域内，$\eta < 1$，这就是隔振区。即只有当频率比 $\lambda > \sqrt{2}$ 时，才有隔振效果，而且随着 λ 的增加，η 降低，隔振效果增加。在工程应用中，一般取 $\lambda = 2.5 \sim 5$ 就已足够。

(2) 在 $\lambda < \sqrt{2}$ 的区域内，$\eta > 1$，不但没有隔振效果，隔振器反而会把振动放大。尤其当 $\lambda \approx 1$ 时，将发生振幅很大的共振。若隔振器是用于隔离由离心惯性力引起的强迫振动，则设备在启动和停止的过程中，必定要经过共振区。因此，在隔振器内应有适当的阻尼，以降低经过共振区时的最大振幅。但是，在隔振区内，增大阻尼又会降低隔振效果，所以隔振器阻尼的选择应综合考虑这两方面的要求。

4.2.3 隔振装置设计的一般步骤

(1) 振源识别，测试分析振源激励力的大小、方向和频率 ω。

(2) 选择隔振后机械系统的固有频率 ω_n，使 $\dfrac{\omega}{\omega_n} = 2.5 \sim 5$。

(3) 按图纸等资料计算机械系统总质量 m，求出隔振装置的刚度 $k = m\omega_n^2$。

(4) 设 $\xi = 0$，由 k、m、λ 算出隔振系数 η。

(5) 验算机械设备工作时的振动振幅是否在允许范围内。

$$|X| = \frac{|F|}{k} \times \eta = \frac{|F|}{\omega_n^2 m} \text{ 或 } |X| = |Y| \eta$$

式中，$|Y|$ 为地基激励振幅；$|F|$ 为激励力幅值。如果计算出的机械设备工作时的振动振幅不在允许范围内，则可以增加 m（即质量隔振）或改变 k。

4.2.4 隔振材料

凡是能支承运转设备动力负载，又有良好弹性恢复性能的材料或装置，均可作为隔振材料或隔振元件。目前以金属弹簧和剪切橡胶的应用最为广泛，而空气弹簧的隔振效果最好。板条式钢板用于交通工具，其承载力大、稳定，但阻尼小；橡胶软木有足够大的阻尼，但不稳定且承载力小。两种材料可组合起来形成钢弹簧—橡胶隔振装置。

例 4-1 如果要为一个转速为 1 500～2 000 r/min 的泵提供效率为 75%的隔振，问所用无阻尼隔振器的最小静变形为多少？

解： 对 75%的隔振效率，其隔振系数为 0.25，根据式(4-3)，其中 $\xi = 0$，并注意当 $\lambda > \sqrt{2}$ 时才有意义，即

$$0.25 = \frac{1}{\lambda^2 - 1}$$

解得 $\lambda = 2.24$。

从图 4-3 可看出，速度越高，隔振效果越好，因此如果在转速为 1 500 r/min 时就能获得 75%的隔振效果，那么转速更高时，隔振效果更好。

所以

$$\omega_n = \frac{\omega}{\lambda} = \frac{1\,500 \times \frac{2\pi}{60}}{2.24} \text{ rad/s} = 70.25 \text{ rad/s}$$

最小静变形为

$$\Delta_{st} = \frac{g}{\omega_n^2} = \frac{9.81}{70.25^2} \text{ m} \approx 0.001\,99 \text{ m} \approx 2 \text{ mm}$$

4.3 减振技术

通过在振动物体上附加特殊装置或材料，使其在与振动体互相作用过程中吸收或消耗振动能量，从而降低振动体的振动强度，这称为减振技术。目前，减振技术分为主动减振和被动减振两大分支。

主动减振又称为有源减振，这种减振技术需要依靠附加的能源提供能量来支持减振装置工作。

被动减振又称为无源减振，它不需要在系统之外加能源装置提供能量支持减振装置工作。优点是结构简单、工作可靠、易于实现，缺点是环境适应能力差，特别是对低频、超低频及宽频带随机振动控制的效果差。

目前被动减振技术大体上被分为四类：

(1) 利用装置中辅助质量的动力作用，消耗振动能量的动力减振技术。

(2) 利用装置中相对运动元件之间的摩擦作用，消耗振动能量的摩擦减振技术。

(3) 利用装置中活动质量反复冲击振动体，消耗振动能量的冲击减振技术。

(4) 利用减振装置的黏性阻尼特性，消耗振动能量的阻尼减振技术。

与减振技术对应的具体减振装置称为减振器(或称消振器、吸振器等)。

1) 动力减振技术

当机器设备因某一确定性干扰频率激励而产生振动响应时，可通过在该设备上附加一个辅助质量，用弹性元件和阻尼元件使之与主质量连接。当主系统振动时，这个辅助质量也随之振动。利用辅助质量的动力作用使其加在主系统上的动力(或力矩)与激振力(或力矩)互相抵消，使主系统的振动得到抑制。这个附加系统就称为动力减振器。

如果辅助质量与主质量之间仅用弹性元件连接，称其为无阻尼动力减振器；如果两质量之间既有弹性元件又有阻尼元件，则称其为阻尼动力减振器；如果两质量之间只有阻尼元件，通常称其为摩擦动力减振器。

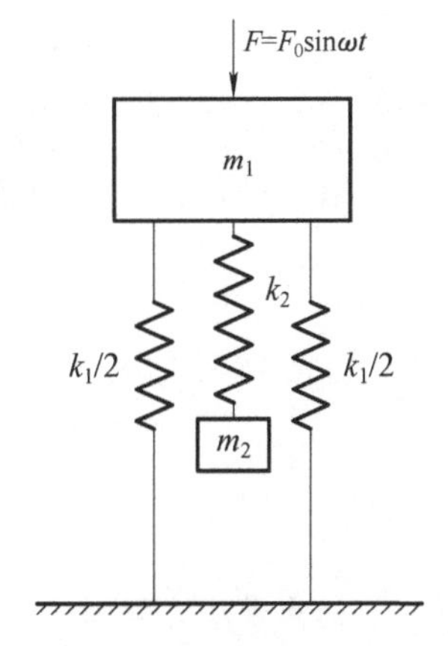

图4-4 装有无阻尼动力减振器的系统

图4-4为装有无阻尼动力减振器的系统，减振器的质量为 m_2，通过弹簧 k_2 连接到系统上。如果原主系统受到一个力大小为 F_0、频率为 ω 的简谐激励作用，这时系统为两自由度系统，系统的运动微分方程为

$$\begin{bmatrix} m_1 & 0 \\ 0 & m_2 \end{bmatrix}\begin{bmatrix} \ddot{x}_1 \\ \ddot{x}_2 \end{bmatrix} + \begin{bmatrix} k_1 + k_2 & -k_2 \\ -k_2 & k_2 \end{bmatrix}\begin{bmatrix} x_1 \\ x_2 \end{bmatrix} = \begin{bmatrix} F_0 \sin \omega t \\ 0 \end{bmatrix}$$

求其稳态解，得

$$\begin{bmatrix} -m_1\omega^2+k_1+k_2 & -k_2 \\ -k_2 & -m_2\omega^2+k_2 \end{bmatrix}\begin{bmatrix} X_1 \\ X_2 \end{bmatrix}=\begin{bmatrix} F_0 \\ 0 \end{bmatrix}$$

因此，在装有减振器的情况下，主质量块的稳态振幅为

$$X_1=\frac{F_0}{k_1}\left(\frac{1-r_2^2}{r_1^2r_2^2-r_2^2-(1+\mu)r_1^2+1}\right) \tag{4-7}$$

减振器质量块的稳态振幅为

$$X_2=\frac{F_0}{k_1}\left(\frac{1}{r_1^2r_2^2-r_2^2-(1+\mu)r_1^2+1}\right) \tag{4-8}$$

其中，

$$\omega_{11}=\sqrt{\frac{k_1}{m_1}},\ \omega_{22}=\sqrt{\frac{k_2}{m_2}},\ r_1=\frac{\omega}{\omega_{11}},\ r_2=\frac{\omega}{\omega_{22}},\ \mu=\frac{m_2}{m_1}$$

如果 $r_2=1$，主质量的稳态振幅为 0，在这种情况下，

$$|X_2|=\frac{F_0}{k_2} \tag{4-9}$$

即当把减振器安装到带有简谐激励的系统中，并且把减振器的固有频率 ω_{22} 调整到激励频率时，系统中装有减振器的那一点的稳态振动为 0。

例 4-2 一质量为 200 kg 的机器与一个刚度为 4×10^5 N/m 的弹簧相连。在运转过程中，机器受到一个力大小为 500 N、频率为 50 rad/s 的简谐激励。设计一个无阻尼减振器，使得主质量块的稳态振幅为 0，减振器质量块的稳态振幅小于 2 mm(参见图 4-4)。

解： 当减振器的频率调整到激励频率时，机器的稳态振幅为 0，因此

$$r_2=1,\text{即 }\omega_{22}=\omega=\sqrt{\frac{k_2}{m_2}}$$

在这种情况下，减振器质量的稳态振幅可由式(4-9)确定，有

$$0.002\geqslant\frac{F_0}{k_2}$$

得

$$k_2\geqslant\frac{500}{0.002}=2.5\times10^5\ \text{N/m}$$

选取最小允许刚度进行计算，则所需减振器的质量为

$$m_2=\frac{k_2}{\omega^2}=\frac{2.5\times10^5}{50^2}\ \text{kg}=100\ \text{kg}$$

因此减振器的质量为 100 kg，刚度为 2.5×10^5 N/m。

2) 摩擦减振技术

摩擦减振技术主要利用主质量与辅助质量之间相对运动时产生的摩擦阻尼力实现减振，两者之间的弹性特性忽略不计。摩擦减振器可以看作一种没有弹性元件的动力减振器。根据

摩擦阻尼的介质不同,摩擦减振器可分为两类:

(1) 液体摩擦减振器。这类摩擦减振器的辅助质量放置于黏度较大的硅油中。

(2) 固体摩擦减振器。这类摩擦减振器辅、主质量结合面间相对运动产生的干摩擦是非线性阻尼。

3) 冲击减振技术

利用两物体互相碰撞后动能损失的原理,在振动体上安装一个起冲击作用的冲击块,当系统振动时,冲击块将反复地冲击振动体,消耗能量,达到减振的目的。图4-5为冲击减振器的动力学模型。

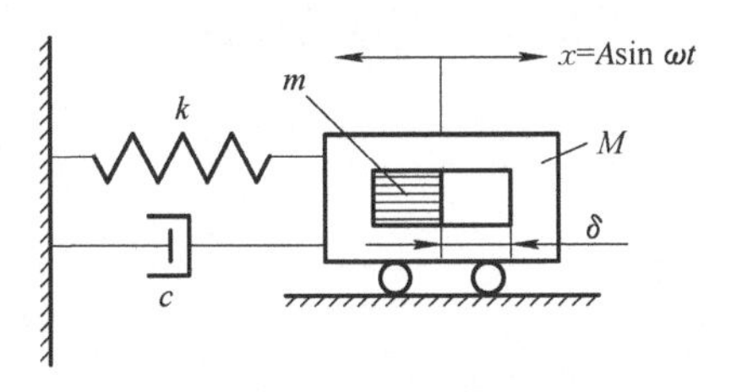

图4-5　冲击减振器

冲击减振器具有结构简单、重量轻、体积小等优点,目前已在很多领域得到了广泛的应用。其中最典型的是用在镗削加工中,镗杆和镗刀安装冲击减振器后,可显著降低镗削加工中的冲击激励,提高镗削精度和镗杆、镗刀的寿命。镗杆和镗刀安装减振器后的结构如图4-6所示。

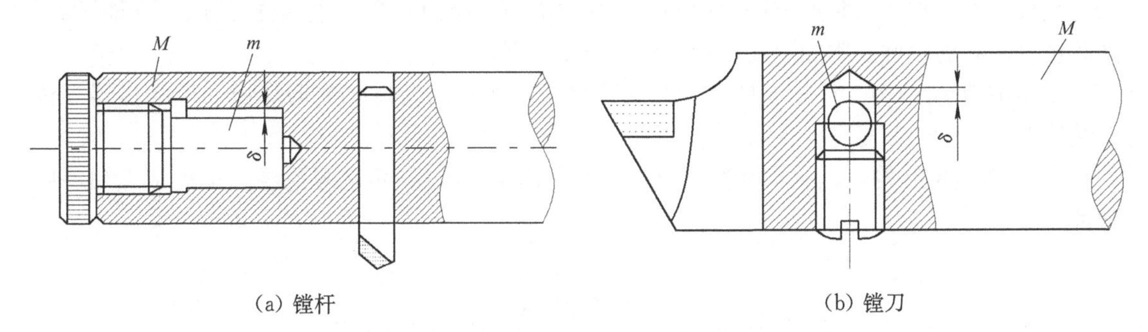

图4-6　镗杆和镗刀安装冲击减振器后的示意图

为提高冲击减振效果,在设计和使用冲击减振器时,应注意以下问题:

① 要实现冲击减振,首先要使冲击块 m 对振动体 M 产生稳定的周期冲击运动,即在每个振动周期内,m 和 M 分别左右碰撞一次。因此通过试验选择合适的间隙 δ 是关键,因为 δ 只有在某些特定范围内才能实现稳定周期冲击运动。同时,希望 m 和 M 都在其以最大速度运动时进行碰撞,以获得有利的碰撞条件,造成最大的能量损失。

② 冲击块 m 的质量越大,碰撞时消耗的能量越大。因此,在结构允许的条件下,选择尽可能大的质量比 $\mu = m/M$。或者在冲击块挖空的内部注入比重大的材料(如铅),以增加其重量。

③ 冲击块的刚度越大,减振效果越好,通常选用硬淬钢和硬质合金制造冲击块。

④ 将冲击块安装在振动体振幅最大的位置,可提高减振的效果。

⑤ 增加冲击块的质量可提高减振效果,但同时又增加了噪声。因此,可使用多冲击块冲击减振器,这样既不增加噪声,又能增加减振效果。

4) 阻尼减振技术

(1) 阻尼的定义和作用。阻尼是指系统损耗能量的能力。从减振的角度来看,也就是将机械振动能量转变成热能或其他形式的能量耗散掉,从而达到减振的目的。

从具体应用研究来看,阻尼有以下减振作用:

① 阻尼有助于降低机械结构的共振振幅,从而避免结构因动应力达到极限所造成的

破坏。

② 阻尼有助于机械系统在受到瞬态冲击后，很快恢复到稳定状态。

③ 阻尼可以提高各类机器和仪器的加工精度、测量精度和工作精度。

④ 阻尼有助于降低结构传递振动的能力。

(2) 阻尼材料的种类。

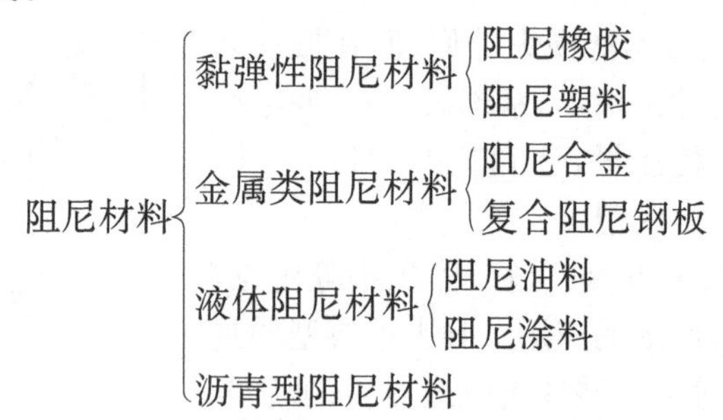

(3) 附加阻尼结构。附加阻尼结构如图 4-7 所示。阻尼减振技术是通过阻尼结构得以实施的。附加阻尼结构是提高机械结构阻尼的主要结构形式之一，它是在各种形状、用途的结构上直接粘附一种包括阻尼材料在内的结构层，增加结构件(主要是金属件)的阻尼性能，以提高其抗振性和稳定性。附加阻尼结构主要有以下两类：

① 自由阻尼结构。将一层具有大阻尼的材料直接粘附在需要减振降噪处理的机器零件或结构上。

② 约束阻尼结构。在基本弹性层上粘贴一层阻尼材料层，再在阻尼层上牢固地粘贴一层弹性材料。

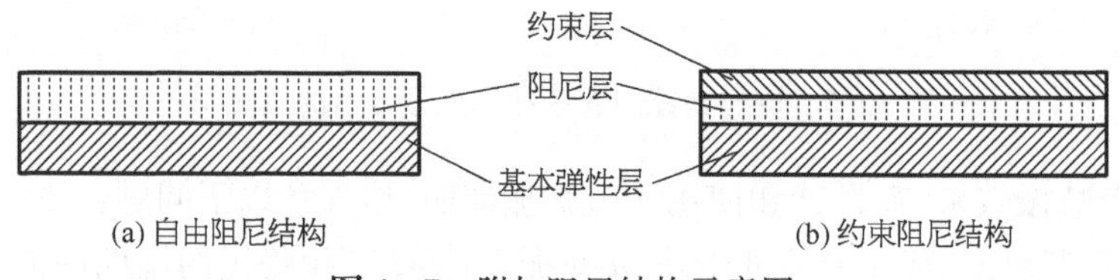

图 4-7 附加阻尼结构示意图

4.4 振动主动控制

4.4.1 应用与研究现状

作为振动工程领域的一个重要分支，振动控制一般分为被动、主动和半主动控制等类型。属于被动控制的被动减振的特点是不需要外界能源，装置结构简单，许多场合下减振效果与可靠性较好，已经获得了广泛应用。但被动控制难以解决超低频带，宽频带振动的控制。主动控制是指在振动控制过程中，根据所检测的振动信号，应用一定的控制策略，经过实时计算，进而驱动作动器对控制目标施加一定的影响，达到抑制或消除振动的目的。其控制效果好，适应性强，正越来越受到人们的重视。半主动控制被视为可控的被动控制，其具有主动控制的控制范围宽、适应性强的特点，又具有被动控制的可靠性，因此在振动控制中同样获得了广泛应用。

近年来，随着科学技术的发展，特别是在计算机技术、测控技术和材料技术的推动下，振动主动控制和半主动控制有了长足的进步，已成功应用于航空和航天结构振动控制、土木工程结构抗震、车辆结构隔振和其他机械设备振动控制等领域。

在航空、航天工程领域内，对于大柔性结构如空间站、大型天线、太阳能电池板、光学系统等的振动主动控制已受到广泛的重视，已成为振动主动控制最活跃的领域。研究的中心问题是如何提高结构的模态阻尼与减少外部干扰的影响。近几年来，新型智能材料及主动结构的出现为大柔性结构的振动主动控制开辟了新的途径。

在土木工程领域，对于高层建筑及大跨度桥梁等，为保证其结构的完整性与其他要求（如建筑中人的舒适性等），都要对随机性外载（如风、地震等）引起的响应进行控制。近年来研制的主动式有阻尼动力吸振器取得了很好的减振效果。由于巨型土木工程振动控制系统大多属于时滞的非定常线性系统，需要采用实时辨识技术进行在线建模，因此土木工程结构振动自适应控制技术的研究受到了极大的关注。

在机械工程领域，由于对精密、超精密机床以及精密测量仪器和电子加工设备的振动要求极为严格，单纯的被动隔振已不能满足要求，必须采用振动主动控制技术。随着机器人及各种操作手往高速、精密、重载、轻量化方向发展，柔性机械臂的振动控制日益受到重视，已成为机器人学研究领域的另一热点。转子的振动控制一直是机械工程领域中较重要的研究领域，近几年的研究主要集中在应用新型作动材料来改善振动控制效果上（如主动磁悬浮技术、电流变技术、静压轴承技术等），已出现了许多成功的范例。此外，主动控制技术在减轻高速传送带的横向振动、预报控制金属切削颤动、抑制线切割机的走丝振动以及抑制往复式内燃机的振动等方面，都已取得了一定成绩。

4.4.2　系统及控制原理

振动主动控制系统主要由传感单元、作动单元和控制单元三大基本部分组成，其控制原理如图4-8所示。传感器A拾得机体或同时拾得基础的振动信号，经控制器处理后，驱动作动器动作以减小机体的振动。采用不同的传感检测技术、作动执行技术和控制系统就可构成不同类型的主动减振系统。传感器、作动器和控制器是振动主动控制的三项关键技术。

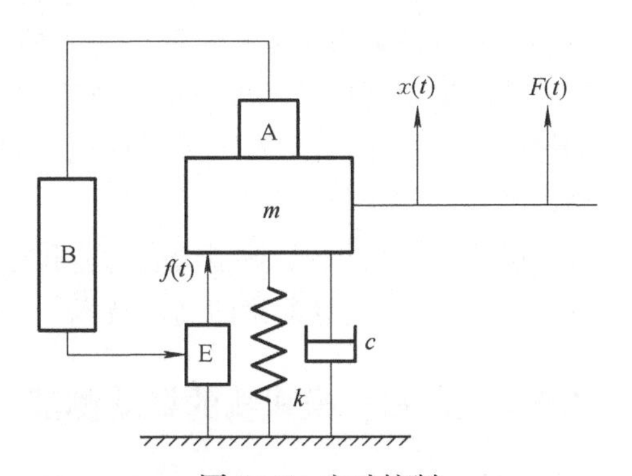

图4-8　主动控制

A—测出响应信号 $x(t)$；B—变换和放大，产生功率较大的控制信号驱动施力机构；E—产生控制力 $f(t)$

1）传感器

传感器是振动主动控制的眼睛，如果传感器不能精确地测得系统的振动量，则不可能取得很好的减振效果。常用的传感器一般有加速度传感器、速度传感器和位移传感器。加速度传感器以压电加速度传感器的应用最为广泛，其固有频率一般在30 kHz左右，使用频率下限为10 kHz左右。位移传感器常用于低频（0～10 Hz）和微幅振动的测量。研制价格合适、精度较高的传感器是提高主动减振效果的关键之一。

2）作动器

作动器也称执行器，是实施振动主动控制的关键部件之一。其作用是按照确定的控制规律对受控对象施加控制力。表4-1是目前应用于振动主动控制领域的作动器一览表。表4-1中，7、8、9属于传统型作动器，体积、重量大，多用于地面及固定系统的振动主动控制。1～6是基于机敏材料的智能型作动器，多应用于智能结构中。在整机的振动控制中，通常使用的有电磁的、气浮的、液压的以及压电陶瓷和磁致伸缩作动器等。在微幅隔振中应用较广泛的有形状记忆合金作动器、磁致伸缩合金作动器和压电陶瓷作动器等。

表 4-1 目前应用于振动主动控制领域的作动器一览表

序号	类型名称	工作机理	主要性能	主要应用场合
1	压电陶瓷(PZT)	压电效应	响应快,位移、力较小	柔性板、壳智能结构
2	压电薄膜(PVDF)	压电效应	响应快,位移、力小	柔性板、壳智能结构
3	电致伸缩陶瓷(ES)	电致效应	响应快,位移小,力较大	柔性智能桁架
4	形状记忆合金(SMA)	金属相变	响应慢,位移、力较大	柔性智能结构
5	磁致伸缩合金(MS)	磁致效应	响应快,位移、力大	柔性智能桁架
6	电流变流体(ERF)	流体相变	响应快,力较大	主动阻尼
7	液体作动	液压传动	响应中等,位移、力很大	大型土木结构
8	气体作动	气压传动	响应中等,位移大、力较大	车辆减振
9	电气作动	电气传动	响应快,位移、力较大	通用性

注:摘自孙国春,等.振动主动控制技术的研究与发展[J].机床与液压,2004(3).

3)控制器

振动主动控制主要应用主动闭环控制,其基本思想是通过适当的系统状态或输出反馈,产生一定的控制作用来主动改变被控制结构的闭环零、极点配置或结构参数,从而使系统满足预定的动态特性要求。采用不同的控制技术与控制算法来设计控制器,在一定程度上决定了在不同的环境条件以及精度要求下所达到的对控制对象的控制效果。振动主动控制器控制规律的设计几乎涉及控制理论的所有分支,如极点配置、最优控制、自适应控制、鲁棒控制、智能控制以及遗传算法等。

随着计算机技术、新型功能材料和控制技术的发展,振动主动控制和半主动控制技术迅猛发展,成为具有美好前景的高新技术。

4.5 注塑机合模机构的振动测试

现代注射成型技术向着高速、高效的方向发展,对注塑机合模平稳性的要求越来越高,不仅要求注塑机合模机构开、合模速度快,定位精度高,而且要求模板需受力均匀、运行平稳。然而,合模机构工作过程中有较多的振源,如动模与定模的冲击、基础的振动、起高压和泄压过程产生的振动等,对合模机构的动态性能产生较大影响,严重时会加速合模关键部件的疲劳失效,影响产品质量一致性和注塑机使用寿命。

鉴于目前国内的大多数注塑机企业尚未对注塑机合模过程振动水平开展准确的技术评估,所以本书着手对某型号注塑机的合模、开模周期进行振动加速度测试尝试,通过信号处理和分析,对影响合模过程的振动水平进行评定,为合模机构的减振措施、优化设计提供技术基础依据。

为提高大型二板注塑机合模机构的工作可靠性,可对注塑成型完整周期过程中的注塑机动、定模板进行振动与冲击加速度测试;通过数字滤波和数值积分技术,评定了动、定模板的轴向振动加速度和最大摆动角度;应用 Garbor 变换和小波分析,确定了振动信号中的低、高频成分的来源,以及它们在时频域的能量分布。这些为合模机构的减振优化和质量控制提供技术基础。

4.5.1　测试原理

振动测试对象是某国内自主设计的全液压驱动的大型二板式注塑机，其结构由注射机构、合模机构、液压部分和电气控制部分组成，如图 4 - 9 所示。试验中振动加速度传感器布置在动模板和定模板的四个顶角处，由磁座固定，如图 4 - 10、图 4 - 11 所示，同时用摄录机对注塑机合模动作进行拍摄；采用亿恒 7008 信号分析仪对四个相同型号的振动加速度传感器进行振动信号同步采集，采集时间长达 4 个合模、开模工作周期。对记录振动数据进行离线信号处理。

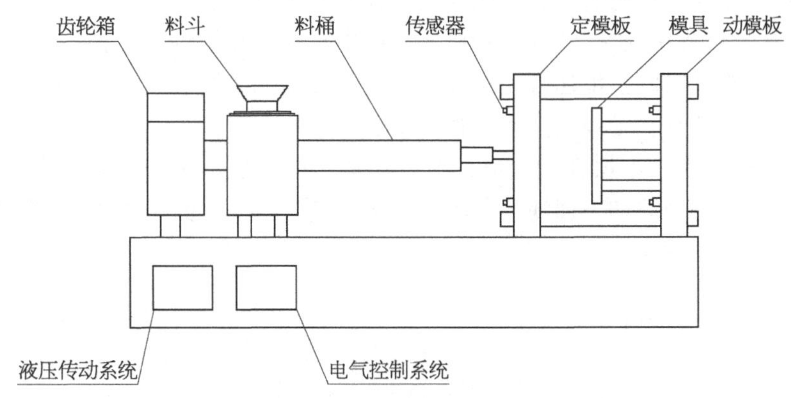

图 4 - 9　注塑机结构示意图

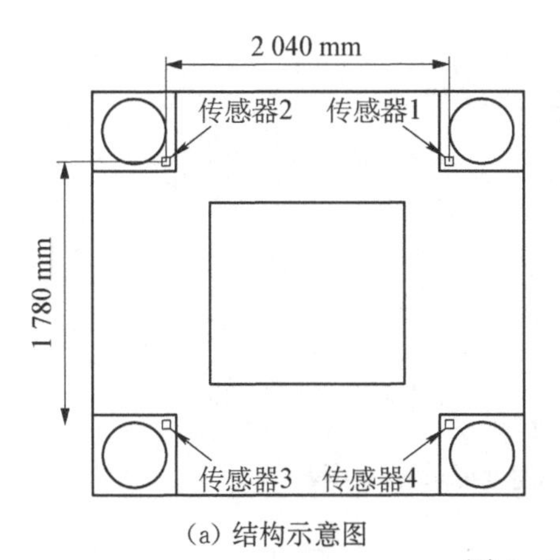

(a) 结构示意图

(b) 实物图

图 4 - 10　动模板

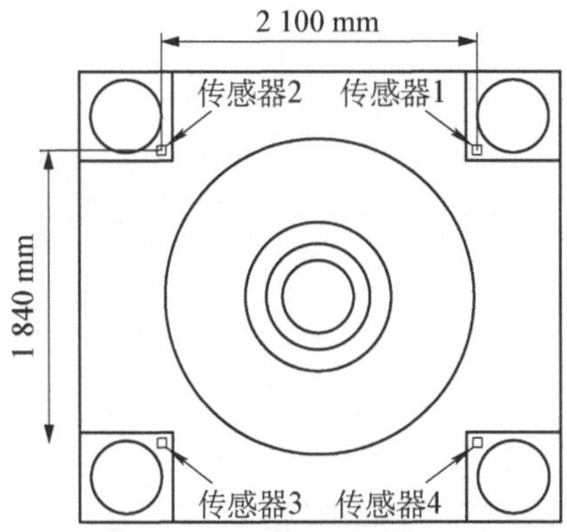

(a) 结构示意图

(b) 实物图

图 4 - 11　定模板

4.5.2 注塑过程振动特点

在整个合模机构中，直接影响合模位置精度的是动模板，所以动模板运动的平稳性是关注的重点。注塑机的动模板由四个液压系统驱动，由于控制的精度问题，导致动模板运动除了完成规定的往返直线运动以外，还在驱动过程中叠加了干扰，使动模板产生了振动。由于动模板的巨大质量和液压系统耦合，干扰产生的是一个低频振动，它使注塑机整体振动。动模板工作瞬时振动信息能很好地反映系统的注塑机动力性能状态和控制品质，因此，可以通过动模板工作瞬时振动特性，来深入探讨整个合模机构的振动及稳定性问题。

在动模板运动过程中，除了含大量的机构系统中其他运动部件和结构的信息，也包含了严重的噪声干扰，如抱闸、加压、泄压等敲击和冲击动模板运动系统，产生高频振动。在振动测试记录中，高频振动波叠加在动模板产生的振动中。

在动模板上拾取的一个振动加速度的时间历程，它由低频和高频振动两部分叠加，如图 4-12所示。利用低通滤波和高通滤波分离这两部分信号，动模板的振动时间历程如图 4-13 所示；冲击响应历程如图 4-14 所示。

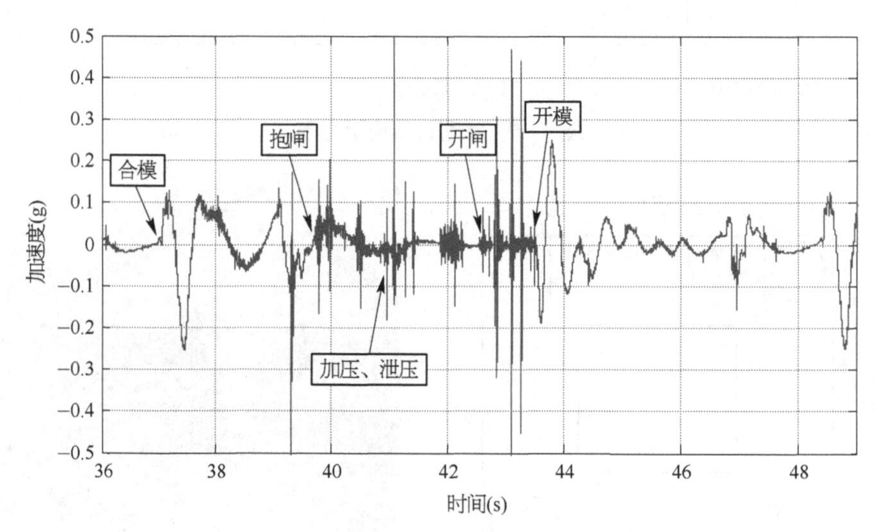

图 4-12 动模板振动加速度记录时间历程

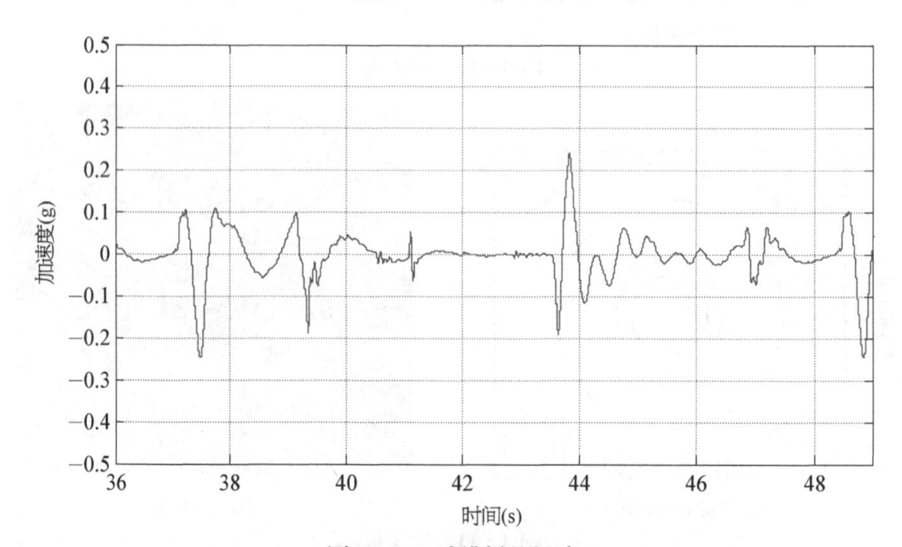

图 4-13 动模板的振动

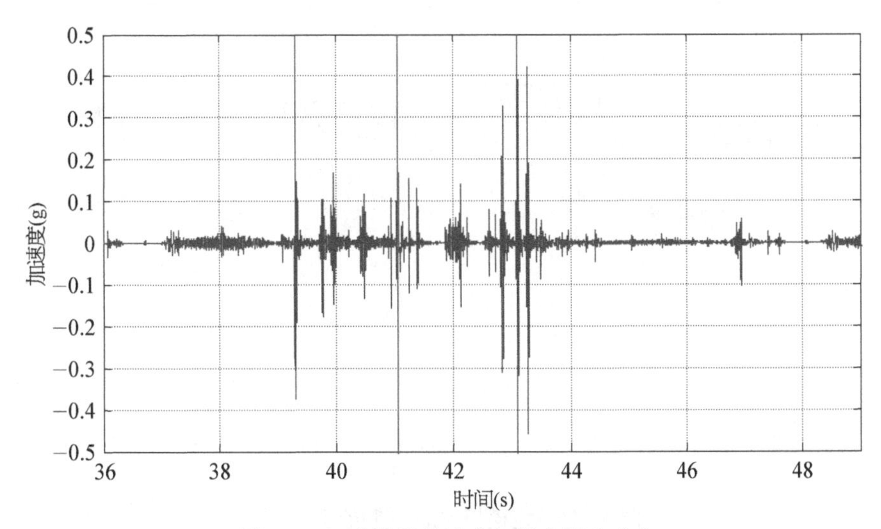

图4-14　动模板的冲击与敲击振动响应

4.5.3　模板振动加速度级水平评定

为了描述运动状态下的动模板的振动，在图4-12的振动加速度时间历程中，选择最大振动值为动模板的振动特征。由于动模板尺寸大，可用四个振动最大值的平均值评定注塑机的振动级水平。在所测的注塑机中，振动加速度级水平是0.25g。

振动加速度级水平反映了动模板沿轴向运动的平稳性，振动过大，会增大合模位置误差，引起动模板和定模板之间的冲击，振动冲击严重时，甚至会损坏注塑模具。

动模板除了直线运动外，还存在俯仰摆动和左右摆动。利用测点之间的距离和数值积分技术，可以给出最大俯仰摆动角度和左右摆动角度。在所测的注塑机中，经过数值积分后的1、2测点的振动位移明显大于3、4测点的振动位移，最大位移差为60 mm，说明在注塑机中存在俯仰摆动。摆动的表达为

$$\theta(t)=\iint\frac{a_i-a_j}{d_{ij}}\mathrm{d}t\mathrm{d}t \tag{4-10}$$

式中，$\theta(t)$为摆动角度；a_i和a_j分别是测点i和测点j处的振动加速度。

在本试验中，最大摆动角度为60/2 040 rad=1.685°。动模板的摆动说明动模板在运动过程中受力不均，会加剧动模板轴套和拉杆之间的摩擦和磨损，同时能反映了液压控制系统的缺陷。

在合模过程中，定模板的振动主要来源于动模板运动和冲压引起的振动，以及合模中其他动作传递的高频冲击，如图4-15所示为单个合模周期的振动时间历程，图4-16和图4-17为通过滤波后得到的低频和高频振动加速度信号。经测试，该注塑机的振动加速度级水平是0.17g，同时存在俯仰摆动。

由于定模板与注塑机基体固连，定模板的振动加速度级反映了注塑机基体的振动水平，长期较大的基体振动会引起注塑机部件的疲劳失效、安全问题，影响注射成型质量。

1) STFT分析

为了识别注塑机动模板在合模、开模过程中各种振源，从高频振中找出对应的振动响应，研究图4-12中动模板时间历程中的不同时刻的振动频率特性。在振动分析中，对动模板振

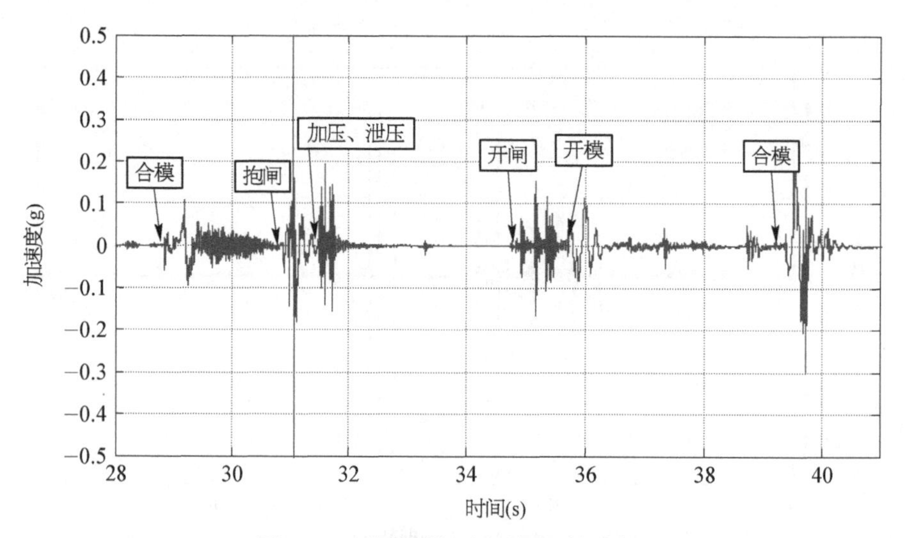

图 4－15　定模板振动加速度时间历程

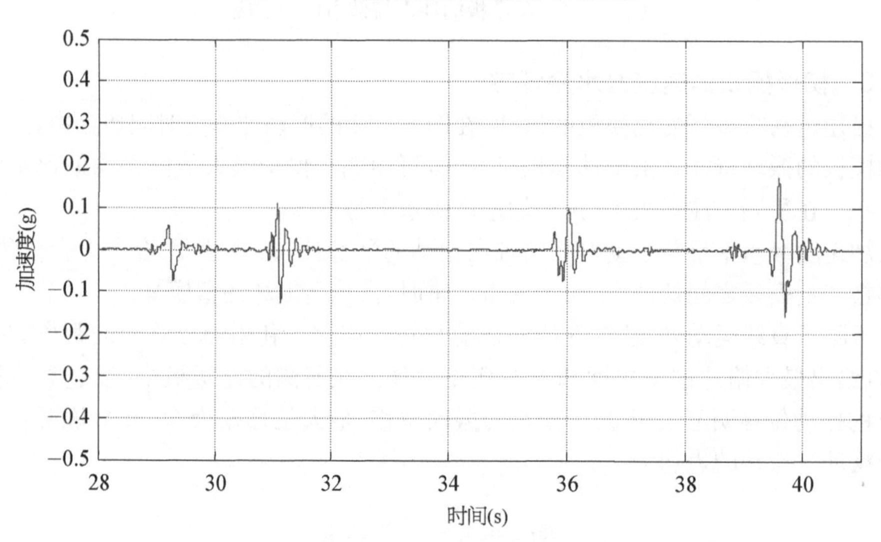

图 4－16　定模板的振动

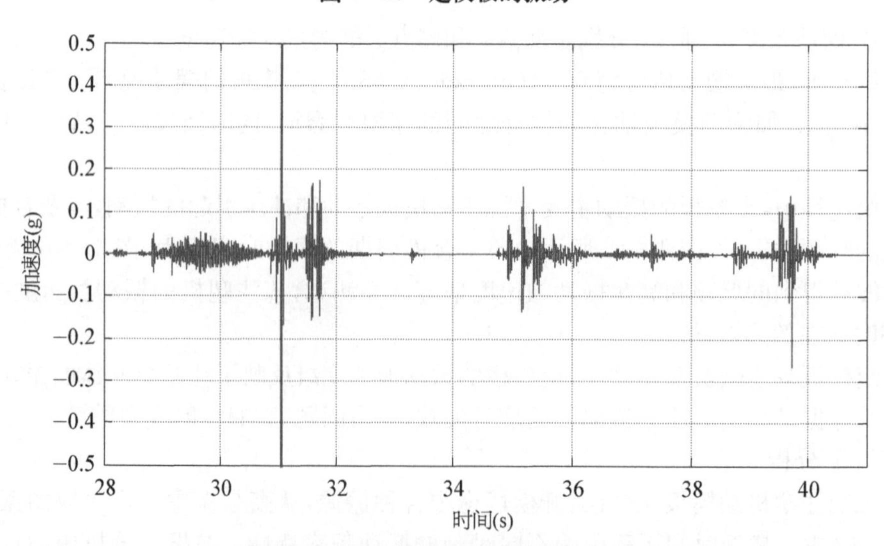

图 4－17　定模的冲击与敲击振动响应

动信号 $v(t)$ 进行短时 Fourier 分析(STFT 或 Gabort 变换)，它可以在频域不同尺度、不同时间上提取振动能量相关的特征。它数学表达为：

$$V(\tau, f) = \int_{-\infty}^{\infty} v(t) w(t-\tau) e^{-j2\pi ft} dt \tag{4-11}$$

式中，$w(t)$ 是高斯窗函数，窗的宽度与振动时间历程中局部长度相匹配。

图 4-18 是对实测模板振动信号 STFT 分析后的时频图，从三维视觉的角度，直观地反映了各种振动响应源的时间次序、频率范围和能量强度的关系，克服时域表达中缺少频率分布的缺点。

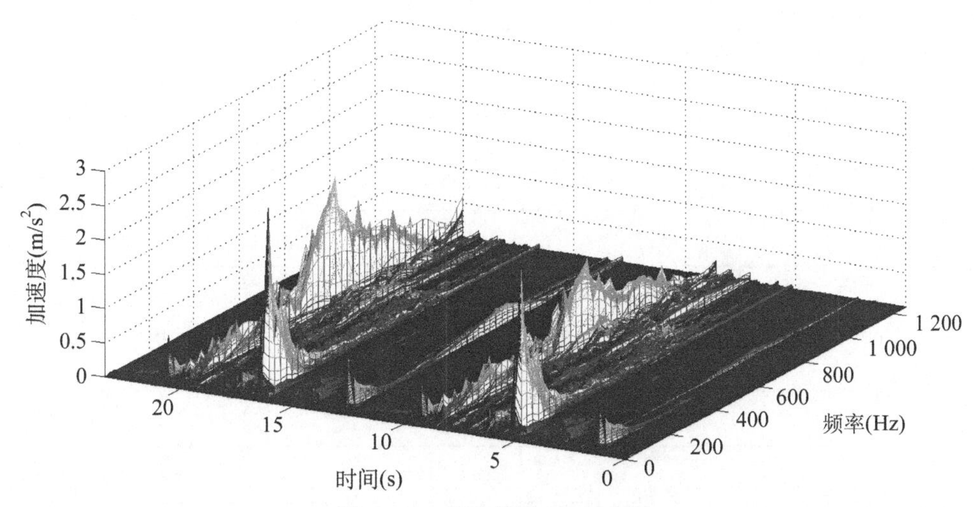

图 4-18 振动信号 STFT 分析

结合图 4-12 中的振动时间历程，在一个合模周期中，两板顶开和抱闸动作引发的振动是响应能量大的地方，前者落在较低频率范围内，后者落在高频部分而且频带宽。

2) 多尺度分析

注塑机定、动模板在合模、开模过程中的振动信号是一个非稳定过程，利用小波技术进行多尺度分析，将振动信号分解到不同频带，确定能量集中的奇异点，对振源瞬态行为进行识别。振动的小波分析特点为：多分辨率的时频局部化分析、快速线性多通道带通滤波。小波的定义为：

$$\phi_{a,b}(t) = \frac{1}{\sqrt{a}} \phi\left(\frac{t-b}{a}\right) \tag{4-12}$$

式中，$\phi(t)$ 为母小波，a 是时间轴伸缩尺度参数，b 是时间平移参数。小波分解表达：

$$y(\tau) = \frac{1}{\sqrt{a}} \int_{-\infty}^{\infty} v(t) \phi\left(\frac{t-\tau}{a}\right) dt \tag{4-13}$$

在注塑机动模板振动研究中，根据小波构造原理，针对原始振动中的高频部分，设计组合小波波形。设计小波的特点是带通滤波的通过带是平坦的，并且通过带衰减为 0 dB。图 4-19 是注塑机动模板在合模、开模过程中原始振动历程，图 4-20 是振动历程的小波分解，分解层数共为 4 层，它们的实际频段分别是 40～120 Hz，120～280 Hz，280～600 Hz，600～1 200 Hz。在不同尺度下观测注塑机动模板振动，分析注塑机动模板在合模、开模过程中振动瞬态行为、能量分布，有助于了解注塑机动模板振动的次序、瞬时性、频段及能量分布。

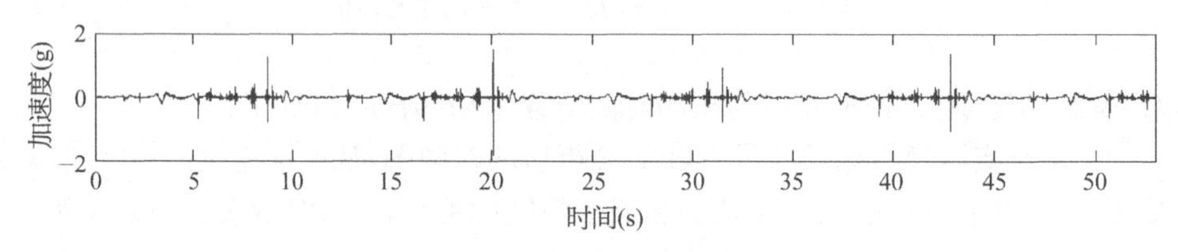

图 4－19　振动原始时间历程

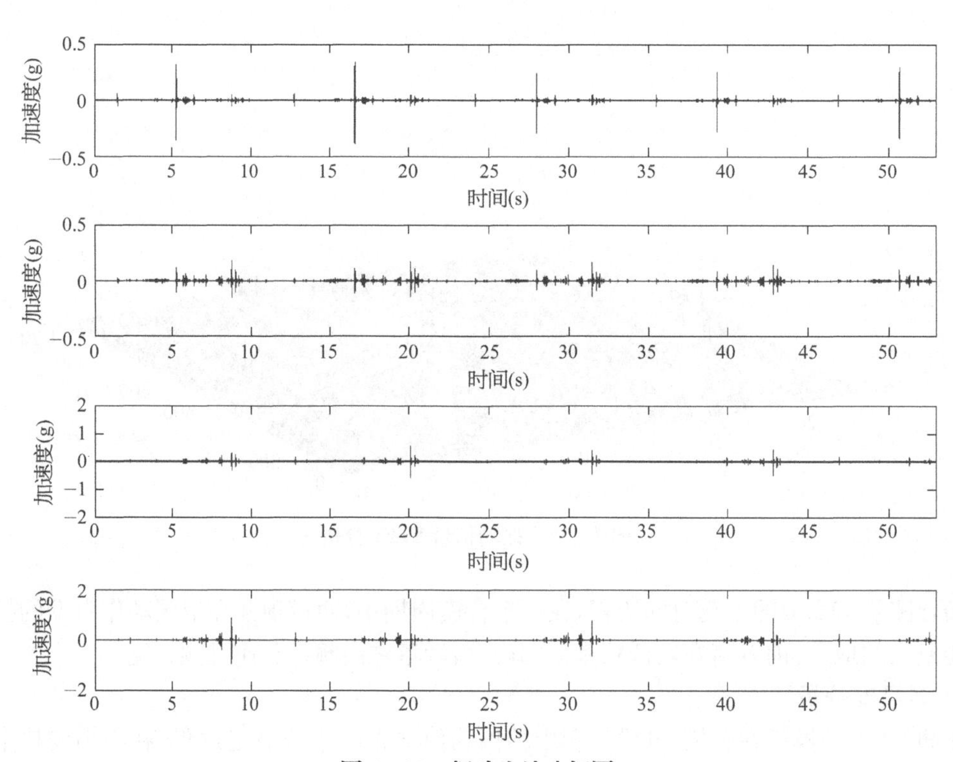

图 4－20　振动小波分解图

(1) 两板顶出行为引发注塑机整体机构振动，其特点是冲击响应能量大，但频率不高，振动波基本集中在小波第四层，冲击响应值在 ±0.3g 范围，其他冲击源如抱闸、加压泄压、开闸、开模在小波第四层中都有反应。

(2) 抱闸过程包含液压的瞬间驱动和机构抱闸敲击动作，冲击响应能量大，诱发整个驱动机构高频模态振动，同时冲击噪声和辐射噪声也大，振动波主要成分落在小波第一层，部分落在第二层，冲击响应值在 ±1.5g 范围。

4.5.4　振动测试结论

在注塑机合模过程中，通过动模板和定模板的四个顶角处的振动加速度信号的采集和分析，得到以下结论：

(1) 合模过程中的振动位移主要来源于由开模和合模产生，经过信号的数字滤波和数值积分技术，可以评定出动模板和定模板的轴向振动和最大摆动角度。轴向振动用四个测点处振动加速度最大值的平均值来评定，最大摆动角度可由各测点间的位移差和其测点间距离的比值得到。

（2）STFT有助于直观地了解注塑机在合模过程中各种振动响应源的时频特性；利用小波技术进行多尺度分析，提取注塑机在合模过程中由抱闸、开闸、加压、泄压等产生冲击响应次序、瞬时性、频段及能量分布。

（3）针对具有合模过程存在大冲击问题，可以通过对抱闸机械机构、尺寸进行优化设计，减低冲击响应强度。

第 5 章

机械液压系统动力学分析

◎ **学习成果达成要求**

在机械设计过程中，对系统进行动力学分析具有重要的意义。需要学习 AMESIM 软件，了解机械液压系统动力学分析过程。并在此基础上进行深入的动力学仿真计算和分析。

学生应达成的能力要求包括：

1. 能够了解 AMESIM 软件，建立工程问题的机械液压系统模型；
2. 能够初步了解机械液压系统的仿真计算和动力学分析过程。

在机械设计过程中，对系统进行动力学分析具有重要的意义。本章的主要内容是基于 AMESIM 的机械液压系统动力学分析。利用 AMESIM 建立机械液压系统模型，并在此基础上进行深入的动力学仿真计算和分析。

5.1 AMESIM 简介

5.1.1 应用库介绍和特点

AMESIM 最早由法国 Imagine 公司于 1995 年推出，2007 年被比利时 LMS 公司收购。AMESIM 即“多学科领域的复杂系统建模与仿真平台”，用户可以在该单一平台上建立复杂的、多学科领域的系统模型，并在此基础上进行仿真计算和深入分析，也可以在这个平台上研究任何元件或系统的稳态和动态性能，例如在燃油喷射、制动系统、动力系统、液压系统、机电系统和冷却系统中的应用。面向工程应用的定位使得 AMESIM 成为汽车、液压和航天航空工业研发部门的理想选择。工程设计师完全可以应用集成的一整套 AMESIM 应用库来设计一个系统，所有的这些来自不同物理领域的模型都是经过严格的测试和实验验证的。

AMESIM 使得工程师迅速达到建模仿真的最终目标：分析和优化工程师的设计，从而帮助用户降低开发的成本和缩短开发的周期。AMESIM 使得用户从繁琐的数学建模中解放出来从而专注于物理系统本身的设计。基本元素的概念，即从所有模型中提取出的构成工程系统的最小单元，可使用户在模型中描述所有系统和零部件的功能，而不需要书写任何程序代码。

AMESIM 现有的应用库有：机械库、信号控制库、液压库（包括管道模型）、液压元件设计库（hydraulic component design，HCD）、动力传动库、液阻库、注油库（如润滑系统）、气动库（包括管道模型）、电磁库、电动机及驱动库、冷却系统库、热库、热液压库（包括管道模型）、热气动库、热液压元件设计库(THCD)、二相库、空气调节系统库。作为设计过程中的一个主要工具,AMESIM 还具有与其他软件包丰富的接口,例如 SIMULINK、ADAMS、SIMPACK、FLUX2D、RTLAB、ETAS、DSPACE、ISIGHT 等。

AMESIM 中的常用库如图 5-1～图 5-5 所示。AMESIM 拥有一套标准且优化的应用库,拥有 4 500 个多领域的模型。这些库中包含了来自不同物领域预先定义好并经试验验证的部件。库中的模型和子模型是基于物理现象的数学解析表达式,可以通过 AMESIM 求解器来计算。不同应用库的完全兼容,省去了大量额外的编程。

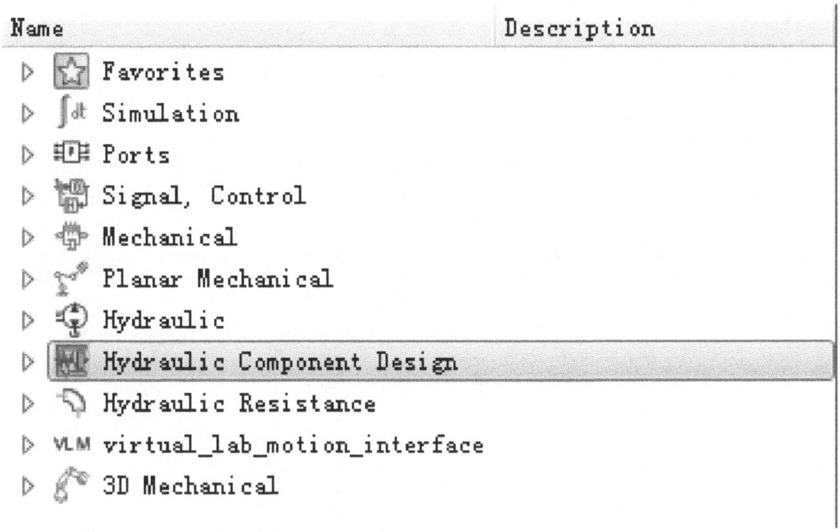

Name　　Description
Favorites
Simulation
Ports
Signal, Control
Mechanical
Planar Mechanical
Hydraulic
Hydraulic Component Design
Hydraulic Resistance
virtual_lab_motion_interface
3D Mechanical

图 5-1　AMESIM 常用库

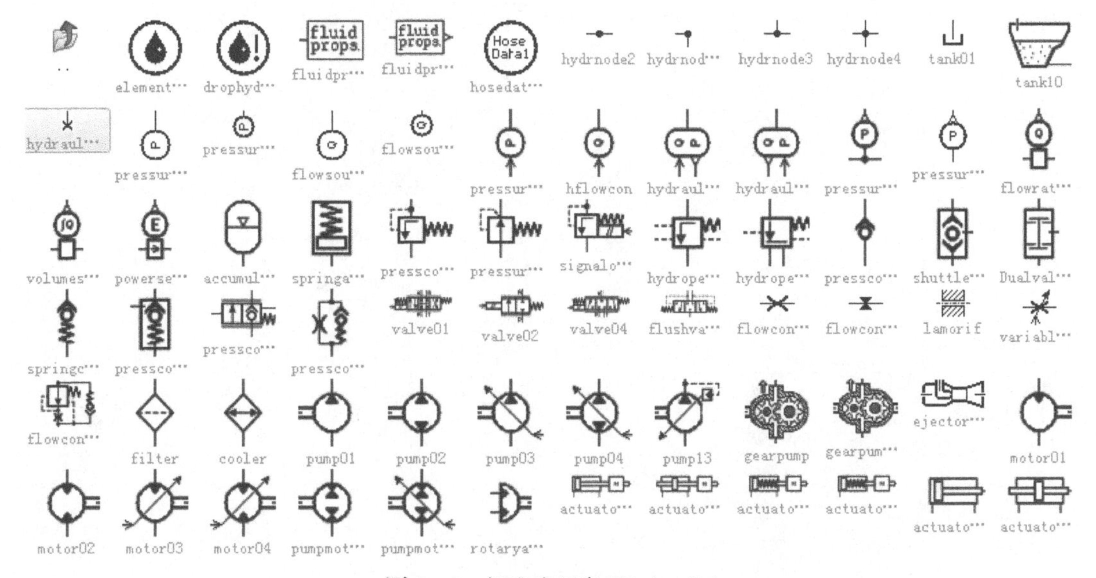

图 5-2　标准液压库(Hydraulic)

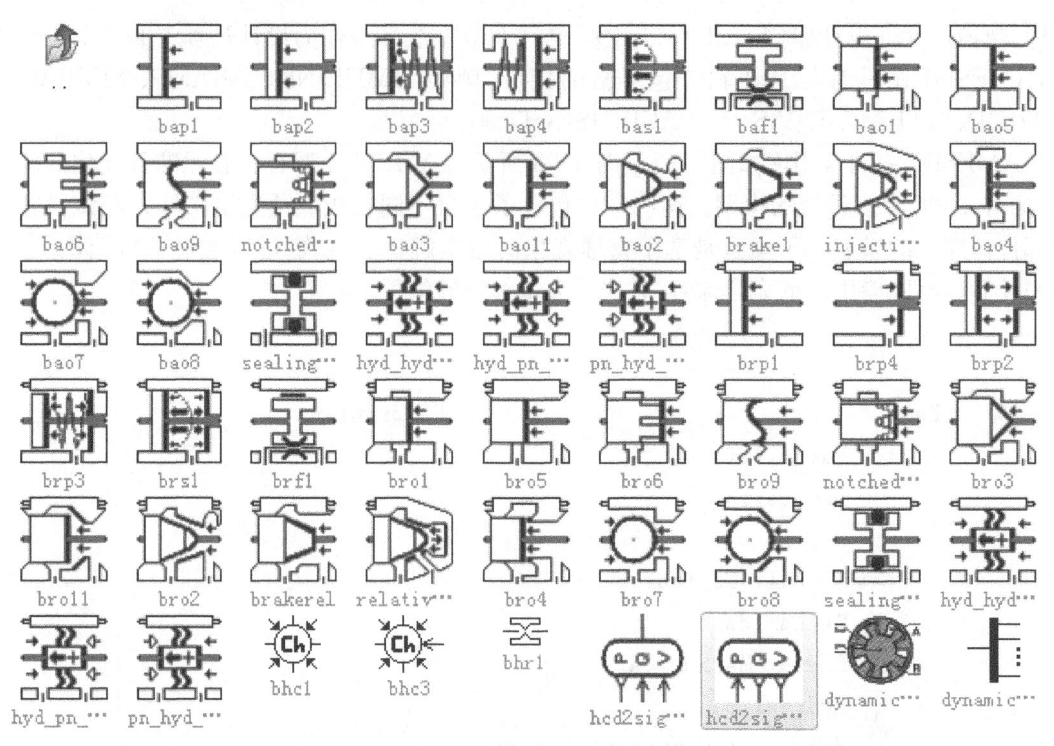

图 5－3 液压元件设计库(HCD)

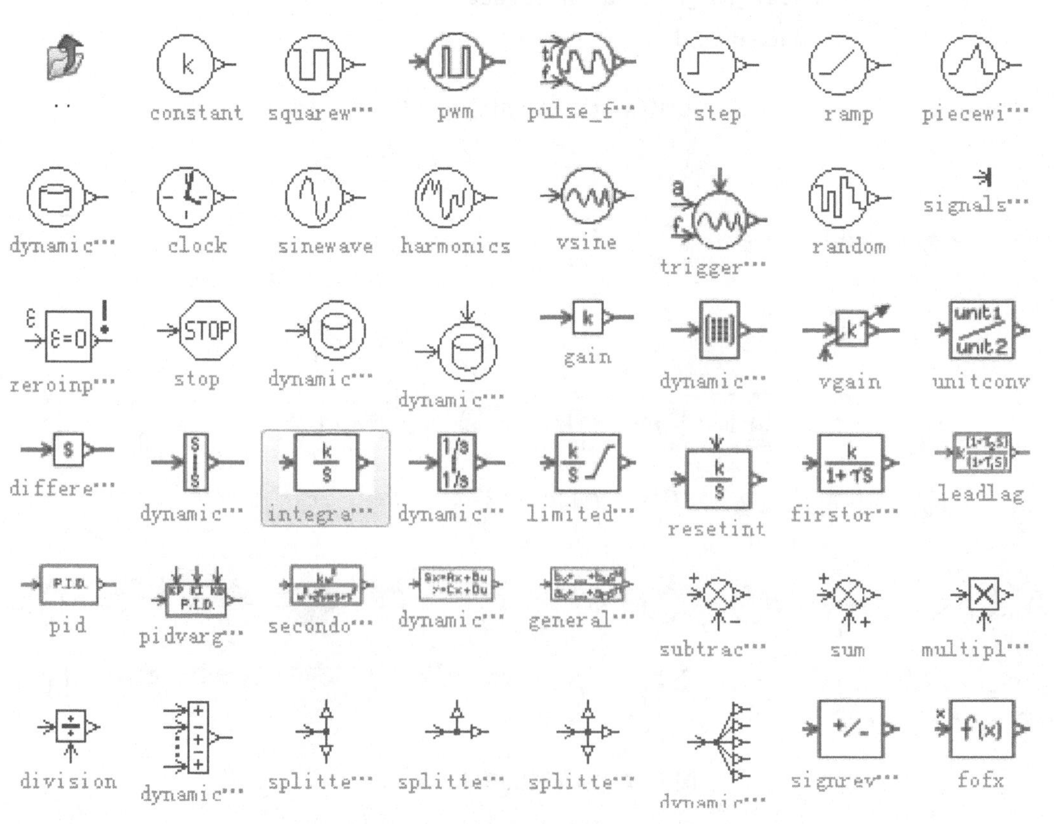

图 5－4 信号库(Signal，Control)

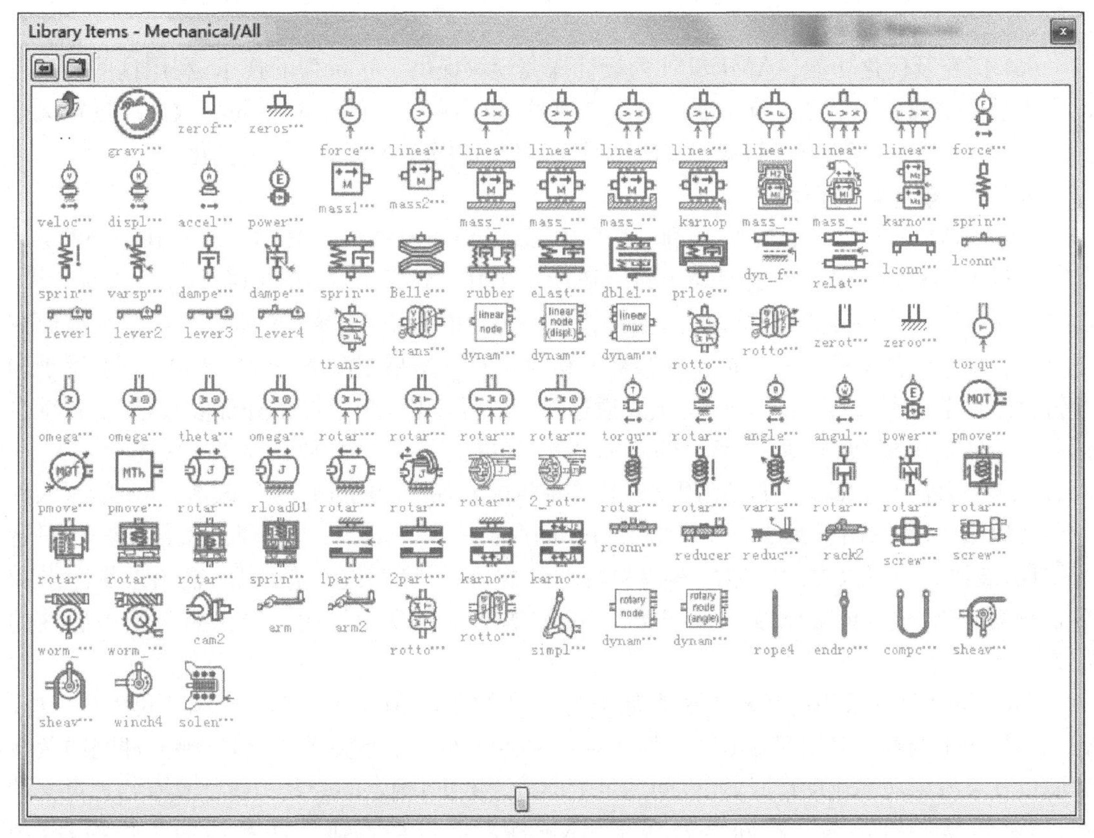

图 5-5　机械库(Mechanical)

AMESIM 具有如下几个特点：

(1) 多学科的建模平台。AMESIM 在统一的平台上实现了多学科领域的系统工程的建模和仿真，模型库丰富，涵盖了机械、液压、控制、液压管路、液压元件设计、液压阻力、气动、热流体、冷却、动力传动等领域，且采用易于识别的标准 ISO 图标和简单直观的多端口框图，方便用户建立复杂系统及用户所需的特定应用实例。

(2) 建模简单。AMESIM 定位在工程技术人员使用，建模的语言是工程技术语言，仿真模型的建立、扩充或改变都是通过图形界面来进行的，使用者不用编制任何程序代码。这样使得用户可以从繁琐的数学建模中解放出来，只专注于物理系统本身的设计、研究。

(3) 简化复杂的模型。活性指数工具是一个基于系统子模型中能量转换的强大的分析工具。系统中的能量单元按物理类型分为 R(阻性)、C(弹性)和 I(惯性)。活性指数可以用来标识系统中能量最活跃的元件和能量最惰性的元件。同时它还可以用来简化复杂的模型，这可以通过删除那些可以的元件来实现，例如能量最惰性的元件。

(4) 图形分析工具。AMESIM 提供批运行设置，所谓批运行是用多组不同参数启动的一系列仿真。这些运行按顺序执行，产生一系列的结果文件和 jacobian 文件(如果执行的线性分析)。同时提供了齐全的分析工具以方便用户分析和优化自己的系统。线性化分析工具(系统特征值的求解，Bode 图，Nichols 图，Nyuqist 图，根轨迹分析)，模态分析工具，频谱分析工具以及模型简化工具。

(5) 与其他软件接口。通过与 MATLAB/Simulink 的联合仿真,使仿真工作范围更加宽广,仿真更加方便。

(6) 探究及优化功能。AMESIM 的设计探究模块提供了一系列的技术,利用这些技术可以探索设计空间。假定已经有了成熟的系统模型,但仍可分析模型的一些参数。通过定义全因子 DOE,进行优化和 MONTE CARLO 研究,以及鲁棒或 NLPQL 算法优化。

5.1.2 软件功能模块

AMESIM 软件共由四个功能模块组成: AMESIM、AMESET、AMECUSTOM、AMERUN,另外还有软件帮助模块 AMEHELP。其中,AMESIM 用于面向对象的系统建模、参数设置、仿真运行和结果分析,是该工具软件的主功能模块,主要工作模式为: 按系统原理图建模—确定元件子模型—设定元件参数—仿真运行—结果观测和分析。AMEEST 用于构建符合用户个人需求的元件子模型,主要通过两步进行: 先设定子模型外部参数情况,系统自动生成元件代码框架;再通过用户的算法编程实现满足用户需要的元件,程序使用 C 或 Fortnar77 实现。AMECUSTOM 用于对软件提供的元件库中的元件进行改造,但不能深入到元件代码层次,只适用于元件的外部参数特性的改造。AMERUN 是提供给最终用户的只运行模块,最终用户可以修改模型的参数和仿真参数,执行稳态或动态仿真,输出结果图形和分析仿真结果,但不能够修改模型结构,不能够访问或修改元件代码等涉及技术敏感性的信息。

AMESIM 软件采用的建模方法类似于功率键合图法,但要比功率键合图法更先进一些。相似之处在于两者都采用图形方式来描述系统中各元件的相互关系,能够反映元件间的负载效应以及系统中功率流动情况,元件间均可双向传递数据,规定的变量一般都具有物理意义的变量,都遵从因果关系。不同之处在于 AMESIM 更能直观地反映系统的工作原理,用 AMESIM 建立的系统模型与系统工作图形符号几乎一样,而且对元件之间传递的数据个数没有限制,可以对更多参数进行研究。

AMMESIM 仿真软件与其他仿真软件的最大区别在于可以在仿真过程中监视方程特性的改变并自动变换积分算法以获得最佳结果。系统的数学模型实质上就是一些代数方程、普通微分方程以及偏微分方程,有时还包括微分—代数方程。仿真软件的一个重要任务就是为这些方程提供一个有效的求解环境。

利用 AMESIM 对液压系统进行仿真建模一般要进行以下四个步骤: 草图模式、子模型模式、参数模式和运行模式。

(1) 草图模式(Sketechmode)。在草图模式下,对仿真对象的组成及构造进行研究,搭建模型。在液压元件仿真中比较多用的元件库是机械库、信号库、液压库及液压元件库。

(2) 子模型模式(Submodelsmode)。在子模型模式下,系统自动初步判断系统连接是否符合刚体特性。

(3) 参数模式(Parametersmode)。在参数模式下双击想要改变参数的元件图标,进入该元件的参数对话框。双击需要改变的参数,输入参数值。同时 AMESIM 提供公式编辑功能。

(4) 运行模式(Runmode)。点击运行模式出现时域分析模式及线性分析模式选项。在线性分析模式下可以得出系统某个对象的波特图、奈奎斯特曲线及尼古拉斯曲线;在时域模式下对系统进行仿真运行。

5.2　振动压路机液压系统动力学分析

振动压路机(图5-6)是工程施工中应用最为广泛的压实机械，目前振动压路机广泛采用液压驱动，不仅大大减轻了操作人员的工作强度，而且使压路机的整机性能有了很大程度的提高，如可以实现无级变速，同时使换向更加轻便柔和。全液压振动压路机的液压系统主要分为行走液压系统、振动液压系统、转向液压系统和机罩升降液压系统。本书仅对液压系统进行动力学分析。

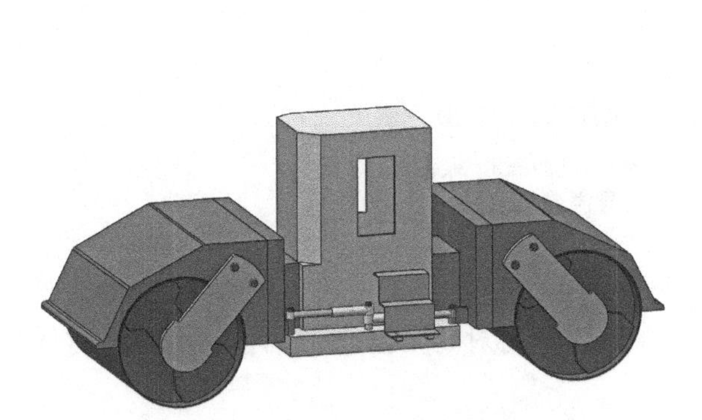

图5-6　全液压双钢轮压力路机

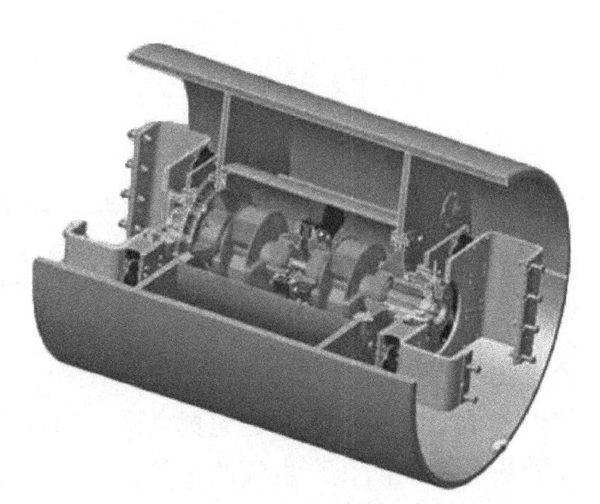

图5-7　振动轮三维结构图

5.2.1　振动轮结构及工作原理

振动轮是压路机的工作装置，用来执行压路作业；压路机振动轮由振动轮体、激振机构、行走轴承总成、振动轴承、减振系统等组成。其三维结构如图5-7所示。

振动轮的工作原理：振动系统工作时，是通过液压泵把液压油箱的液压油输入到液压马达，马达通过联轴器带动中间轴激振机构旋转，偏心组件的偏心质量在旋转时产生激振力。液压马达有正反两个旋向，使活动偏心块与固定偏心块的相位角发生变化，形成离心力的叠加或叠减，从而产生大小两种激振力和振幅。改变振动泵的排量可以实现两种不同的振动频率。目前振动轮有多种结构，市场上振动压路机的激振机构多为左、右激振机构通过中间花键轴连接组成。

全液压振动压路机的液压系统可实现钢轮激振机构的低频大振幅、高频小振幅两个功能。目前，压路机的振动液压系统有阀控制开式系统和泵控制闭式系统两种形式。由于开式系统不能进行流量调节，起振时液压冲击较大，而闭式系统能利用变量泵进行流量调节，起振时冲击较小。但闭式系统所需要的液压元件成本以及油液清洁度比开式系统要高得多。因此，对开式振动液压系统进行动力学仿真分析，有助于提高压路机性能与可靠性，降低成本。

SR12振动压路机的液压系统如图5-8所示。

振动压路机液压系统路线：发动机→振动泵→振动阀→振动马达→振动轮。

在系统中，先导溢流阀为系统提供保护功能，限制系统的最高压力。振动阀为系统提供换向功能，使振动马达实现正反转，从而使振动轮产生不同的振幅。缓冲补油阀对系统中的液压

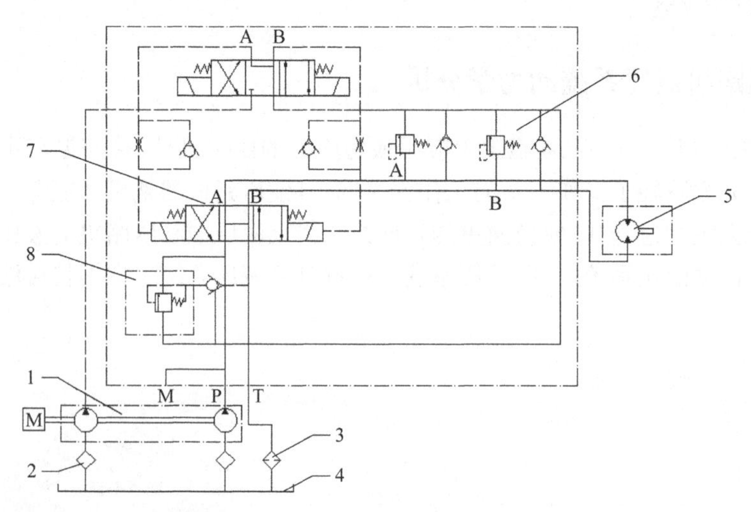

图 5-8 振动压路机的液压系统原理图

1—双联泵；2—过滤器；3—油冷器；4—油箱；5—振动马达；
6—振动补油阀；7—振动阀；8—先导溢流阀

元件提供保护功能，当振动马达突然停止工作或换向时，马达的进油腔将形成高压，而排油腔将形成低压甚至形成一定的真空度，这时缓冲补油阀可同时对高压腔进行缓冲降低压力，对低压腔进行补油防止产生气蚀现象。

5.2.2 基于 AMESIM 的液压系统动力学分析

1）系统模型的建立

在 AMESIM 环境下，利用 Sketch 模式并调用系统提供的液压库、机械库和信号库建立如图 5-9 所示的液压系统仿真建模图。

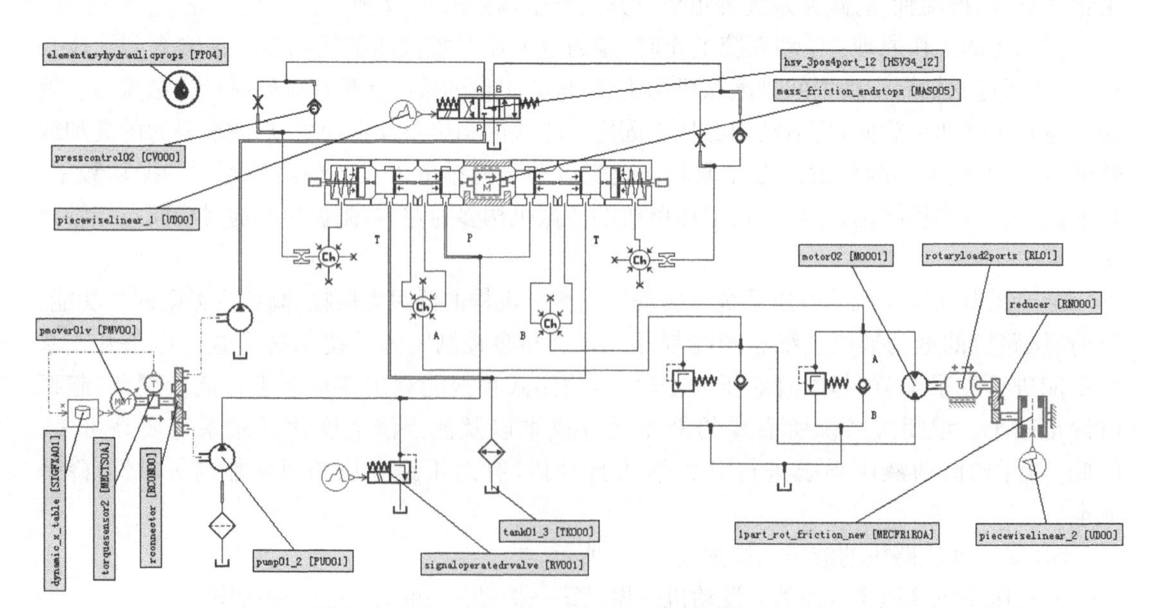

图 5-9 振动液压系统仿真模型

(1) 发动机部分。FXA01 是一个循环子模型，它是根据 ASCII 数据文件中定义的规则，定义输出输入的函数值。根据发动机的外特性参数，预先建立好一个发动机的扭矩随转矩呈单调关系变化的 ASCII 数据文件，就可以实现发动机转速随扭矩变化的模拟(输入扭矩信号，输出转速信号，输入输出信号都是量纲为 1 的量)。PMV00 是一个发动机的模型，它将一个量纲为 1 的输入信号转换成旋转端的转速输出，可以将 FXA01 输出的量纲为 1 的信号转换为旋转信号。MECTSOA 是一个负载传感器，通常在旋转负载和旋转轴之间，输出负载的值。RCON00 是一个一级机械变速齿轮。这四者的组合，实现了发动机及变速箱的模拟。

(2) 液压泵部分。PU001 是一个理想的定量泵模型，其机械效率可认为是定值，设定液压泵的排量为 65 mL/r。

(3) 限压溢流部分。RVO01 是一个简单的溢流阀模型，没有考虑动力学因素。打开时，溢流阀的流量压力特性是线性的，系统的最高压力设定为 1 000 bar，TK000 是一个液压油箱模型，它作为一个压力为零的恒压源。FP04 是液压油模型，它考虑了液压油的黏性。CV000 是一个理想的单向阀模型，没有考虑动力学模型，当它打开时，单向阀的流量压力特性是线性的。

(4) 液压阀部分。HSV33 - 12 是一个三位四通先导阀，它的开闭由阶段信号 UD00 来控制，主阀是由液压元件设计库(HCD)组建成的，其中 MASO005 是阀芯的质量模型，考虑了阀芯的惯性，提高了仿真的准确性。先导阀的 A、B 口与主阀的弹簧腔连接，通过先导阀控制主阀的开闭。

(5) 液压马达部分。M0001 是一个理想的双向定量马达模型，设定液压马达的排量为 100 mL/r，流速由轴转速、冲击损失、马达排量和进口压力共同决定。

(6) 振动轮部分。RL01 是一个简单的旋转负载动力学模型，RN000 是一个理想的齿轮减速器模型，它没有考虑机械效率，MECFR1R0A 是一个旋转负载产生器，摩擦力仅为库伦摩擦力，这几个子模型共同组成了振动轮模型。

2) 动力学仿真分析

系统仿真时间为 60 s，设定振动阀在 5 s 时开启，为了能显示出先导溢流阀和缓冲阀在系统换向时的工作状态，设定 30 s 时换向，此时阀芯的位移曲线如图 5 - 10 所示。

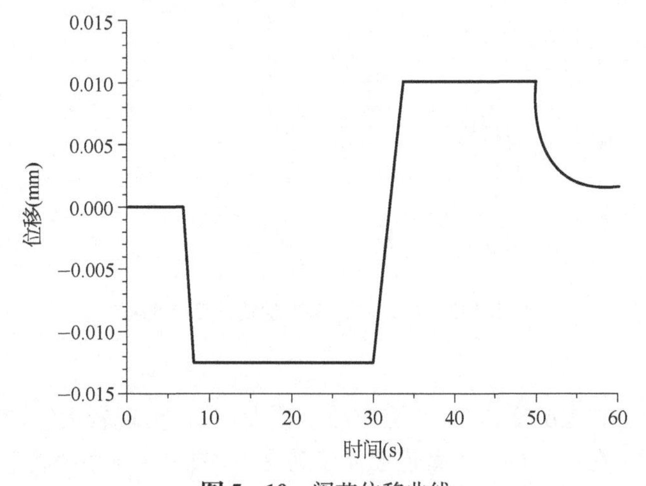

图 5 - 10　阀芯位移曲线

振动压路机整个起振过程的特点包括：

① 整个起振过程中，负载扭矩是动态变化的。

② 起振初始时，驱动扭矩主要由振动轴和偏心块做加速运动的惯性力矩，以及偏心块的重力矩决定；起振过程中期，惯性力矩、偏心块的重力矩和偏心块随振动轮的振动力矩决定了所需的驱动力矩；起振结束时，所需驱动扭矩由偏心块的振动力矩和重力矩确定，负载扭矩趋于稳定。

③ 起振高压峰值出现在起振初始时，因为此时偏心块的角加速度最大，马达驱动扭矩也最大。

根据以上三个过程对振动轮的负载进行加载，加载信号如图 5－11 所示，并绘出马达转矩随负载扭矩的变化的曲线，如图 5－12 所示。

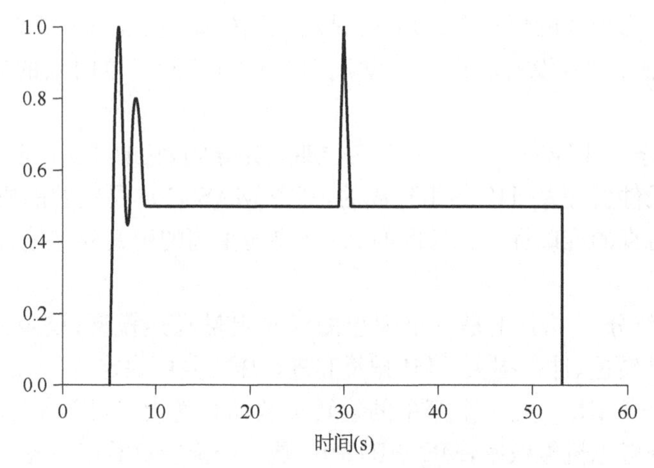

图 5－11 振动轮加载信号曲线

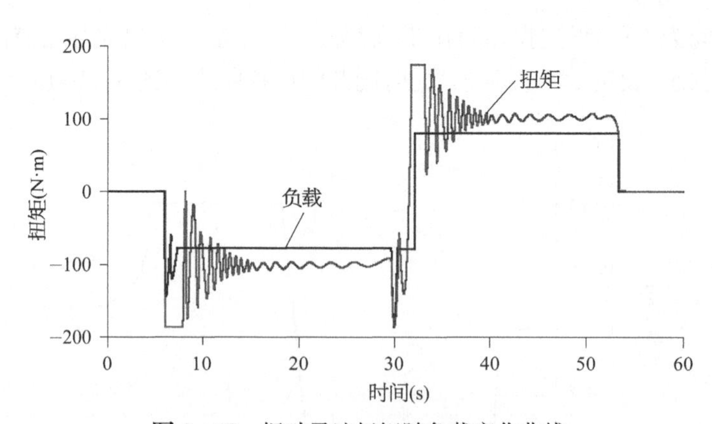

图 5－12 振动马达扭矩随负载变化曲线

从图 5－12 中看出，工况变化时，系统的冲击较大，并且出现较大波动。振动压路机的起振过程属于有载起动，在这个过程中管道液体流动受阻，振动液压系统将产生冲击。振动马达因负荷作用对液压油的流动产生阻力，其流速下降。根据流体动力学的理论可知，流速下降得越大则系统压力升高得越大。流体的总能转化为压力能，产生急剧的压力变化，出现瞬时高压而形成液压冲击。

振动马达的压力曲线如图5-13所示。振动马达的流量曲线如图5-14所示。

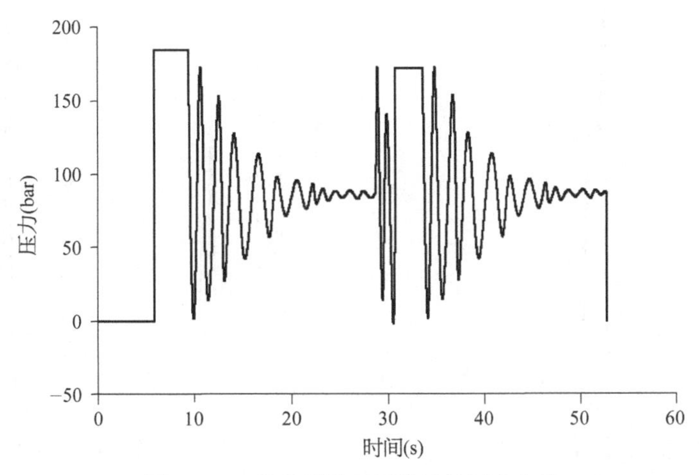

图5-13 振动马达正反转时的压力曲线

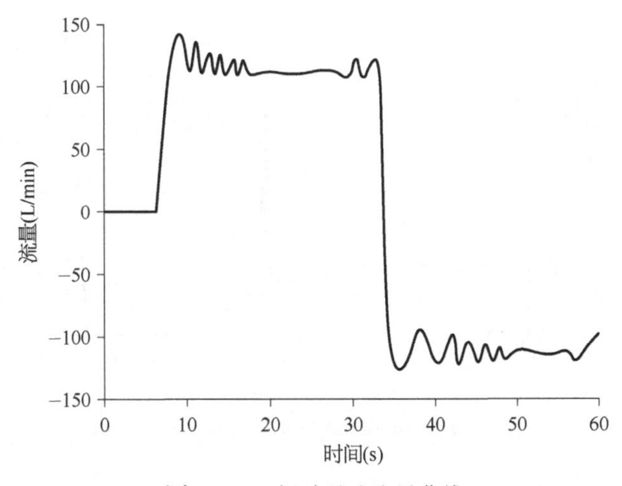

图5-14 振动马达流量曲线

从图5-13和图5-14中可以看出在振动轮起振时马达端口出现压力峰值，在29 s时振动换向阀开始换向，到31 s时换向结束。先导溢流阀的工作曲线如图5-15所示。从图5-15中可看出，当振动压路机起振和换向时出现压力峰值，此时先导溢流阀打开，开始溢流，但先导溢流阀在工作时压力的变化要经主阀上阻尼孔后再反映到先导阀上，然后才能改变主阀上、下腔油液压差，来控制主阀芯的动作，压差的建立需要一定的时间。因此先导溢流阀反应滞后，使系统产生的压力峰值对马达产生很大的危害。

振动液压系统缓冲补油阀工作(溢流)曲线如图5-16所示。

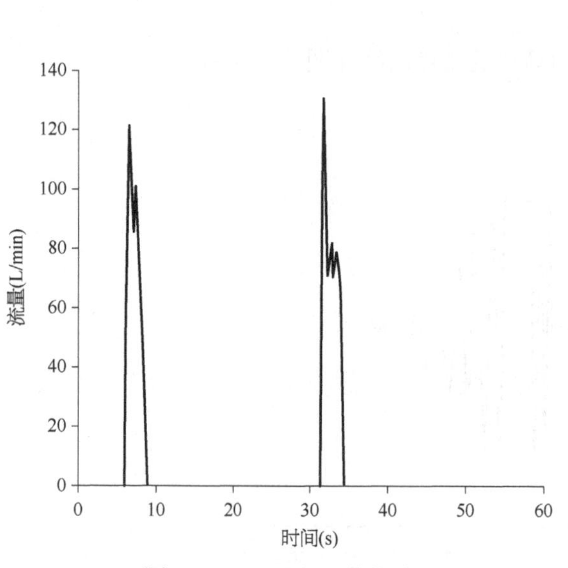

图 5－15　溢流阀工作曲线

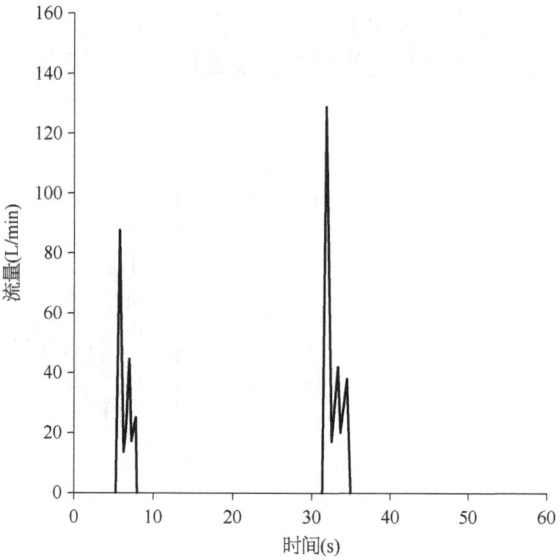

图 5－16　振动回路缓冲补油阀溢流曲线

振动液压系统缓冲补油阀工作(补油)曲线如图 5－17 所示。

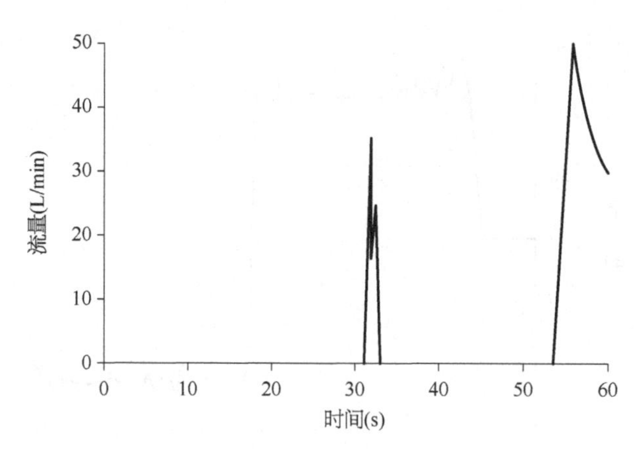

图 5－17　振动回路缓冲补油阀补油曲线

从图 5－16 和图 5－17 中可看出，在振动压路机的起振和换向时缓冲补油阀起到溢流缓冲的作用，在换向和制动停振时起到补油的作用。

振动马达转速曲线如图 5－18 所示。

3) 结论

通过对压路机的振动液压系统的动力学分析，可以得到以下结论：

(1) 由于工况变化时系统的冲击较大，这就对液压元件的耐冲击、耐高压性能提出了更高的要求，而工作元件也必须在满足稳定工况作业的同时留有一定的转矩裕度，以抵抗换向时的转矩冲击。可以看到液压系统的不稳定因素和不安全因素是出现在工况发生改变的时候，这对以后设计大吨位压路机具有一定的指导意义。

(2) 工程机械在工作时负载是经常变化的，负载的较大变化，引起液压系统中的液流迅速

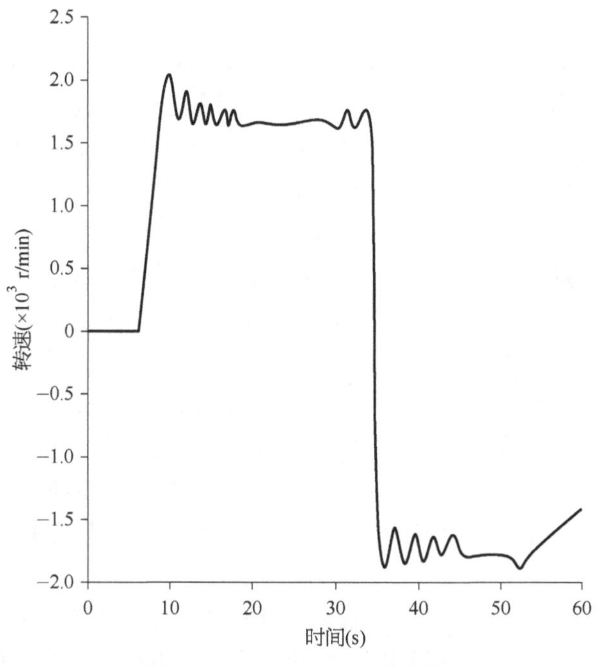

图5-18 振动马达转速曲线

换向或滞止，系统内就会产生压力的剧烈变化，形成瞬时的压力峰值，产生液压冲击，液压冲击的压力峰值往往比正常工作压力高好几倍，且常伴有巨大的振动和噪声，并使某些液压元件产生误动作，导致设备的损坏。更为常见的是击穿液压密封件油路产生泄漏，使得系统无法正常工作，特别是对开式液压系统进行起振液压冲击防治，可以提高工程机械的性能与可靠性，降低成本。

5.3 汽车起重机起升机构液压系统动力学分析

汽车起重机是装在普通汽车底盘或特制汽车底盘上的一种起重机，其行驶驾驶室与起重操纵室分开设置。这种起重机的优点是机动性好，转移迅速，起重量的范围大。缺点是工作时须支腿，不能负荷行驶，也不适合在松软或泥泞的场地上工作。汽车起重机的底盘性能等同于同样整车总重的载重汽车，符合公路车辆的技术要求，因而可在各类公路上通行无阻。这种起重机一般备有上、下车两个操纵室，作业时必须伸出支腿保持稳定，是产量最大，使用最广泛的起重机类型。

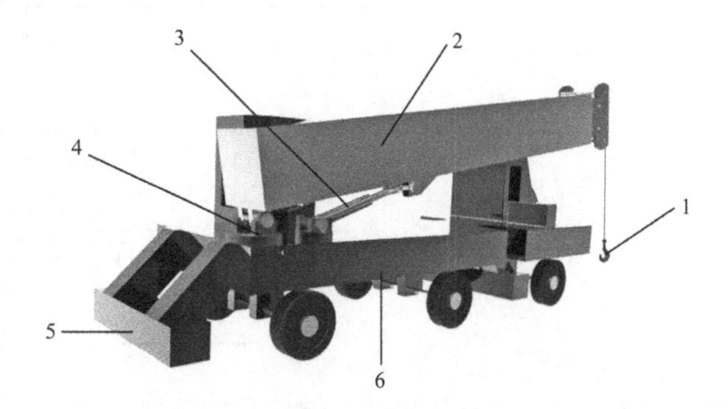

图5-19 汽车起重机结构图

1—卷扬系统；2—伸缩系统；3—变幅系统；4—回转系统；5—支腿系统；6—底盘系统

5.3.1 汽车起重机的结构

如图5-19所示，汽车起重机主要包括起升系统、伸缩系统、变幅系统、回转系统、支腿系统、底盘系统等,通常具备两个操纵室,在起重作业时有时为了保证受力稳定可以伸出支腿保持车体平衡。

卷扬系统由原动机、卷筒、钢丝绳、滑轮组和吊钩组成。一个低速大扭矩马达带动的卷扬机组成了汽车起重机的起升机构。起升机构是起重机最主要的机构,其性能直接影响工程起重机械的工作性能。起升机构的作用是实现重物的升降运动,控制重物的升降速度,并可使重物停在空中某一位置,以便进行装卸和安装作业。为使重物停止在空中某一位置或控制重物的下降速度,在起升机构中必须设置制动器等控制装置。

变幅系统由变幅油缸、平衡阀等组成,用以改变起重机吊臂的幅度、扩大起重机的作业范围。

回转系统是使起重机的一部分(一般指上车部分或回转部分)相对于另一部分(一般指下车部分或非回转部分)做相对的旋转运动。起重机有了回转运动,使起重机从线、面作业范围扩大为一定空间的作业范围。回转范围分为全回转(回转 360°以上)和部分回转(可回转 270°左右)。一般轮胎式起重机多是全回转的。它是由原动机(通常是液压马达)经减速器将动力传递到小齿轮上,小齿轮既做自转又做沿着固定在底架上的大齿圈公转,从而带动整个上车部分回转。

伸缩系统是由伸缩油缸、平衡阀等组成,以调节起重臂长度来改变起重机工作幅度和起升高度。

支腿系统是由前后支腿伸缩油缸、前后支腿升降油缸及液压锁等组成,用以将汽车起重机支起呈工作状态。为了保证整机的稳定性,防止发生侧翻事故,支腿垂直液压缸油路必须是性能良好的锁紧油路。

底盘系统主要负责行驶,汽车式起重机底盘系统一般是由通用车辆底盘改装成的。

5.3.2 起升机构液压系统

起升机构的液压系统通常由液压泵、液压马达、平衡阀、制动器、离合器和相关辅件等组成。系统的回油路设置有平衡阀,当起升马达承受负值负载时,用以防止重物自由下落。起升机构液压系统如图 5-20 所示。

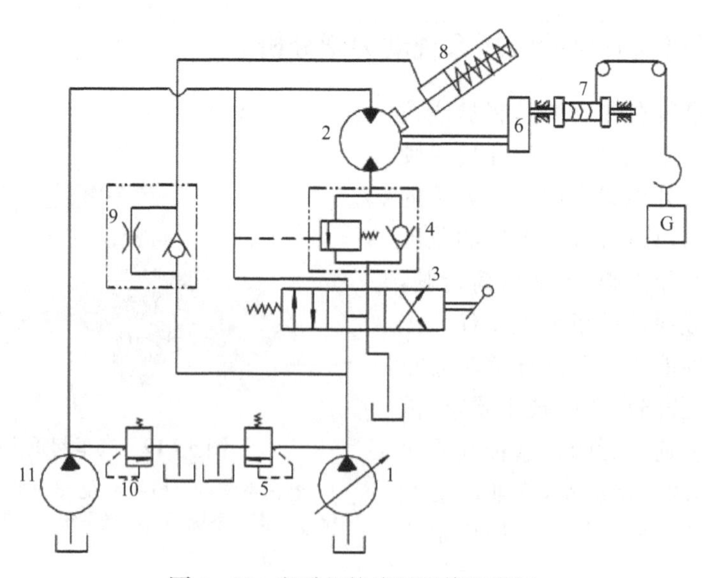

图 5-20 起升机构液压系统原理图

1—变量泵;2—马达;3—换向阀;4—平衡阀;5、10—溢流阀;6—变速箱;7—卷筒;8—制动器;9—单向节流阀;11—补油泵(定量泵)

5.3.3　基于 AMESIM 的起升机构液压系统动力学分析

1）系统模型的建立

根据汽车起重机起升系统的工作原理和液压元件的实际结构，首先要对起升机构液压系统原理图进行合理的假设和简化，利用 AMESIM 软件建立了起升系统的仿真模型。该模型主要采用基本模块和超级模块共同搭建，控制部分采用信号库直接给定。为了提高软件仿真的计算效率，在不影响系统特性的基础上，对模型进行了必要的简化和假设。

为了使问题简单化，又不使问题失真，在建立液压系统的模型，做如下假设：

（1）油液的密度、黏度、弹性模量、阻尼孔的特征系数不随着压力和流量的变化而变化。

（2）管路接头，以及各元件和管路连接处的泄露流量不计。

（3）忽略起升机构中的传动轴、钢丝绳等弹性元件的弹性影响。

平衡阀用于液压执行元件承受物体重力的液压系统。在物体下滑时，重力形成动力性负载，反驱动液压执行元件按重力方向或重力所形成的力矩方向运动，平衡阀在执行元件的排油腔产生足够的背压、行程制动力或制动力矩，使执行元件做匀速运动，以防止负载加速坠下。在 AMESIM 的元件库中，并不存在平衡阀的元件，只能利用软件的 HCD 功能进行搭建，HCD 模型如图 5-21 所示。

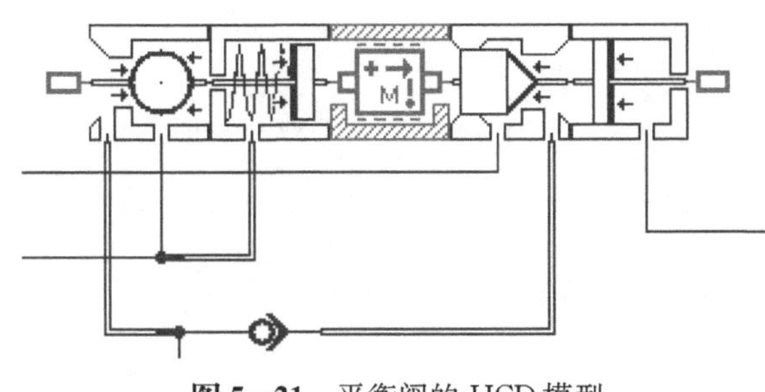

图 5-21　平衡阀的 HCD 模型

基于以上工作，得到了汽车起重机起升机构液压系统的仿真模型，如图 5-22 所示。

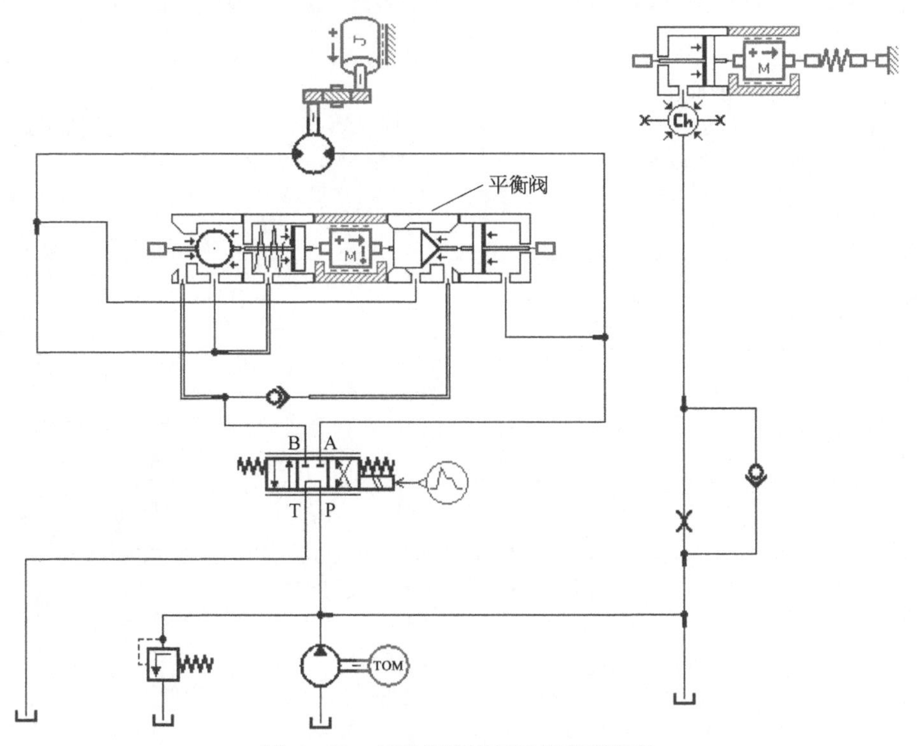

图 5-22　起升机构液压系统仿真模型

2）仿真参数设置

主要元件的仿真参数如图 5－23～图 5－26 所示。

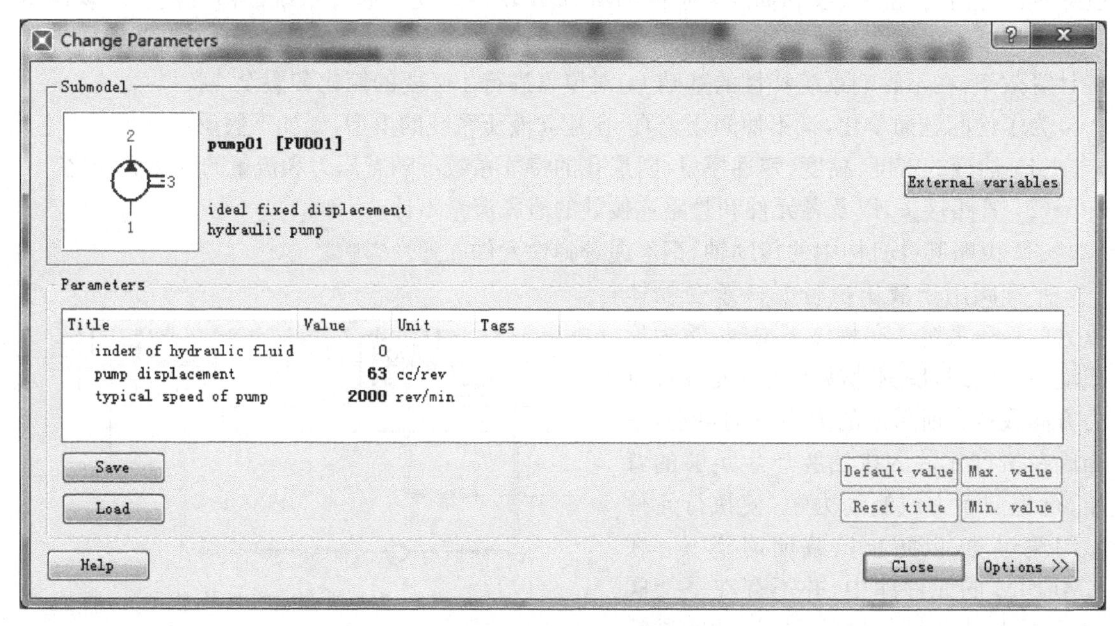

图 5－23　泵的参数设置

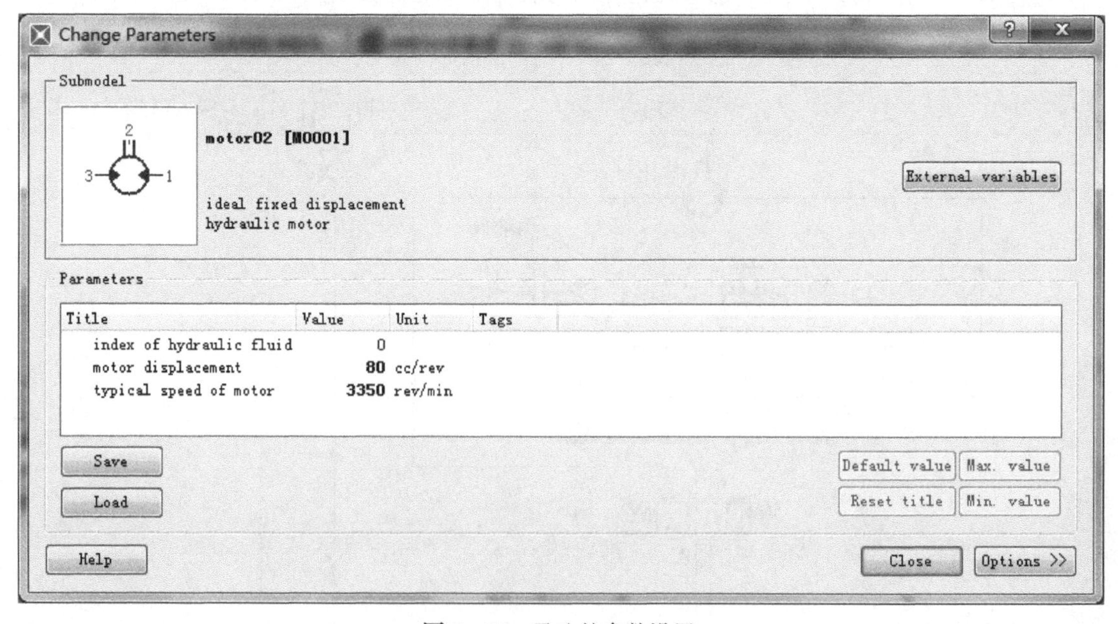

图 5－24　马达的参数设置

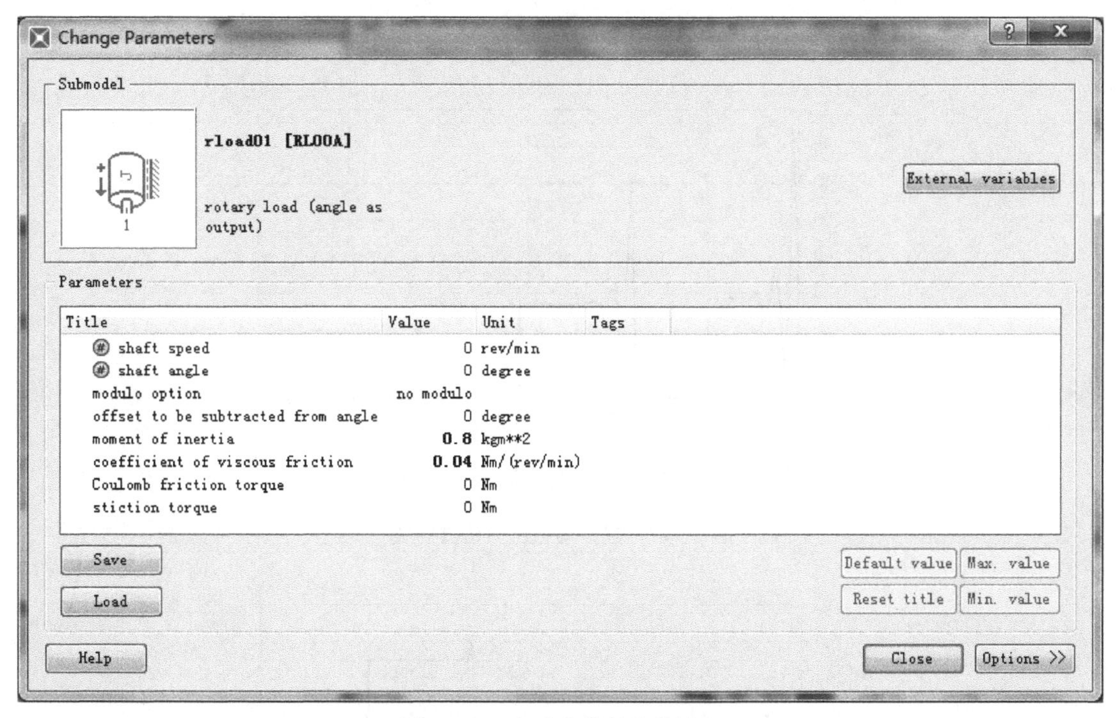

图 5－25　起升负载的参数设置

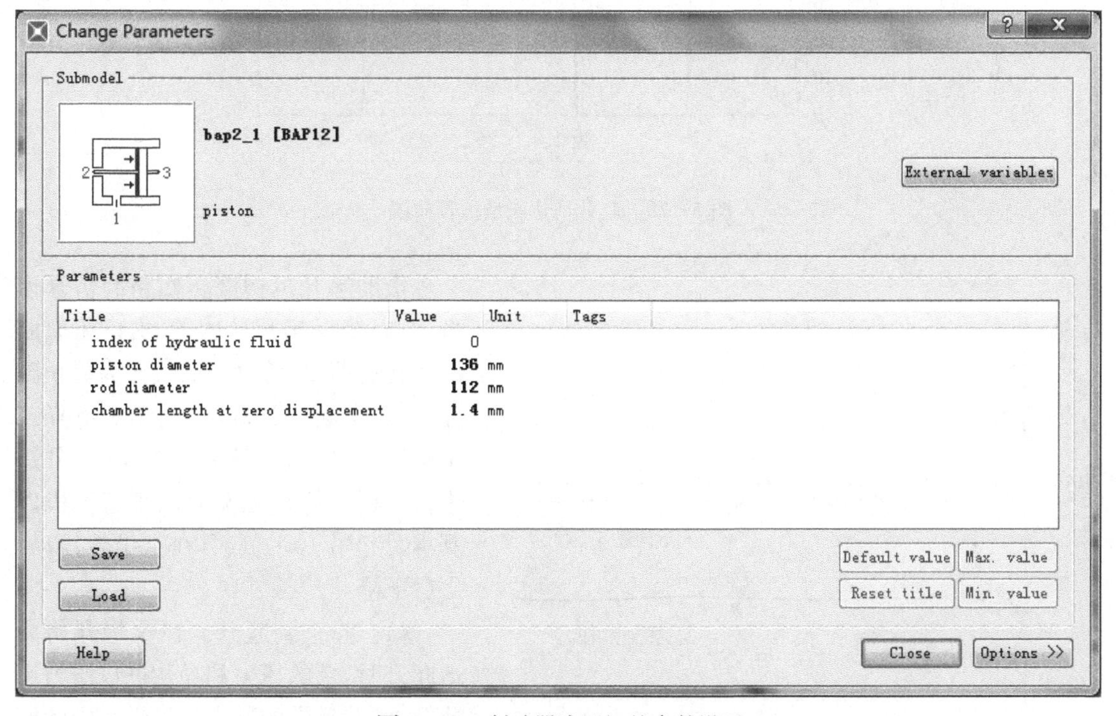

图 5－26　制动器液压缸的参数设置

3）动力学仿真分析

起升马达的压力仿真曲线如图 5－27 所示，起升马达流量仿真曲线如图 5－28 所示。

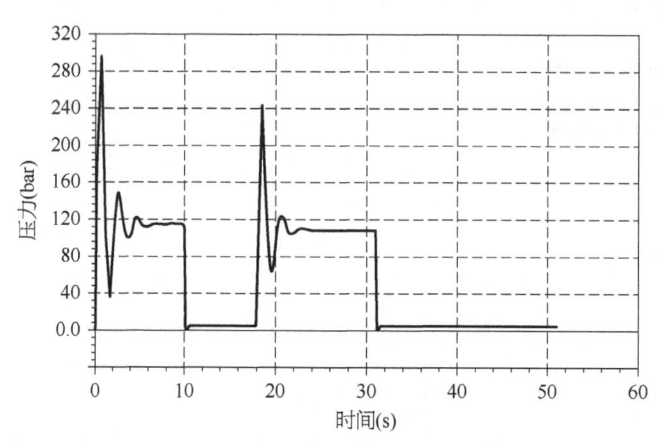

图 5－27 起升马达压力仿真曲线

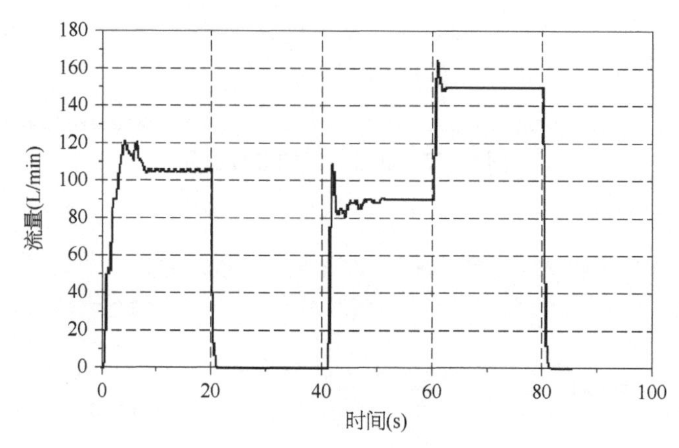

图 5－28 起升马达流量仿真曲线

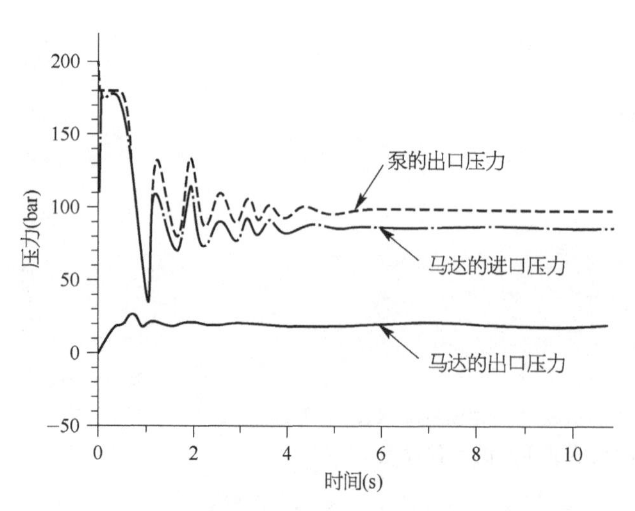

图 5－29 静止到起升阶段泵和马达的进出口压力曲线

借助起升机构液压回路的仿真模型，可以获得起升马达进、出口压力曲线和转速曲线，将这些曲线分为静止到起升、稳定起升到制动、制动到下降三个阶段，每阶段持续时间为 10 s，分别进行分析。仿真工况为汽车起重机以基本臂起吊 10 t 负载，在空中悬停动，之后下降。

（1）静止到起升。在重物开始离地起升时，泵的压力和马达进口压力迅速升高，并且泵的压力超过溢流阀的调定压力，泵开始溢流，压力维持在 18 MPa，如图 5－29 所示。

在起升时，马达除了要克服静阻力矩，还要克服惯性阻力矩，使得液压系统的压力冲击很大。随后压力冲击逐渐减小，4 s后重物稳定起升，泵、马达进出口压力都趋于稳定。此时，马达进出口的压力差为马达提升重物时消耗的压力。

(2) 稳定起升到制动。稳定起升到制动阶段泵和马达的进出口压力曲线如图5-30所示。可以看出，10 s前为重物稳定提升，在10～20 s为制动状态，制动到13 s时使得马达完全停止转动，13～20 s保持完全制动状态。制动过程中，马达一方面要克服负载的转矩，另一方面还要克服制动阻力矩，这使得马达进出口的压力差很大，从而使得泵的出口压力很大。所以，在整个制动过程中，泵都处于溢流状态。

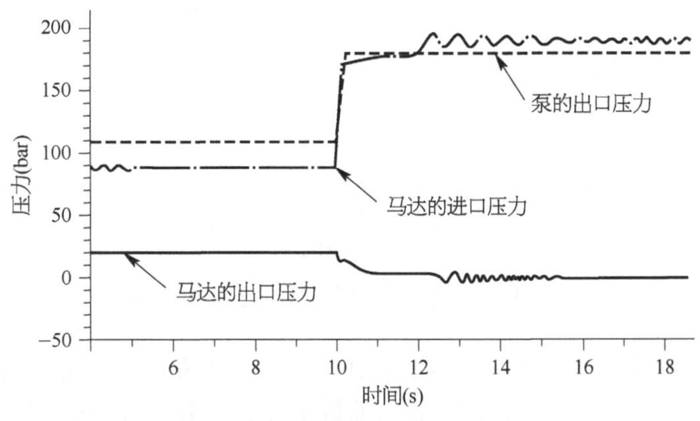

图5-30　稳定起升到制动阶段泵和马达的进出口压力曲线

(3) 制动到下降。制动到下降阶段泵和马达的进出口压力曲线如图5-31所示。20～30 s为下降过程，此过程平衡阀起作用。油液经过平衡阀的压力降一般为2～5 MPa。本次仿真中，该压力差为3 MPa。在下降过程中，泵的压力下降。马达交换进、出口压力变化如图5-31所示，当控制元件承受负值负载时，在其回油路上设置平衡阀是十分重要的。

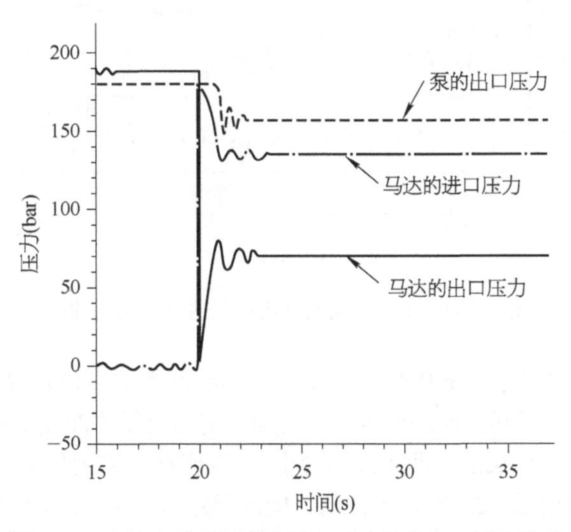

图5-31　制动到下降阶段泵和马达的进出口压力曲线

4) 起升特性影响因素分析

(1) 制动时间对系统的影响。当马达的制动时间为 5 s 时,其进口压力波动较小;当马达的制动时间为 3 s 时,其进口压力波动较大;由此可以得出:制动时间越短,马达进口压力波动越大,系统的冲击越大;反之则相反,如图 5 - 32 所示。

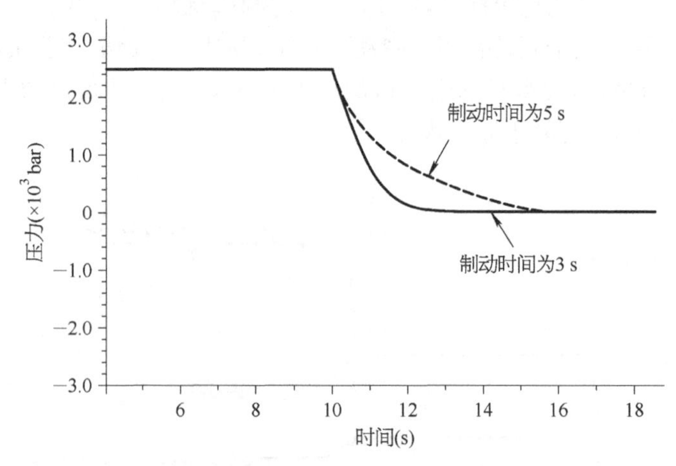

图 5 - 32 不同制动时间的马达进口压力曲线

(2) 换向阀开度对系统的影响。不同换向阀开度的马达进口压力曲线如图 5 - 33 所示,曲线 1 至曲线 4 所对应的泵出口压力逐渐减小,曲线 1、2、4 的压力波动也逐渐减小,趋势一致。唯独曲线 3 的压力波动较小,但持续时间较长,这是因为在此阀口开度下,泵提供给马达的压力与提升重物所需的压力相差不多,接近马达起升重物的临界状态,造成对系统的长时间冲击。

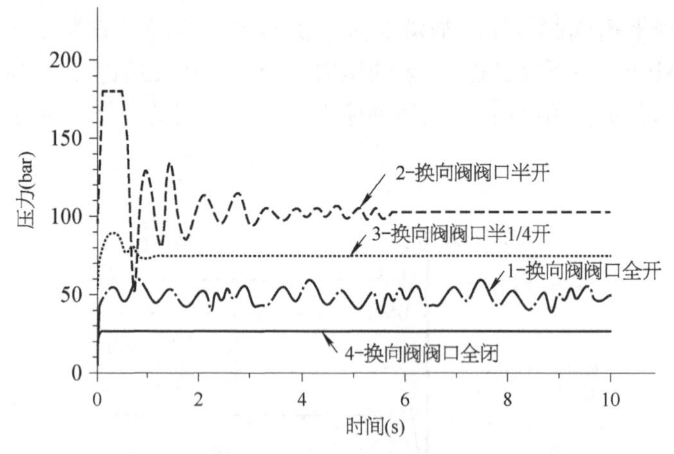

图 5 - 33 不同换向阀开度的马达进口压力曲线

(3) 溢流阀调定压力对系统的影响。重物起升的瞬间能够对液压系统产生很大的冲击,大大降低液压元件的寿命。不同溢流阀调定压力的马达进出口压力曲线如图 5 - 34 所示。当溢流阀的调定压力为 18 MPa 时,泵出口液压波动最小,当溢流阀的调定压力为 30 MPa 时,泵出口压力波动最大,对系统的冲击最大。所以溢流阀不同的调定压力对系统所产生的影响不同。

由上述分析可知,制动时间、换向阀阀口开度和溢流阀调定压力对于起升机构液压系统都有着不同程度的影响,其中以换向阀阀口开度的影响最为显著。

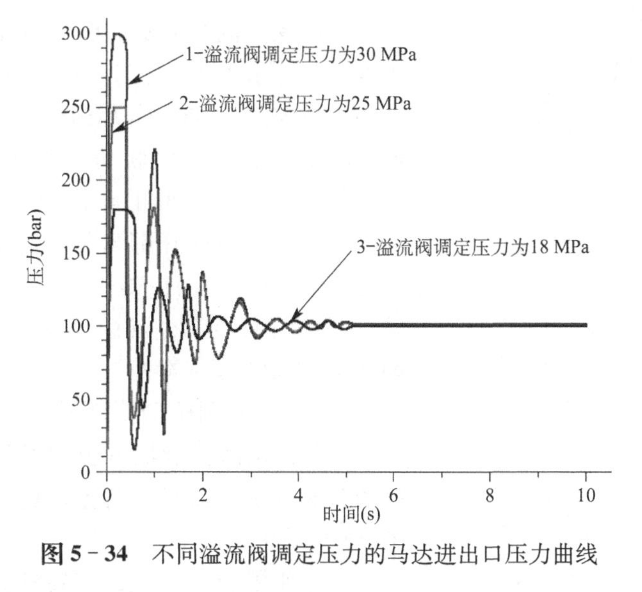

图5-34 不同溢流阀调定压力的马达进出口压力曲线

5.4 小型液压挖掘机动臂(下降)的液压系统动力学分析

5.4.1 液压挖掘机的结构

小型液压挖掘机通常都是单个铲斗，并且挖掘机作业时是反铲型式，可以进行挖掘、平整地面、破碎及吊装等工作，但挖掘作业是其主要的工作过程。通常挖掘机是由三部分组成的——上车转动平台、下车行走装置以及工作作业装置。

上车转动平台主要由液压回转马达、回转支承组成；下车行走装置主要由行走马达、驱动轮、支撑轮以及履带板组成；工作作业装置由整体弯臂式结构组成的，这种结构非常适合对深沟进行挖掘作业，而且具有结构简单、刚度好、重量轻等的特点，因此这种结构的工作装置使用的范围相当广泛。工作装置是由连杆结构组合而成的，并且各部分均通过销轴进行连接，具有一定的转动自由度，而其运动是通过安装在工作装置上的液压油缸的伸缩运动完成的。工作装置通常由动臂、斗杆、铲斗、动臂油缸、斗杆油缸、护斗油缸、连杆、摇杆、上车及下车等组合而成，如图5-35所示。

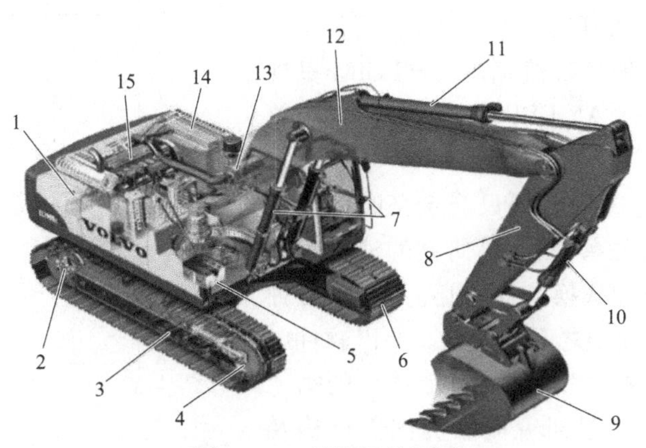

图5-35 挖掘机结构图

1—液压泵；2—行走马达；3—支重轮；4—引导轮；5—电池；
6—履带板；7—大臂油缸；8—小臂；9—铲斗；10—铲斗油缸；
11—小臂油缸；12—大臂；13—空滤；14—水箱；15—发动机

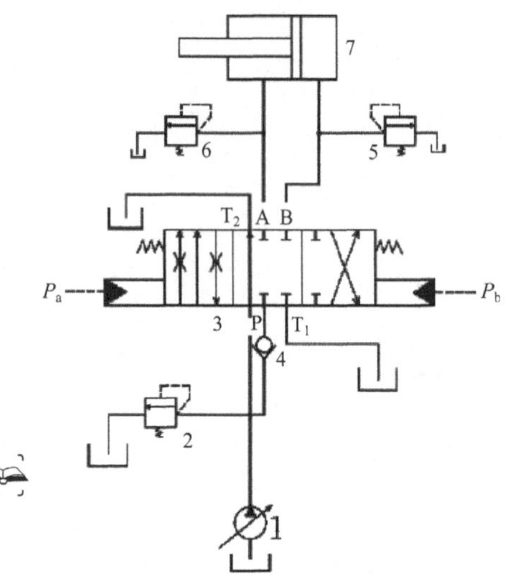

图 5-36　阀控动臂液压缸回路

1—变量泵；2—主溢流阀；3—液压先导三位六通换向阀；4—单向阀；5、6—二次溢流阀；7—动臂液压缸；P_a、P_b—换向阀的先导控制油压

液压挖掘机的主要动作有两种：一种是单个执行机构动作，如动臂提升与动臂下降、斗杆外翻与内收、铲斗挖掘与卸料、前进与后退行走动作、左右回转动作、推土动作、破碎与辅助联动动作等；另一种是以上动作的各种复合，如挖掘时的斗杆内收与铲斗挖掘、卸料时的铲斗打开与斗杆外翻与装车时动臂提升与回转等。在进行挖掘机的设计时，一般为提高工作效率与利用率，除动臂下降与其他辅助装置动作不要考虑恒功率驱动外，其他动作基本都处于恒功率状态。

5.4.2　挖掘机动臂液压系统动力学分析

本节以山河智能机械公司 SWE16 型挖掘机的阀控动臂液压系统为研究对象，其阀控液压缸回路图如图 5-36 所示。

实际使用场合中，采用多路阀的一联阀作为控制阀，这一联阀上集成了单向阀 4、换向阀 3、二次溢流阀 5 和 6。

1) 系统模型的建立

整个液压系统主要由泵、多路阀、液压缸和负载组成。下面将分别对其中三种主要元件进行分析，并确定参数建立相应的仿真模型。

(1) 液压泵。AMESIM 软件中关于泵的模型有单向定量泵、双向定量泵、单向变量泵、双向变量泵、压力调节泵等。本节研究的液压系统所用液压泵采用的是一种近似恒功率泵。根据实际泵的模型及 AMESIM 软件中各种泵模型的具体应用范围，选用压力调节泵作为仿真泵的模型。

泵与发动机是相连的，对系统进行测试时，使发动机在额定转速下工作，其额定转速为2 300 r/min。

测得泵的出口压力与排量曲线如图 5-37 所示。

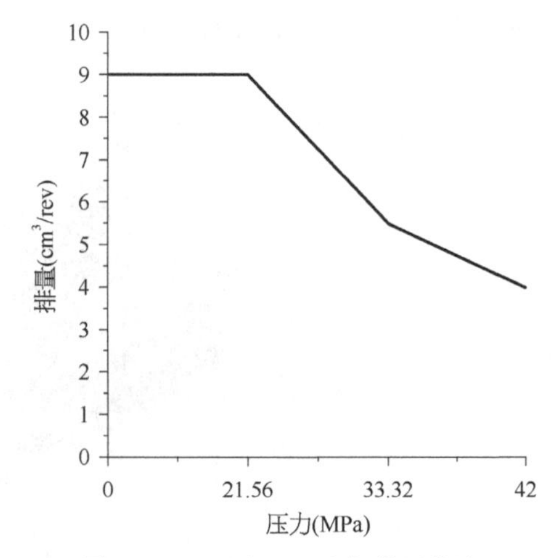

图 5-37　泵出口压力与排量曲线

(2) 多路阀。在 AMESIM 软件中，有两种定义元器件的方式：第一种是直接调用 AMESIM 里现有模型；第二种是通过 AMESIM 提供的一些小单元来自行搭建元器件。

AMESIM 里现有阀的模型只能定义时间与所流过阀的流量之间的关系，而本书研究的液压系统所用多路阀为液压先导式换向阀，研究重点是各种形状的节流槽与节流面积之间的关系。所以软件中所提供的模型不能直接利用，须通过上述中的第二种方法来搭建模型。经过研究阀联的内部结构及 AMESIM 软件所提供的各种元器件模型，所搭建的 AMESIM 多路阀模型如图 5-38 所示。

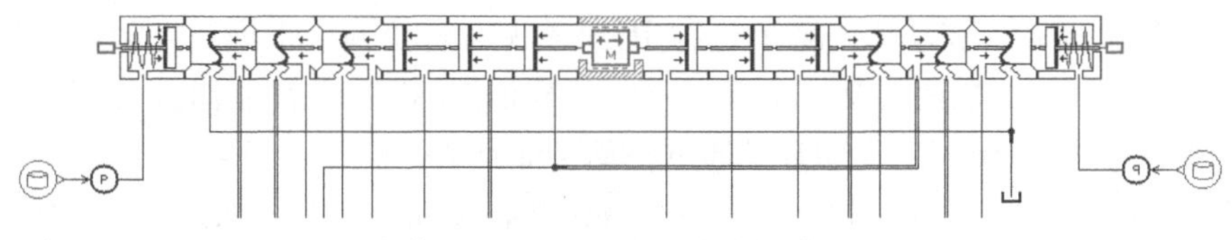

图5-38　AMESIM多路阀模型

多路阀参数确定：

① 弹簧。弹簧刚度系数 $k=29.99\text{ N/mm}$；阀芯在中位时，阀芯两端的弹簧有一定的压缩量，所以存在预紧力，预紧力的大小与液压先导力推动阀芯所需的起始力的大小是相等的。

先导压力作用在阀芯上的面积：

$$A=\pi r^2=\pi\left(\frac{9}{2}\right)^2=62.62(\text{mm}^2)$$

因此预紧力 $f=P\cdot A=62.62\times 10^{-6}\times 0.2\times 10^6=12.72(\text{N})$。

② 阀芯及阀体。阀芯质量为124.24；阀芯与各处的节流口死区尺寸如图5-39所示。

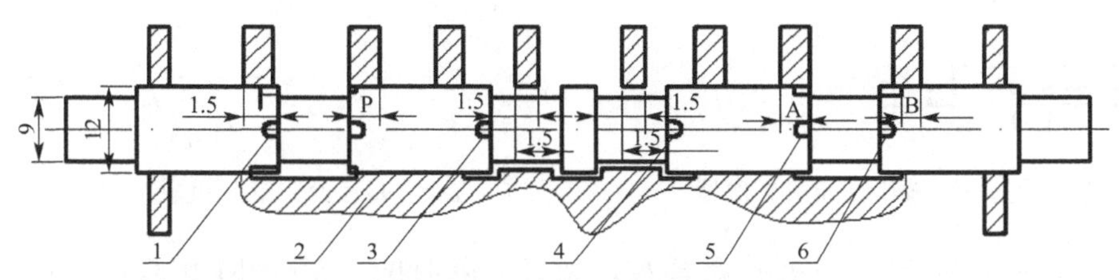

图5-39　阀芯与各处的节流口死区尺寸

从图5-39中可以看出，在阀芯中有6处存在节流口，本书所研究内容为动臂下降的单动作，此时起作用的节流口只有3处，它们分别是2、3、6，所以只须对这三处的尺寸进行测量即可得到所要参数。

③ 先导压力。先导压力是用液压综合测试仪multisystem 5050实测的，所测压力曲线如图5-40所示。

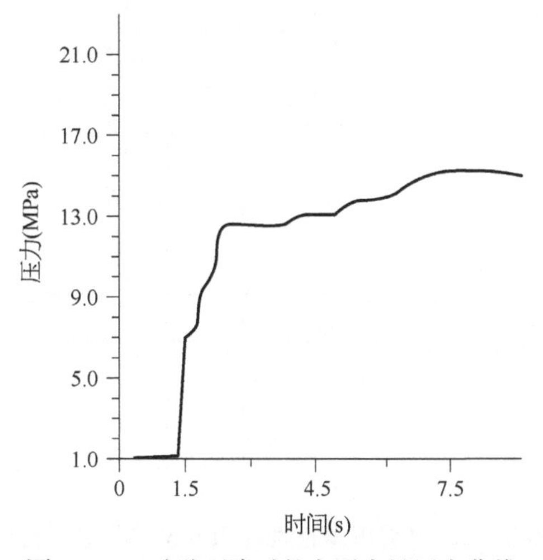

图5-40　动臂下降时的实测先导压力曲线

(3) 液压缸和负载。在动臂下降的过程中,虽然说对整挖掘机来说是空载,但对动臂来说是有负载的,因为动臂油缸还要支撑动臂、斗杆、斗杆油缸、铲斗和铲斗油缸,在动臂下降的过程中,这个力的大小是时刻在变化的,是通过在动臂油缸的一端加一负载力曲线来体现这一作用力的,其 AMESIM 的模型如图 5-41 所示,液压缸和负载特性曲线如图 5-42 所示。

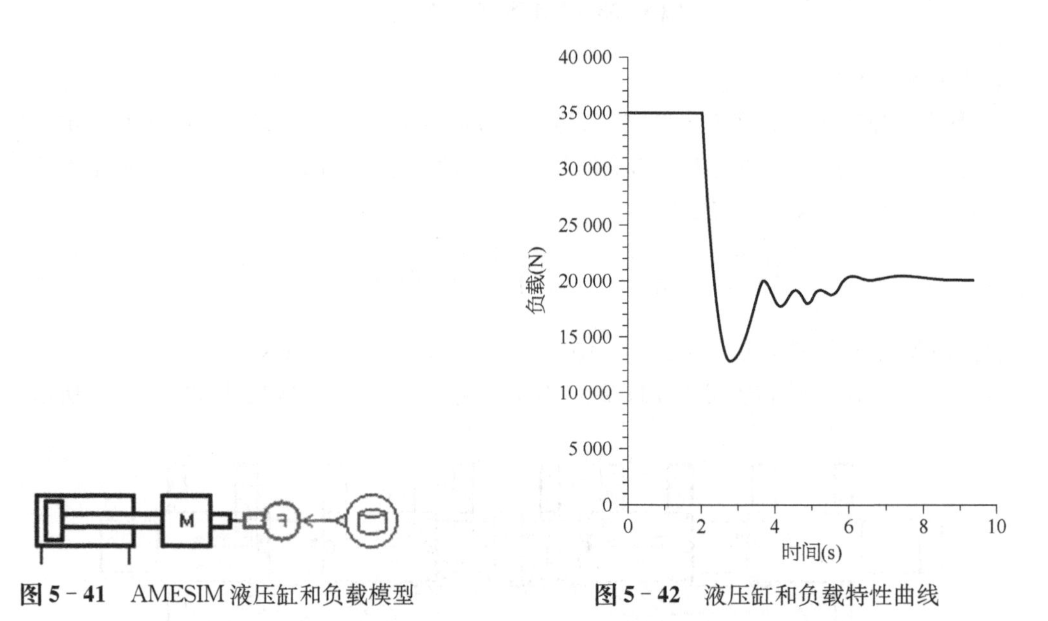

图 5-41 AMESIM 液压缸和负载模型

图 5-42 液压缸和负载特性曲线

(4) 整个系统的 AMESIM 仿真模型。动臂下降时的 AMESIM 仿真模型如图 5-43 所示。

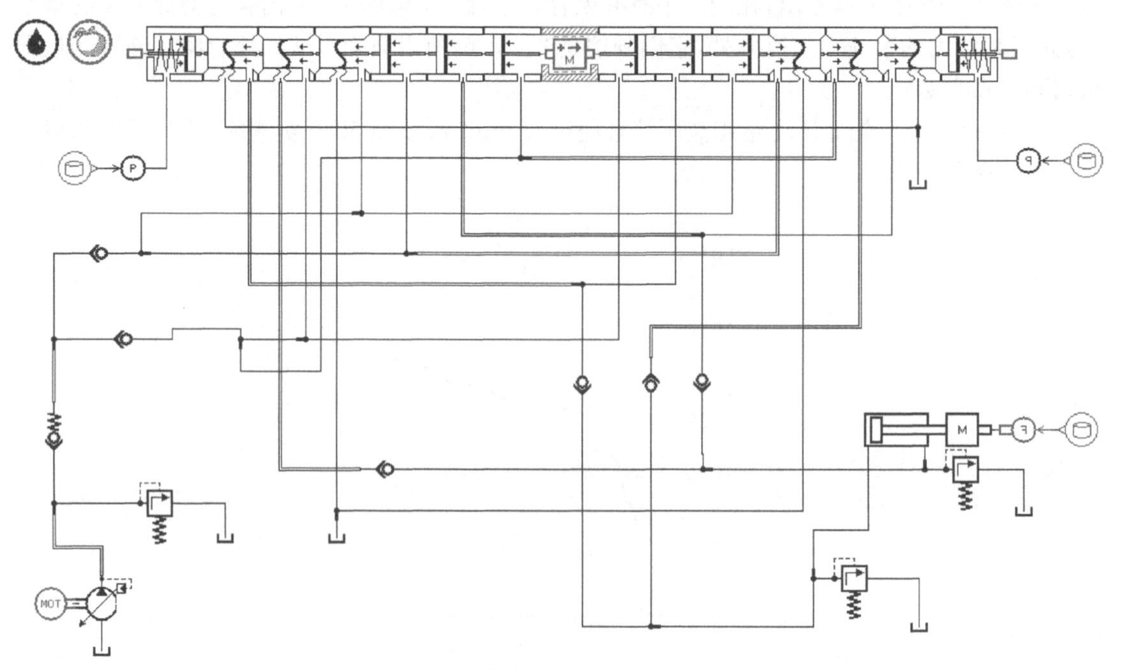

图 5-43 动臂下降时的 AMESIM 液压系统模型

2）动力学仿真分析

把上述参数加入仿真模型，进行仿真。其部分仿真结果如图 5－44 所示。

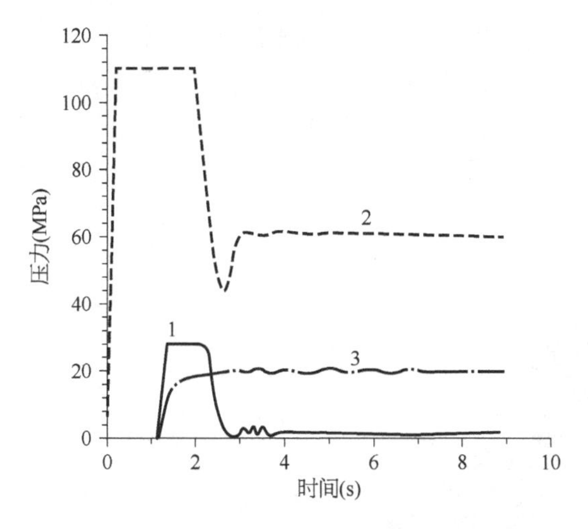

图 5－44　仿真结果

1—动臂下降时液压缸有杆腔的压力曲线；
2—动臂下降时液压缸无杆腔的压力曲线；
3—动臂下降时液压泵的出口压力曲线

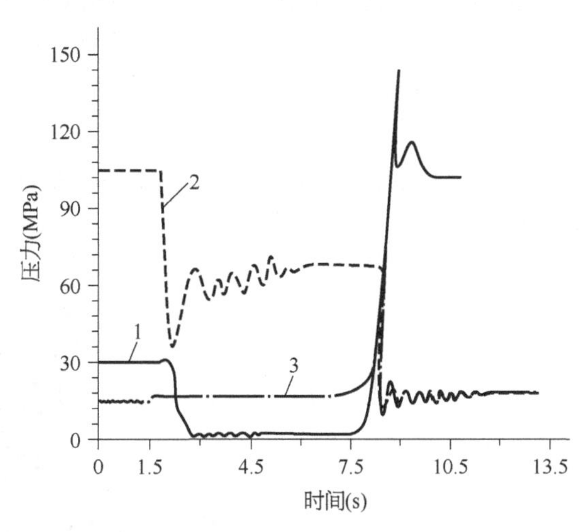

图 5－45　压力实测结果

1—动臂下降时液压缸有杆腔的压力曲线；
2—动臂下降时液压缸无杆腔的压力曲线；
3—动臂下降时液压泵的出口压力曲线

通过实际操作挖掘机，用 Hydrotechnik 公司的 6 通道手持式液压测试仪器 Multi-system 5050，在试验中采集动臂下降过程中泵出口压力、液压缸有杆腔和无杆腔压力，如图 5－45 所示。

对比测试曲线和仿真曲线，不难看出仿真结果跟试验结果基本吻合。值得一提的是，在实测曲线中，在 8.2 s 左右的时候泵的出口压力和液压缸有杆腔压力出现阶跃脉冲，这是因为活塞达到行程的末端，引起小腔和泵出口压力骤增，进而导致溢流阀溢流，而仿真模型中未加行程范围约束。

对比两图中泵的出口压力曲线，图 5－44 中从 0～1.5 s 左右压力一直为 0，而图 5－45 大概为 1.5 MPa，这主要是由于在实际中油直接回油箱中存在的回油背压，在仿真时没有考虑回油背压。

对比两图中有杆腔的压力曲线，在图 5－44 中从 0～1.5 s 左右压力一直为 0，而图 5－45 中大概 2.8 MPa 左右，这主要是由于挖掘机在没有动作时里面也充满了液压油而产生的压力，而仿真时没有考虑此种状态。

从 1.5～8 s 左右，仿真曲线与实测曲线不管是从曲线的变化趋势，还是曲线上相应的数值都是非常接近的。而 1.5～8 s 是挖掘机动臂下降正常动作的时间。通过对比仿真和实际测试结果，可以看出本书在 AMESIM 中建立的仿真模型能够正确地模拟实际的液压回路，可以利用该模型进行进一步的动态、静态分析。

5.5　组合机床动力滑台液压系统动力学分析

5.5.1　组合机床动力滑台结构及工况分析

1）机械结构分析

专用机床是随着汽车工业的兴起而发展起来的。在专用机床中某些部件因重复使用，逐步发展成为通用部件，因此产生了组合机床。通用部件按功能可分为动力部件、支撑部件、输送部件、控制部件和辅助部件五类。组合机床通常采用多轴、多刀、多面、多工位同时加工的方式，能完成钻、扩、铰、镗孔、攻螺纹、车、铣、磨削及其他精加工工序，生产效率比通用机床高几倍至几十倍。由于通用部件已经标准化和系列化，可根据需要灵活配置，能缩短设计和制造周期。因此，组合机床兼有低成本和高效率的优点，并可用以组成自动生产线。某组合机床的组成结构如图 5－46a 所示，其中通用部件有动力箱 2、动力滑台 3、支撑件（立柱 1、侧底座 4、中间底座 5）和输送部件（回转和移动工作台等），而专用部件有多轴箱 7 和夹具 6。

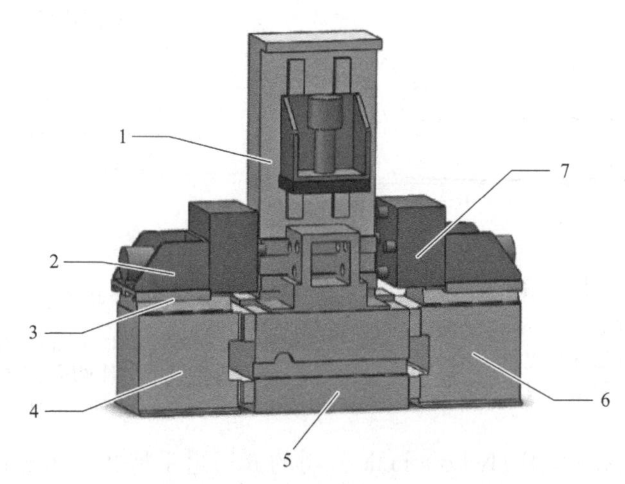

(a) 组合机床组成结构图

1—立柱；2—动力箱；3—动力滑台；4—侧底座；5—中间底座；
6—夹具；7—多轴箱

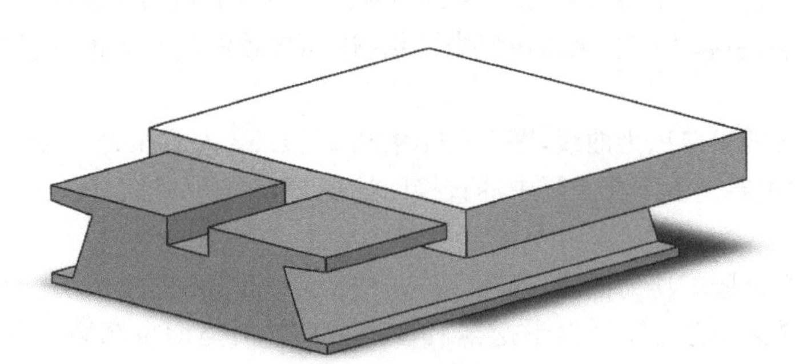

(b) 动力滑台结构图

图 5－46　某机床的组成结构和动力滑台结构

液压系统由于具有结构简单、动作灵活、操作方便、调速范围大、可无级连续调节等优点，在组合机床中得到广泛应用。

2) 组合机床动力滑台的工作分析

对液压动力滑台液压系统性能的主要要求是速度换接平稳，进给速度稳定，功率利用效率高，发热少。该系统采用限压式变量叶片泵及活塞式液压缸。通常实现的工作循环是：快进—第一次工作进给（一工进）—第二次工作进给（二工进）—止挡块停留—快退—原位停止，如图 5－47 所示。

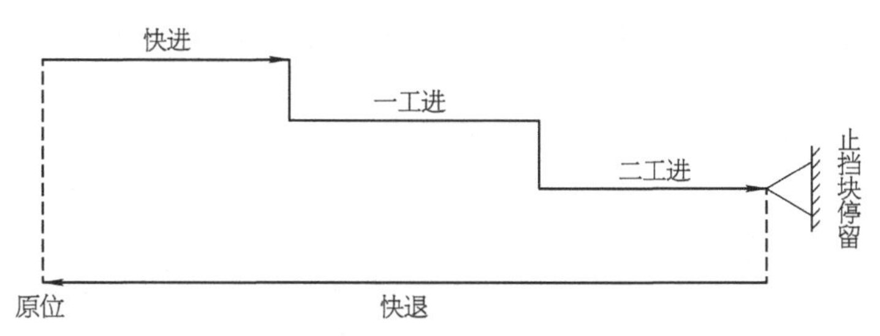

图 5－47　滑台动作循环示意图

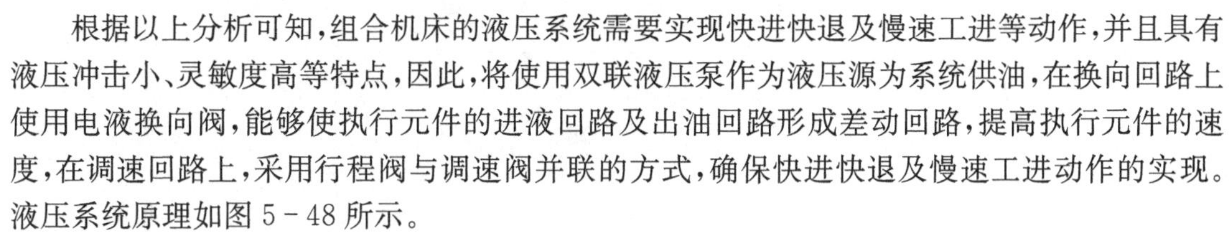

5.5.2　组合机床动力滑台液压系统动力学分析

根据以上分析可知，组合机床的液压系统需要实现快进快退及慢速工进等动作，并且具有液压冲击小、灵敏度高等特点，因此，将使用双联液压泵作为液压源为系统供油，在换向回路上使用电液换向阀，能够使执行元件的进液回路及出油回路形成差动回路，提高执行元件的速度，在调速回路上，采用行程阀与调速阀并联的方式，确保快进快退及慢速工进动作的实现。液压系统原理如图 5－48 所示。

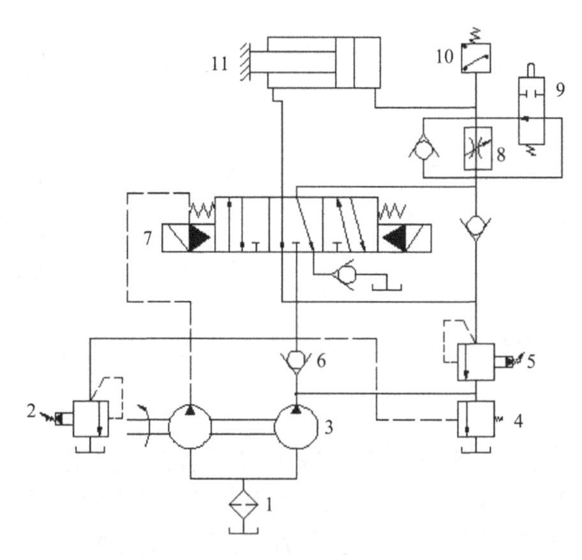

图 5－48　组合机床动力滑台液压系统

1—过滤器；2、4—溢流阀；3—双联泵；5—顺序阀；6—单向阀；7—换向阀；8—调速阀；9—二位二通机动换向阀；10—压力继电器；11—液压缸

在完成快进、快退、慢速工进以及停止原位等动作，由以上各个液压原件相互配合来完成。

双联液压泵是由大排量泵和小排量泵组成，当完成快进快退动作时，由大排量泵工作为系统供油，避免了油液浪费，从而提高液压系统的工作效率。

电液换向阀能够通过液压系统中的工作压力来控制换向阀的换向，工作平稳可靠，有效避免了液压冲击，同时通过构成差动回路，增大了快进快退时的进液流量。

1）仿真模型的建立

为提高仿真的有效性，避免使用 HCD 等库对相关部件进行建模，仅使用 AMESIM 中现有模型，这样可避免因参数过多结果不准确的问题。在搭建液压系统的仿真模型中，主要根据液压系统的物理结构及相互关系建立模型。组合机床动力滑台液压系统仿真模型如图 5 - 49 所示。

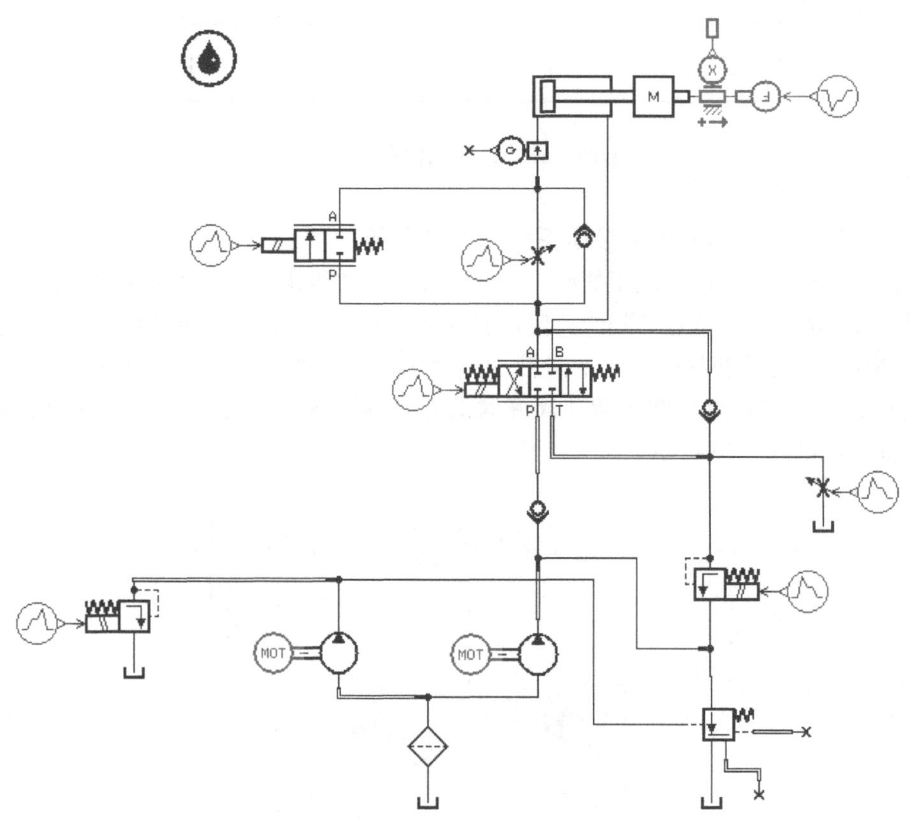

图 5 - 49 组合机床动力滑台液压系统仿真模型

2）仿真参数的计算

在设计液压系统的过程中，各个关键元件的参数计算是至关重要的，直接关系到液压系统是否能够有效地运行。其中，液压系统、液压泵以及执行元件的压力、流量等参数是最为重要的，因此，在计算液压系统的关键参数时，主要对以上几个参数进行计算。

本节以半精加工组合机床为例，进行动力学仿真分析。这种机床设计压力一般为 3～5 MPa，因此可取此组合机床的系统额定工作压力为 2.9 MPa。

而执行元件的工作压力，则需要根据外负载等参数来进行计算。在快进和快退过程中，外负载只是执行元件在运动过程中的摩擦力，而慢速工进过程中，执行元件所受到的外负载不仅有运动的摩擦力，还存在加工机械零件时的阻力需要注意。同时，因为执行元件的换向回路为差动连接，则在计算工作压力时，可根据以下公式计算：

$$p_i = \frac{\frac{F_i}{\eta} + A_i \cdot p_j}{A_i} \tag{5-1}$$

式中，p_i 为快进、快退及工进时的工作压力(MPa)；F_i 为快进、快退及工进时的外负载(N)；A_i 为有杆腔和无杆腔的工作面积(mm^2)；p_j 为快进、快退及工进时 p_i 反向的工作压力(MPa)。

执行元件的所需流量则应根据其运动速度的要求来确定。在快进、快退的过程中，则需要的流量大；在工进的时候则需要的流量小，根据以下公式计算：

$$Q_i = A_i \cdot v_i \tag{5-2}$$

式中，Q_i 为快进、快退及工进时需要的流量(L/min)；A_i 为有杆腔和无杆腔的工作面积(mm^2)；v_i 为快进、快退及工进时的速度(m/s)。

液压泵的额定流量则根据执行元件的流量来确定，即其额定流量要大于执行元件的最大流量，如下式：

$$Q_{beng} \gg Q_{max} \tag{5-3}$$

式中，Q_{beng}为泵的流量(L/min)；Q_{max}为执行元件的最大流量(L/min)。

3) 仿真结果分析

图5-50、图5-51分别为液压系统工作压力和流量变化曲线。

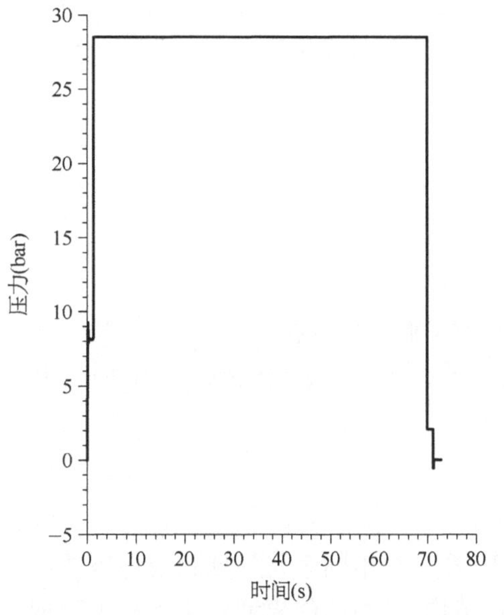

图5-50 液压系统工作压力变化仿真曲线

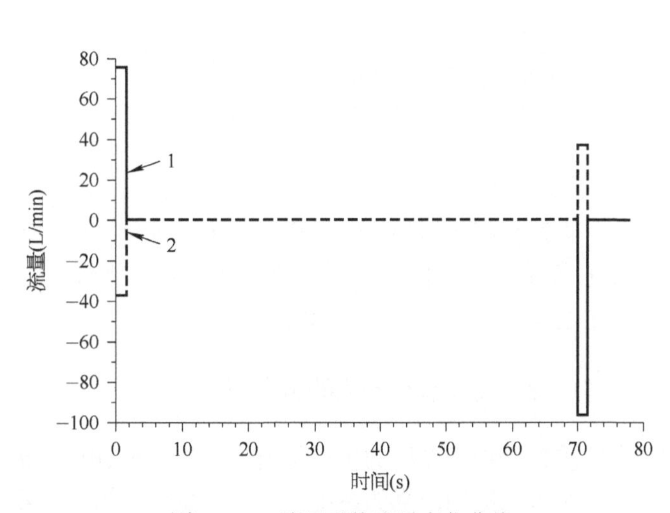

图5-51 液压系统流量变化曲线

1—无杆腔流量变化；2—有杆腔流量变化

当组合机床处于启动和快进阶段时，此时由大排量液压泵供油，在高压油液的作用下，液压缸共工作压力及流量瞬间升高，使得速度瞬间增大。

当组合机床处于工进阶段，在外部负载的作用下，液压缸的工作压力迅速提升，并为满足工进高压小流量的要求，由小排量液压泵为液压缸供油，流量减小，使执行元件速度降低，满足了工进速度的要求，同时，在换向阀换向的时候，压力未发生较大波动，并且在短时间内回归到平稳值，完全满足动作要求。

当组和机床处于快退阶段，此时为了能够实现快速退回的动作要求，有大排量液压泵供油，流量迅速提高，速度升至要求值。

综上所述，该液压系统能够满足组合机床快进、快退、工进以及原位停止的动作要求，且能够实现平稳换向。

第6章

复杂系统动力学建模与仿真

◎ **学习成果达成要求**

复杂系统由不同领域的机械、电子、液压、控制系统组成，各子系统彼此之间交互耦合，组成完整的功能执行系统。复杂系统动力学涉及多个领域的综合知识。为了完整、准确理解复杂系统的行为、性能和运行状态，需要学习多领域物理系统的仿真建模方法。

学生应达成的能力要求包括：

1. 能够了解多领域物理系统的仿真建模方法；
2. 能够了解多体动力学动态仿真建模系统框架。

本章介绍了多领域物理系统的仿真优化方法、物理-数学混合仿真技术以及物理-数学混合仿真系统中的建模方法，搭建了多体动力学动态仿真系统框架，并以低压断路器为实例，开展了复杂系统的动力学问题的研究。

6.1 多领域物理系统的建模方法

多领域物理系统的仿真建模就是将机械、电子、液压、控制等不同学科领域的模型组装成为一个可以协同仿真的系统模型。模型具有树型层次化结构，最高层的模型对应于整个物理系统，最底层的模型对应物理系统的底层零件或元件，中间层的模型对应物理系统的中间层次上的部件。在实际应用中，多领域物理系统建模是将不同领域的零件模型组装成部件模型，或不同领域的部件模型组装成子系统模型，或将不同领域的子系统模型组装成为系统模型。

6.1.1 基于接口的多领域物理系统建模方法

最直接的多领域物理系统仿真的建模方法是基于接口的方法，即利用不同领域商用仿真软件建立该领域的子模型，再开发不同领域商用仿真软件之间的接口，以实现多领域物理系统建模。在仿真的时候，由总控制程序来协调各领域商用仿真软件之间的仿真步长与数据交换，实现不同领域模型之间的协同仿真，即各模型在仿真离散时间点，通过进程间通信等方法进行相互的信息交换，然后利用各自的求解器进行求解，以实现整个系统的仿真。

系统总控程序可以利用领域仿真软件之间的接口，建立多领域物理系统模型，并实现协同仿真功能。有些仿真软件提供对口的专门接口程序以实现联合仿真，典型的如机械多体动力学仿真软件 ADAMS，提供与控制系统仿真软件 MATLAB/Simulink、MATRIXx 的接口，通过该接口可以实现机械多体动力与控制系统的多领域物理系统建模，同时利用它们提供的协同仿真功能，可以实现机械多体动力学模型和控制系统模型的协同仿真。

基于商用软件的多领域物理系统的建模与协同仿真方法可以实现不同领域子系统在一个框架下集成仿真，但是该方法存在自身的诸多不足，主要体现在：

(1) 仿真软件必须提供相互之间的接口以实现多领域物理系统建模。如果某个软件没有提供与其他仿真软件的接口，那它们就不能实现多领域物理系统建模。

(2) 需要人为地割裂不同领域子系统之间的耦合关系，在不同的子系统接口处分析其输入、输出，并建立其耦合关系。

(3) 用以实现多领域物理系统建模的接口，往往为某些商业公司所私有，它们不具有标准性、开放性，而且扩充困难。

6.1.2 基于高层体系结构的多领域物理系统建模方法

基于高层体系结构(high level architecture, HLA)的多领域物理系统建模方法，同基于接口的多领域物理系统建模方法一样，建模人员首先利用不同领域商用仿真软件完成该领域组件的建模，获得相应模型；但不同的是，各领域仿真模型不是采用商用仿真软件之间的接口将一个模型的输出变量映射到一个模型的输入变量上，而是采用基于 HLA 的方法将一个模型的输出变量映射到另一个模型的输入变量上。基于 HLA 的多领域物理系统建模过程一般可划分为如下步骤：

(1) 利用不同领域商用仿真工具完成该领域子系统建模。

(2) 利用不同领域商用仿真软件开发的子系统模型划分成不同的联盟成员，并确定每个联盟成员可发布的对象类以及相应的对象类属性。

(3) 将子系统模型的每个输入、输出变量同某个联盟成员的某个可发布对象类属性进行一一映射，以实现一个子系统模型的某个输出变量和另一个子系统模型的某个输入变量的一一映射。即采用基于 HLA 的方法将一个模型的输出变量映射到另一个模型的输入变量上，从而实现不同领域模型的集成。

(4) 为模型的每个输出变量发布与之相映射的对象类属性，为模型的每个输入变量订购与之相映射的对象类属性，以实现仿真运行时不同领域模型之间的动态信息交换。

我国的清华大学、中国航天科工集团第二研究院、北京航空航天大学等单位在基于 HLA 的多领域物理系统建模方法、协同仿真平台及其相关技术等方面进行了研究，取得了大量成果。

基于 HLA 的方法虽然克服了基于接口方法的诸多缺陷，较好地实现了多领域系统的仿真建模，但仍然需要得到各领域商用仿真工具的支持与合作，并且需要人为地割裂不同领域子系统之间的耦合关系，实际上是一种子系统层次上的集成方法，而且实现起来较为困难。另外，该方法需要针对不同的仿真应用配置模型接口、编写集成代码，在多个求解器步长协调方法存在技术困难。

6.1.3 基于统一建模语言的多领域物理系统建模方法

早在 1978 年，欧洲仿真界就出现了面向对象的物理系统建模语言(dynamic modeling language, Dymola)。Dymola 继承早期的面向对象语言 Simula 特点，引入了“类”概念，并针对物理系统的特殊性做了“方程”的扩展。Dymola 采用符号公式操作和图论相结合的方法，将 DAE 问题转化为 ODE 问题，通过求解 ODE 问题实现系统仿真。20 世纪 80 年代到 90 年代，随着计算机硬件、软件和数值技术的发展，先后涌现了其他一系列面向对象和基于方程的物理建模语言，如 Omola、ASCEND、gPROMS、ObjectMath、NMF、Smile、ALLEN 和 U. L.

M 等。

上述众多的建模语言各有优缺点，鉴于多种建模语言并存的混乱局面，以及由此而引起的模型兼容性问题，1996 年 9 月，欧洲仿真界的一群专家学者开始致力于物理系统建模语言的标准化工作，在归纳和统一多种建模语言的基础上，于 1997 年提出了一种全新的基于方程的多领域统一建模语言 Modelica。Modelica 语言继承了先前多种建模语言的优秀特性，具有面向对象建模、非因果建模、多领域统一建模、陈述式物理建模和连续离散混合建模能力。Modelica 语言还提供了强大的开放的领域模型库，如机械、电子、控制等。用户可以直接从模型库中获取所需的标准模型组件构建自己的模型，也可以向模型库中加入定制的模型以备重用。

Modelica 语言已经成为事实上的物理系统统一建模语言标准。基于 Modelica 语言的多领域物理系统建模方法，就是采用 Modelica 语言基于数学方程描述不同领域子系统的物理规律和现象，根据物理系统的拓扑结构基于组件连接机制实现模型构成和多领域集成，通过求解微分代数方程系统实现仿真运行。该方法彻底地实现了不同领域模型的无缝集成，可以为任何能够用微分方程或代数方程描述的问题实现建模和仿真，因而能够实现完全意义上的多领域统一建模。基于 Modelica 语言的多领域物理系统建模方法主要有如下优点：

(1) 建模方便。互相兼容的多领域模型库能实现对复杂综合系统的高置信度建模，支持面向对象建模、非因果建模、多领域统一建模、陈述式物理建模和连续离散混合建模。

(2) 模型重用性高。非因果关系的基于方程的模型可用于仿真多种不同的问题，或者稍加修改即可用于描述类似的系统。

(3) 无需符号处理。基于方程的建模可以将用户从将方程转换为因果赋值形式或方块图的繁琐工作中解脱出来，使模型变得更加有效和健壮。

(4) 开放的模型库。用户可以很容易地开发自己的模型或采用已有的模型来满足自己的独特需求，也可以将定制模型加入库中以备重用。

(5) 建模与仿真相对独立。用户只需关注于模型的陈述，即怎样通过数学方程表述仿真对象的行为，而不必考虑模型求解的详细实现。

基于 Modelica 语言的多领域物理系统建模方法已在汽车与电动汽车、机械多体系统、热动力系统、电力系统、机电系统、化学系统、硬件在环仿真和离散事件系统或过程的仿真中得到了广泛应用。

6.1.4 基于物理-数学混合的建模方法

物理-数学混合仿真作为仿真技术的一个分支，涉及的领域极其广泛，包括机电技术、液压技术、控制技术、接口技术等。从某种角度上讲，一个国家的物理-数学混合仿真技术的发展水平也代表其整体的科技实力。物理-数学混合仿真是工程领域内一种应用较为广泛的仿真技术，是计算机仿真回路中接入一些实物进行的试验，因而更接近实际情况。这种仿真试验将对象实体的动态特性通过建立数学模型、编程，在计算机上运行，这是在飞机与导弹控制和制导系统中必须进行的仿真试验。

物理-数学混合仿真又称为半实物仿真，准确称谓是硬件(实物)在回路中(Hardware In the Loop)的仿真。这种仿真将系统的一部分以数学模型描述，并把它转化为仿真计算模型；另一部分以实物(或物理模型)方式引入仿真回路。物理-数学混合仿真有以下几个特点：

(1) 原系统中的若干子系统或部件很难建立准确的数学模型，再加上各种难以实现的非线性因素和随机因素的影响，使得进行纯数学仿真十分困难或难以取得理想效果。在物理-数学混合仿真中，可将不易建模的部分以实物代之，参与仿真试验，可以避免建模的困难。

(2) 利用物理-数学混合仿真可以进一步检验系统数学模型的正确性和数学仿真结果的准确性。利用物理-数学混合仿真可以检验构成真实系统的某些实物部件乃至整个系统的性能指标及可靠性，准确调整系统参数和控制规律。在航空航天、武器系统等研究领域，物理-数学混合仿真是不可缺少的重要手段。

物理-数学混合仿真技术是在第二次世界大战以后，伴随着自动化武器系统的研制及计算机技术的发展而迅速发展起来的。特别是由于制导武器的实物试验其代价昂贵，而物理-数学混合仿真技术能为导弹武器的研制实验提供最优的手段，使在不做任何实物飞行的条件下，可对导弹全系统进行综合测试。美国、西欧、日本和苏联等主要武器生产国非常重视物理-数学混合仿真技术的研究和应用，早在20世纪40年代就开始了控制系统物理-数学混合仿真技术的研究，60—70年代不惜重金建造了一大批物理-数学混合仿真实验室，并不断进行扩充和改进。在美国，已有系列化的飞行运动仿真器，高性能的仿真计算机，并且随着制导技术的发展，在目标特性及其背景的仿真技术方法也有很大发展，已从简单的机械式的点源目标仿真器，发展为陈列式具有形体特征的目标仿真器，进而研制了图像目标仿真器。在美国，不仅导弹武器系统的承制公司(如波音、雷锡恩、得州仪器公司、洛克希德公司等)建设并发展了自己完整、复杂和先进的仿真系统，而且各军兵种也都投入大量资金来建设导弹系统的仿真实验室，如著名的美国陆军导弹司令部在红石基地的高级仿真实验室。根据美国对“爱国者”“罗兰特”“针刺”三种型号的统计，采用仿真技术后，实验周期可缩短30%～40%，节约实弹数42.6%。

系统仿真中所用的模型可分为物理模型和数学模型：

(1) 物理模型。又称为实体模型，是根据系统之间的物理相似性建立起来的。而物理模型又可以分为模拟模型和缩尺模型两种。模拟模型是用其他现象或过程来描述所研究的现象或过程，用模型性质来代表原型的性质。例如可用电流模拟热流、流体的流动，用流体系统模拟车流等。模拟模型可再分为直接模拟和间接模拟。直接模拟是指模拟模型的变量与原现象的变量之间存在一一对应的关系。例如用电网络模拟热传导系统，那么静电容量、电阻、电压、电流分别与热容量、热阻、稳压、热流量相对应。由于电系统的参数容易测量和改变，经常用电系统来模拟机械、热学等各种现象和过程。间接模拟模型的变量与原现象的变量之间不能建立一一对应的关系，虽然如此，但有时间接模拟却能非常巧妙地解决一些复杂问题。

缩尺模型是将真实事物按比例缩小或放大。如飞机模型和风洞是飞机在空中飞行的缩尺模型，船舶模型和水槽是船舶在水中行驶的缩尺模型。在模型实验、化工工艺过程的化学实验等都是缩尺模型。在科技工程中使用缩尺模型还是比较多的，它的优点是对于许多复杂的现象，当很难建立它的数学模型进行理论上的分析计算，也找不到适当的模拟模型，而实物又太大或太小，无法直接实验时，采用缩尺模型进行实验时合适的。缩尺模型的办法也存在不少问题，如这种方法还是相当费时间、人力、财力、按缩尺模型得到的结果不一定就符合原系统，其结果要利用相似理论加以处理，这是很麻烦的。

(2) 数学模型。包括原始系统数学模型和仿真系统数学模型，原始系统数学模型又包括概念模型和正规模型，概念模型是指用说明文字、框图、流程和资料等形式对原始系统的描述，正规模型是用符号和数学方程式来表示系统的模型，其中系统的属性用变量来表示，系统的活动则用相互有关的变量之间的数学函数关系式来表示。原始系统数学建模过程被称为一次建模。仿真系统数学模型是一种适合在计算机进行运算和试验的模型，主要根据计算机运算特点、仿真方式、计算方法、精度要求，将原始系统数学模型转换为计算机的程序。仿真试验是对模型的运转，根据试验结果情况，进一步修正系统模型。仿真系统数学建模过程被称为二次建模。

数学模型的类型主要指使随机性还是确定性的，是集中参数型还是分布参数型的，是线性还是飞线性的，是时变得还是时不变的，是动态的还是静态的，是时域的还是频域的，是连续的还是离散事件的等。根据所用仿真方法的不同，通过将模型分为连续系统模型和离散事件系统模型。

数学建模的任务是确定系统模型的类型，建立模型结构和给定相应参数。建模中所遵循的主要原则是：模型的详细程度和精确程度必须与研究目的相匹配，要根据所研究问题的性质和所要解决的问题来确定对模型的具体要求。建模一般有以下三种途径：演绎法或分析法、归纳法和混合法。

在构建物理-数学混合仿真系统中，要用到以下几种相似性：

(1) 比例相似。比例相似包括几何相似和综合参量比例相似。几何比例相似是几何尺寸按一定比例放大或缩小，如飞行器的风洞试验模型，就是按照几何相似原则制作的。而将原始方程变换成模拟计算机的排提方程或某些定点运算的仿真计算机的仿真程序，就是按照综合参量比例相似原则进行变换的。运行体与目标的角运动、相对质心运动关系、运动体内部制导控制部件在弹上的安装关系，在物理-数学混合仿真系统中均需按照几何相似进行处理。

(2) 感觉信息相似。感觉相似包括运动感觉信息相似、视觉相似和音响感觉相似等。各种训练模拟器及当前正蓬勃兴起的虚拟现实技术，都是应用感觉信息相似的例子。但对一个工程系统，该相似关系首先体现为时间关系的相似，即实时性，另外根据人或物体感觉的物理量确定相似关系：包括光学特性、电磁特性、角运动特性、质心运动特性、力和力矩特性等。

(3) 数学相似。应用原始数学模型，仿真数学模型，近似地而且尽可能逼真地描述某一系统的物理或主要物理特征，则为数学相似。

(4) 逻辑相似。思维是人脑对客观世界反映在人脑中的信息进行加工的过程，逻辑思维是科学抽象的重要途径之一，它在感性认识的基础上，运用概念、判断、推理等思维形式，反映客观世界的状态与进程。由于客观世界的复杂性，人们的认识在各方面都受到一定的限制，人的经验也是有限的，因此人们用以分享、综合事物的思维方法以及由此而得出的结论，一般也只能是相似的。在工程系统中，信号传递的逻辑关系必须在物理-数学混合仿真系统中得到实现，此外逻辑相似。

复杂装备结构复杂、零部件参数多、模块关联耦合，随着复杂装备的定制需求多元化、升级换代精细化、设计变更频繁化，产品设计的难度不断加大。如何增强市场应变能力、提高复杂装备的通用化和多样化设计水平，成为企业面临的共性问题。

复杂装备的设计是约束满足下的性能优化问题，而现代复杂装备设计又是多领域、多学科耦合的系统设计。然而当前的数字化设计理论与方法难以适应现代复杂产品设计的需求。首先传统的 CAD 系统具有重结构、轻性能，以及多几何设计、少功能设计的特点，难以解决基于性能分析的约束满足与优化设计问题；同时，现有的 CAE 系统多是单一领域或学科的分析工具，缺乏在统一环境下的系统综合能力；另外，面向 CAx 的产品数据管理具有强信息集成、弱模型集成的特点，缺少对仿真模型及分析数据的管理能力。

复杂装备动力学建模与仿真的最终目的是实现产品的优化设计。多领域物理系统仿真优化是指基于多领域系统仿真的参数优化，它是针对多领域物理系统仿真模型建立优化问题，采用相关的优化搜索算法进行求解的一整套方法。多领域物理系统仿真优化最重要的特点是在优化迭代过程中需要通过仿真求解来完成目标函数和约束函数的估值，因此传统的优化算法或启发式算法由于需要大量的仿真估值而显得力不从心。并行优化可以在一定程度上提高仿真优化的效率，但不能从根本上解决仿真优化问题。

6.2　多体动力学动态仿真建模的系统框架

结合低压断路器的仿真分析特点，在 UG/ADAMS/ANSYS 软件平台上，采用 VC＋＋编程语言，联合 SQL2000 数据库，进行二次开发，构建以多体动力学仿真为核心的仿真开发平台。

模型从实体造型开始，通过 Parasolid 几何核心系统传递给多体动力学仿真系统。设计人员利用仿真前处理模块，对由模型管理模块导入的低压断路器几何模型进行交互属性的设定，从而建立产品的仿真模型，并对其进行校验。需要添加设置的属性主要包括：仿真场景的重力值、产品各零件的材料属性、各零件之间的运动约束关系以及产品模型外部作用力等。多体动力学仿真前处理流程如图 6－1 所示。

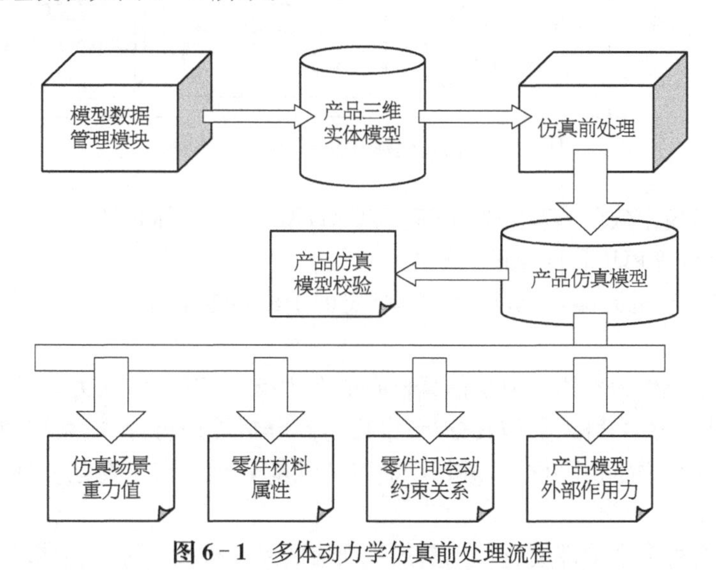

图 6－1　多体动力学仿真前处理流程

信息识别生成的多体动力学仿真模型比较粗糙，需要进行模型设置、运动约束添加、作用力施加等前处理工作。根据低压断路器仿真建模需要，对 ADAMS 的功能进行定制和改进，建立多体动力学仿真建模模块。该模块主要提供模型的材料设置、模型运动约束添加和模型作用力施加三种工具。

以多体动力学仿真为核心的动态仿真建模平台的基本构架如图 6－2 所示，它主要由 CAD 系统、多体动力学仿真系统、有限元仿真系统以及仿真协调与数据共享系统组成。多体动力学仿真系统是平台的核心。一方面，利用识别与继承技术和系统建模工具快速生成多体动力学仿真模型，并收集平台数据，进行产品总体性能的仿真分析；另一方面，给有限元仿真系统分发数据，形成边界条件，并通过数据驱动、模型耦合、求解器集成等技术实现数据共享和仿真联合。同时，提出动力学约束识别技术和基于继承与转化的仿真模型动态建模技术，实现实

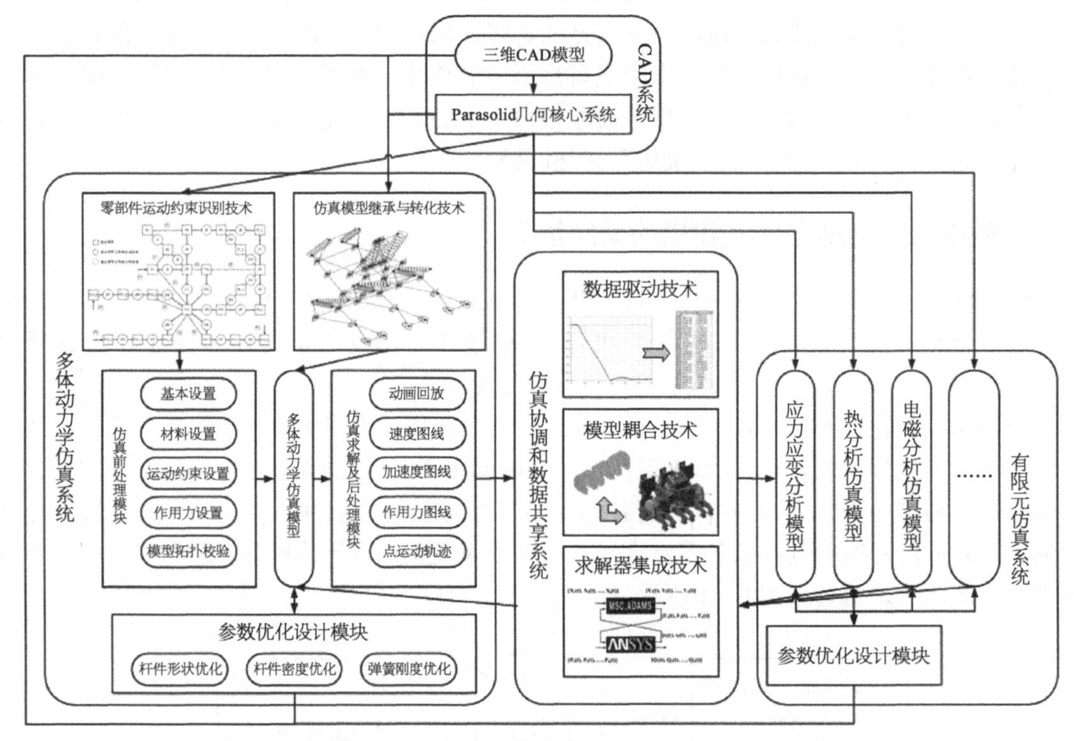

图 6－2　仿真建模开发平台的系统结构

体模型数据和仿真模型数据的双向驱动，完成 CAD/CAE 的一体化建模。它主要包括仿真前处理模块、仿真后处理模块和优化设计模块。

CAD 系统是平台的开端，负责模型实体信息的生成和传递，它包括 CAD 实体造型模块和 parasolid 几何核心。

有限元仿真系统作为多体动力学仿真核心的有力支持，对多体动力学仿真难以分析的零件物理影响，如结构力学分析、热仿真分析、电磁仿真分析等进行计算，生成数据文件，通过数据共享传递给多体动力学仿真模型，进行产品整体性能分析。它主要包括具有不同物理特性的有限元分析模型。

多体系统是指由多个构件通过运动副连接而成的复杂机械系统。多体动力学仿真是应用计算机技术进行复杂机械系统的动力学仿真分析。它是在经典力学基础上，结合多刚体系统动力学和计算多体动力学研究成果产生的学科分支，并通过计算机图形技术和数据表达技术开发的工程应用软件。

多体动力学仿真主要解决机构的运动学、静力学和动力学分析问题。系统运动学分析是不考虑系统运动起因，研究各部件位置和姿态及其速度和加速度变化关系的问题。由于系统各部分通过运动副和驱动连接，其数学模型为各构件位置和姿态坐标的非线性代数方程，以及速度和加速度的线性代数方程。系统运动学分析归结为线性和非线性代数方程的求解。系统静力学分析是系统受静载荷时，确定运动副制约下的系统平衡位置及运动副静反力的问题。动力学分析是研究系统在外载荷作用下的动力学响应问题。已知外力求系统运动的问题归结为非线性微分方程的积分求解问题，称动力学正问题；已知系统运动确定运动副动反力的问题，称动力学逆问题。

多体动力学仿真主要包括仿真前处理、仿真计算、仿真后处理以及模型参数修改优化等工作。并通过 parasolid 几何核心，利用零部件运动约束识别和仿真模型继承转化技术，与 CAD 实体造型系统构成统一的整体。其工作流程如图 6-3 所示。

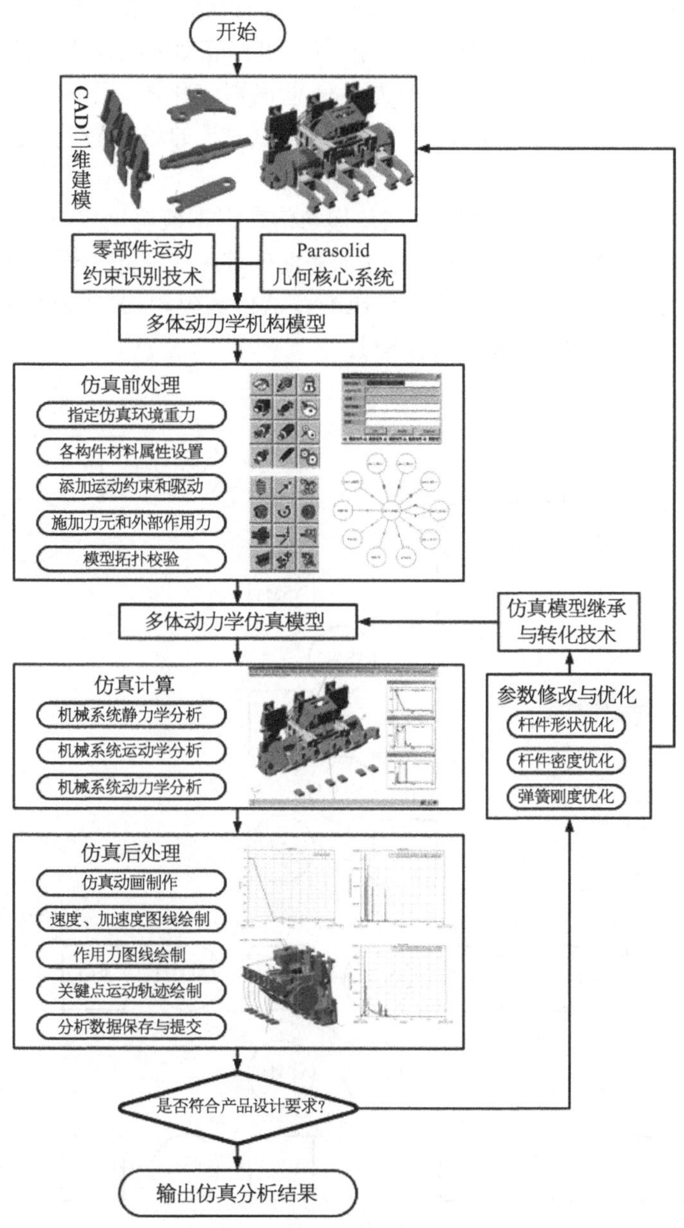

图 6-3　多体动力学仿真建模核心工作流程

实体模型通过 Parasolid 几何核心系统传递给多体动力学仿真系统。利用仿真前处理，指定场景重力，设置零件材料属性，完善运动约束，添加外部作用力。对设置完备的模型，进行运动学、静力学和动力学分析，得出仿真结果。在仿真后处理中，制作仿真动画，绘制数据图线，跟踪关键点运动轨迹，编制仿真报告。对于不符合设计要求的产品，对模型进行必要的修改优化，驱动模型实时调整，重新进行仿真分析。

6.3 零部件运动约束识别建模

低压断路器的CAD三维实体模型因应仿真分析的需要，进行相应的简化，去除外壳、接线柱、灭弧器等结构，仅保留自由脱扣机构、短路脱扣机构、过载脱扣机构和动静触头。同时，把模型调整为上扣合闸状态，使跳扣、锁扣和牵引杆正确接触，使动静触点接触。如图6-4所示为零部件定位关系拓扑图与动力学信息识别转化图，根据零部件运动约束识别技术，利用基于识别的仿真建模模块，完成CAD向CAE的信息转化，生成模型的动力学约束信息。

图6-5所示为利用UG/ADAMS数据传递与信息识别模块生成的多体动力学仿真模型雏形，经过材料设置、运动约束添加、作用力施加等前处理工作建立完整的仿真模型。

利用基于识别的仿真建模模块建立的低压断路器仿真模型，其建模精度和仿真数据的可靠性可以通过下面一系列的仿真试验加以检验。

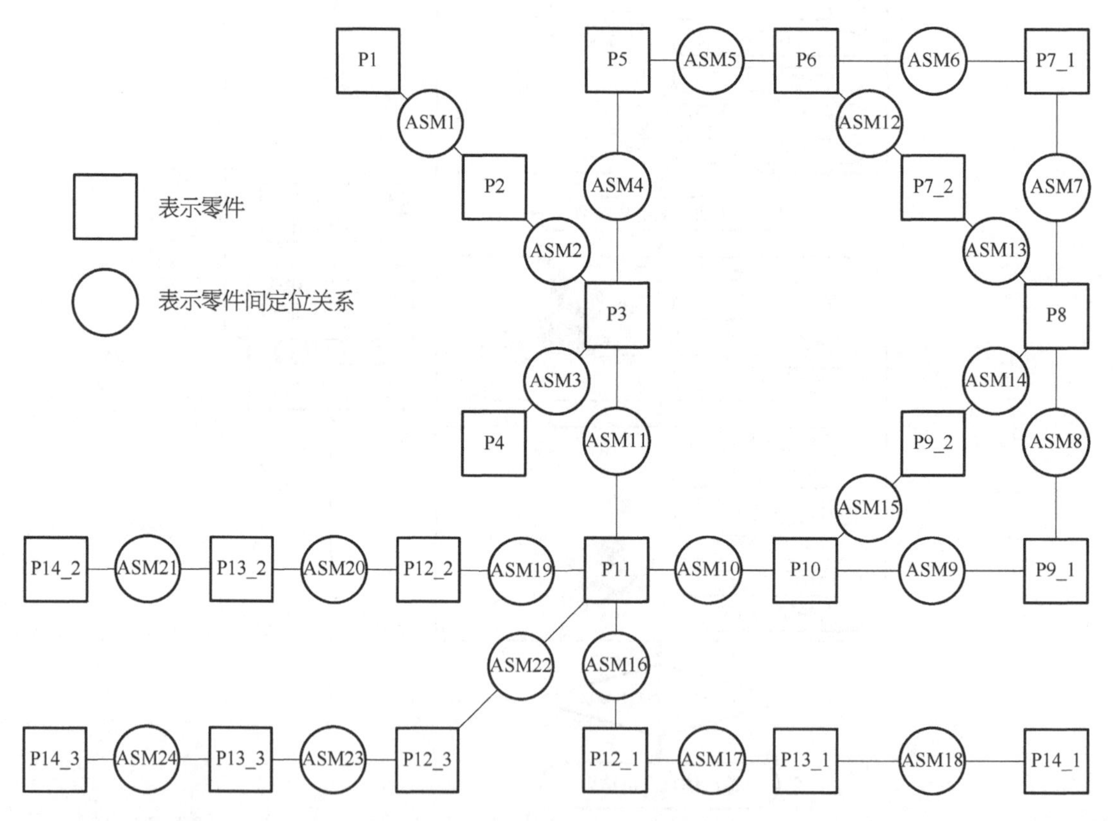

P1：锁扣　P2：锁扣轴　P3：夹板　P4：牵引杆　P5：跳扣　P6：跳扣轴　P7：上连杆　P8：连杆轴　P9：下连杆　P10：连接轴　P11：支架　P12_1，P12_2，P12_3：触头座　P13_1，P13_2，P13_3：触桥　P14_1，P14_2，P14_3：触点

(a) 零部件定位关系拓扑

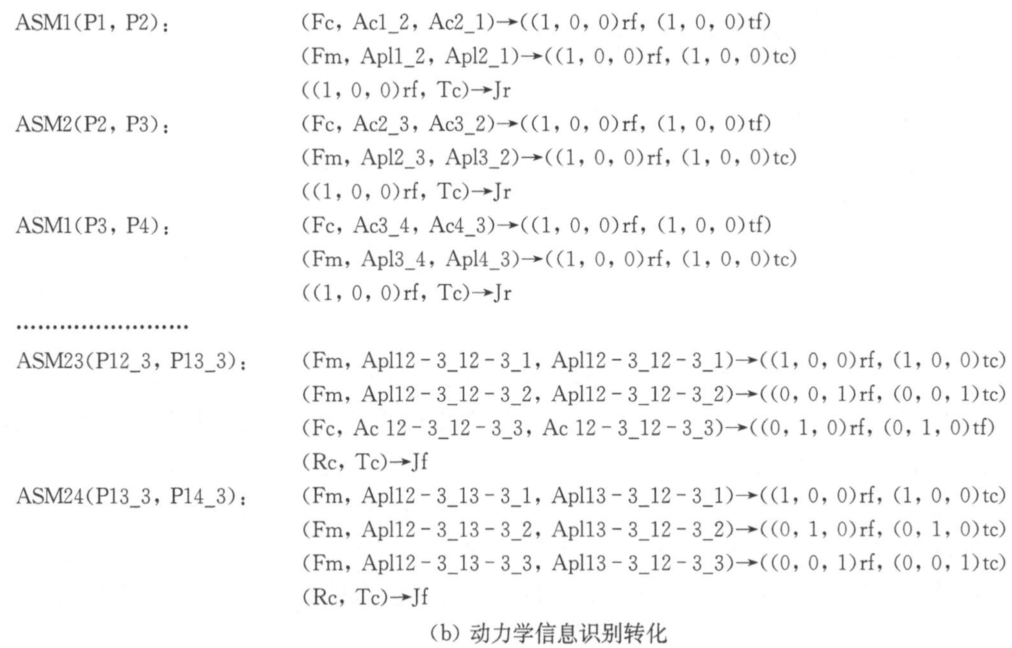

ASM1(P1, P2): (Fc, Ac1_2, Ac2_1)→((1, 0, 0)rf, (1, 0, 0)tf)
(Fm, Apl1_2, Apl2_1)→((1, 0, 0)rf, (1, 0, 0)tc)
((1, 0, 0)rf, Tc)→Jr
ASM2(P2, P3): (Fc, Ac2_3, Ac3_2)→((1, 0, 0)rf, (1, 0, 0)tf)
(Fm, Apl2_3, Apl3_2)→((1, 0, 0)rf, (1, 0, 0)tc)
((1, 0, 0)rf, Tc)→Jr
ASM1(P3, P4): (Fc, Ac3_4, Ac4_3)→((1, 0, 0)rf, (1, 0, 0)tf)
(Fm, Apl3_4, Apl4_3)→((1, 0, 0)rf, (1, 0, 0)tc)
((1, 0, 0)rf, Tc)→Jr
....
ASM23(P12_3, P13_3): (Fm, Apl12-3_12-3_1, Apl12-3_12-3_1)→((1, 0, 0)rf, (1, 0, 0)tc)
(Fm, Apl12-3_12-3_2, Apl12-3_12-3_2)→((0, 0, 1)rf, (0, 0, 1)tc)
(Fc, Ac 12-3_12-3_3, Ac 12-3_12-3_3)→((0, 1, 0)rf, (0, 1, 0)tf)
(Rc, Tc)→Jf
ASM24(P13_3, P14_3): (Fm, Apl12-3_13-3_1, Apl13-3_12-3_1)→((1, 0, 0)rf, (1, 0, 0)tc)
(Fm, Apl12-3_13-3_2, Apl13-3_12-3_2)→((0, 1, 0)rf, (0, 1, 0)tc)
(Fm, Apl12-3_13-3_3, Apl13-3_12-3_3)→((0, 0, 1)rf, (0, 0, 1)tc)
(Rc, Tc)→Jf

(b) 动力学信息识别转化

图6-4 零部件定位关系拓扑及动力学信息识别转化

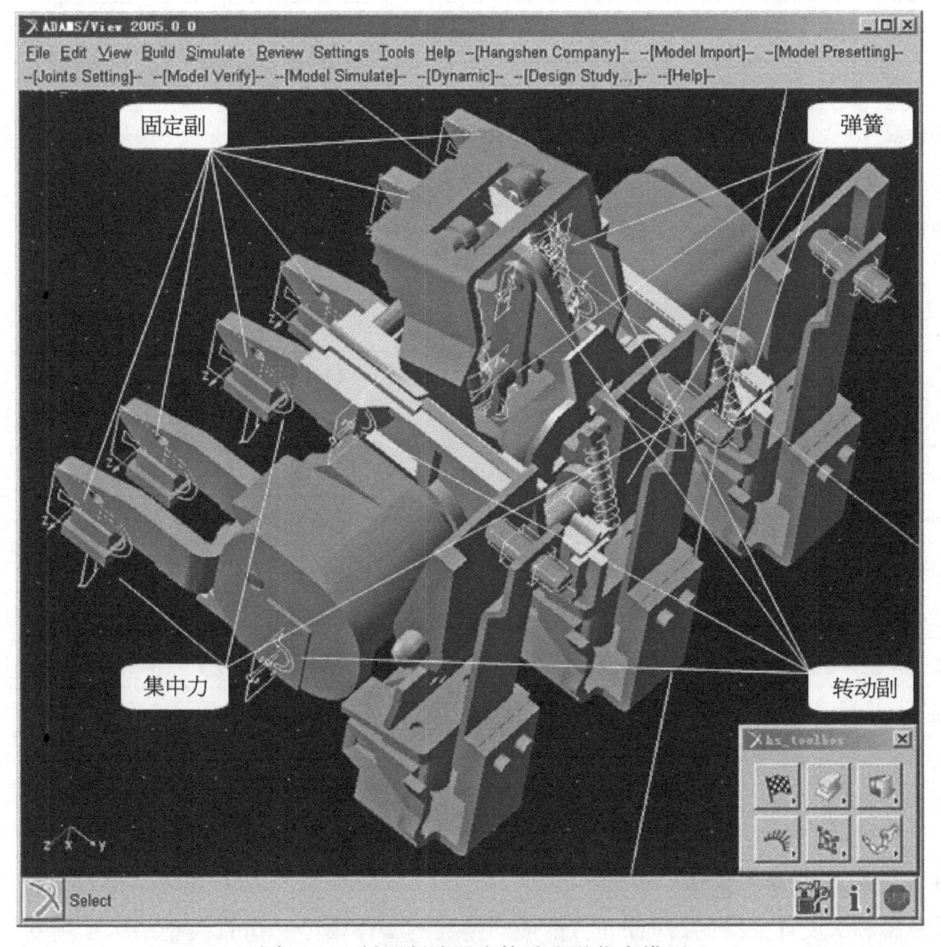

图6-5 低压断路器多体动力学仿真模型

6.4 优化设计中的仿真模型动态重建

低压断路器的优化设计，经历模型参数化、参数敏感度分析、参数设计研究和模型优化分析等过程。无论是参数敏感度分析，还是参数设计研究和模型优化分析，仿真模型尺寸及相关参数均被反复修改，实体模型和动力学约束模型需多次调整重建，修改工作繁杂。应用仿真动态建模模块，利用基于继承和转化建模技术，实现模型重建的自动化和智能化，达到模型快速重建仿真优化的目的。

1）模型的参数化

设计变量参数化是对具有物理意义的模型属性参数进行变量替换的方法。对断路器的杆件质量、弹簧刚度、弹簧预紧力等参数采用变量替换参数化，设置设计变量替换模型属性参数，通过修改设计变量，达到修改模型属性的目的。断路器的几何形体、约束点位置和驱动点位置采用点坐标参数化，建立新的定位点，设置相应点与定位点的关联，通过修改定位点坐标，达到与之相关联的点对象自动修改的目的。根据断路器的设计分析需求，使用设计变量参数化和点坐标参数化方法分别对断路器弹簧参数和机构的关键连接点进行参数化，其具体数据见表6-1。

表6-1 模型设计关键点参数化数据表

名称	代号	数值	变化下限	变化上限
主弹簧刚度	DV_spring_stif_1	13.4	−10%	+10%
主弹簧预紧力	DV_spring_preload_1	−100	−10%	+10%
触头弹簧刚度	DV_spring_stif_2	15.5	−10%	+10%
触头弹簧预紧力	DV_spring_preload_2	−25	−10%	+10%
牵引杆弹簧刚度	DV_spring_stif_3	0.943	−10%	+10%
牵引杆弹簧预紧力	DV_spring_preload_3	−1.2	−10%	+10%
连杆轴心 x 坐标	DV_8205557_x	11.014 7	−10%	+10%
连杆轴心 y 坐标	DV_8205557_y	−24.389 3	−10%	+10%
连接轴心 x 坐标	DV_8205558_x	22.8	−10%	+10%
连接轴心 y 坐标	DV_8205558_y	−31.334 5	−10%	+10%
跳扣固定轴 x 坐标	DV_8205559_x	−5.119 21	−10%	+10%
跳扣固定轴 y 坐标	DV_8205559_y	−25.133	−10%	+10%
跳扣轴心 x 坐标	DV_8205560_x	−5.119 21	−10%	+10%
跳扣轴心 y 坐标	DV_8205560_y	−25.133	−10%	+10%
主弹簧手柄连接点 x 坐标	DV_8231057_spring_x	−12.0	−10%	+10%
主弹簧手柄连接点 y 坐标	DV_8231057_spring_y	−32.5	−10%	+10%

2）仿真模型的动态重建

断路器每次设计变量的修改试值，都使断路器的实体模型和仿真模型结构发生变更，利用仿真模型继承与转化技术，生成仿真模型的拓扑构型如图 6－6 所示，驱动模型进行动态调整。一方面，驱动断路器实体模型零件的相关尺寸和技术参数的修改，以及零件形状改变引起的装配位置调整；另一方面，继承仿真模型的动力学约束数据，并根据实体模型的改变对模型的动力学约束信息进行转化，实现仿真模型的快速重生。

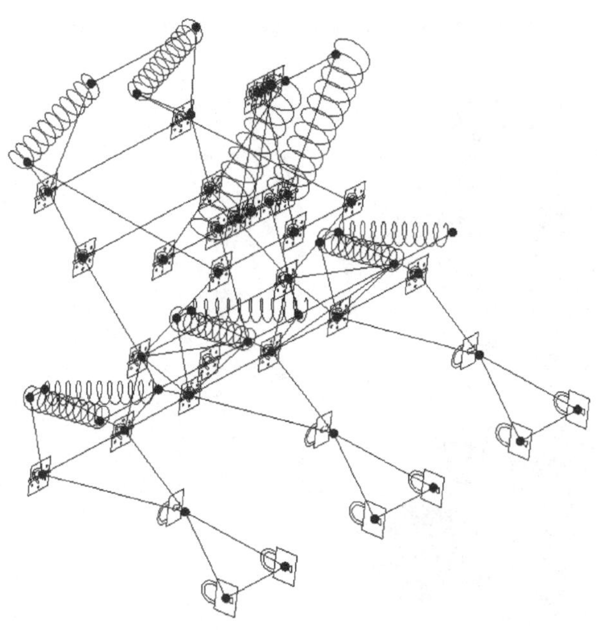

图 6－6　低压断路器的拓扑构型

利用动态调整模块，驱动模型结构调整，并在 UG 系统里重新生成数据引导的 hsm 文件，然后利用模型动态调整工具，继承仿真模型数据，同时根据 hsm 文件引导仿真模型进行相应转化。整个操作过程一键完成，简单便捷。仿真模型的动态建模结果如图 6－7 所示，系统根

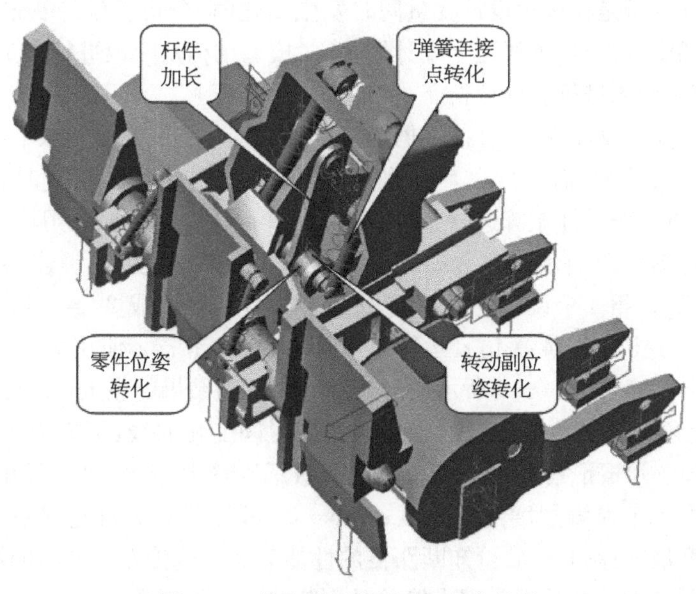

图 6－7　仿真模型的继承与转化结果

据杆件尺寸的改变,自动调整零件位置,移动运动约束和力学约束的作用点。

图 6-8 为优化模型驱动生成的仿真模型与原模型的动力学性能比较。图 6-8 的左上角为原模型的仿真动画;左下角为优化后模型的仿真动画;右边为两模型触头开角随时间变化曲线对比。

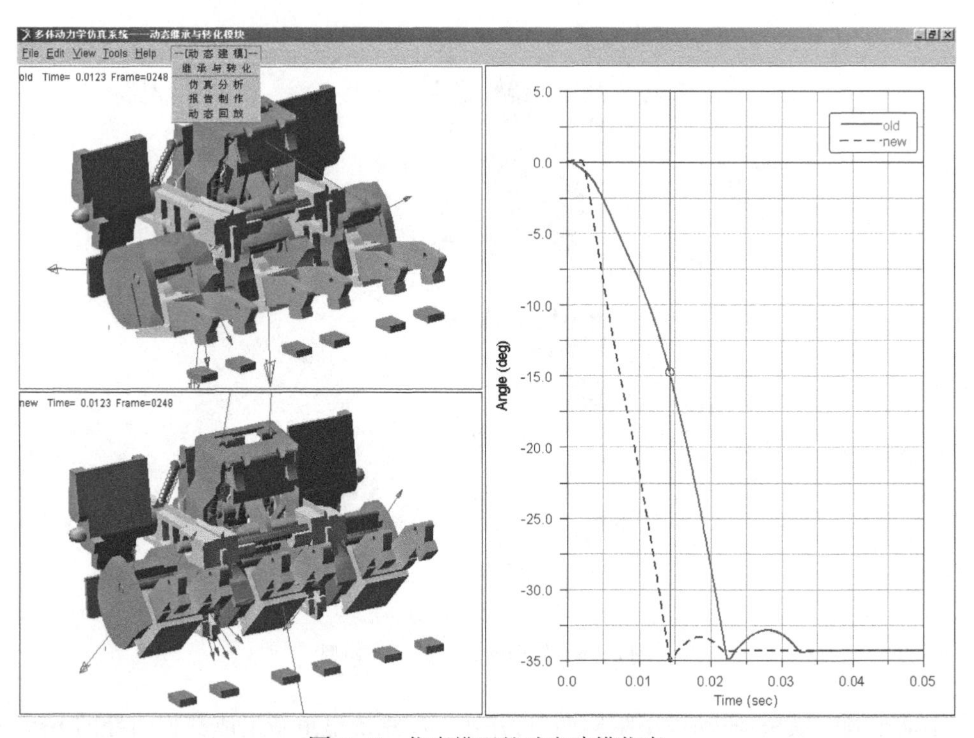

图 6-8 仿真模型的动态建模仿真

3) 基于模型动态重建的参数敏感度分析

参数的敏感度分析是在多个设计变量同时发生变化时,分析各设计变量对仿真模型性能的影响。进行敏感度分析时,需要建立设计矩阵,对模型结构及参数进行多次修改调整和再仿真,最后对实验结果数据进行统计分析。

表 6-1 共有 16 个设计变量,直接根据设计变量的变化上下限设置水平,生成的设计矩阵是 $2^{16}=65\,536$ 阶的方阵,需进行 65 536 次仿真运算,比较 16 个设计变量对仿真模型性能的影响,计算耗时严重。对设计矩阵进行分组,可大大节省计算耗时。利用设计矩阵分组技术,按照不同的分析意图把 16 个设计变量分成弹簧预紧力、弹簧刚度、关键连接点 x 方向和关键连接点 y 方向 4 组,每组 4 个设计变量一组,每组的设计矩阵变成 $2^4=16$ 阶的方阵。四组分别进行参数敏感度分析,共 64 次仿真运算,计算时间大大节省。使用 ADAMS/Insight 模块进行参数敏感度分析,得到图 6-9 所示的分析结果。每组结果的左上角为该组最优的设计变量数值组合,右上角为各次仿真测试的触头开角随时间变化曲线,下方为各变量的敏感度比较。图 6-9a 可知各弹簧预紧力中主弹簧数值的敏感度最大;图 6-9b 可知主弹簧连接点 y 方向位置的敏感度大于弹簧刚度的敏感度;图 6-9c 可知所有关键连接点 x 方向中连接轴 8 205 558的敏感度最大;图 6-9d 可知断路器的性能对关键连接点 y 方向的数值非常敏感,关键连接点 y 方向数值的设置是否合理直接关系到断路器能否正常分断。

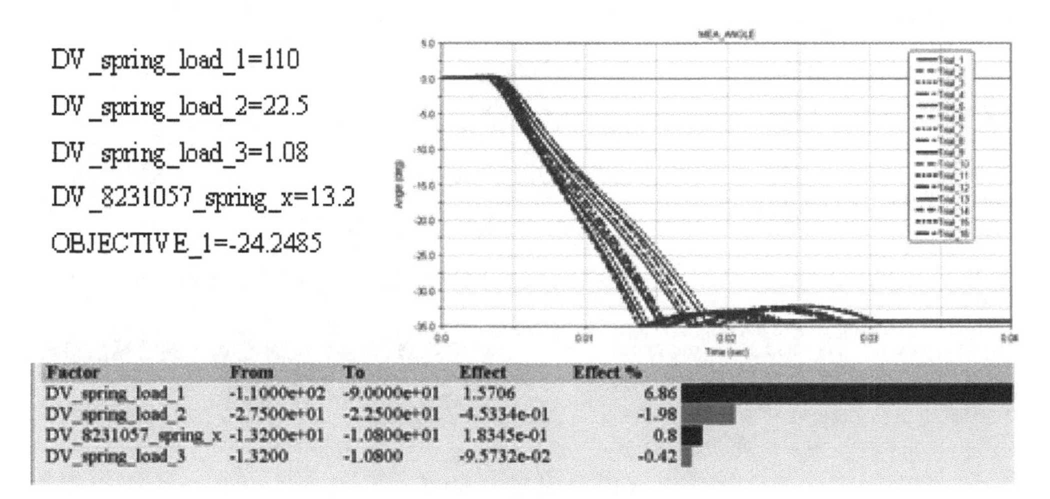

Factor	From	To	Effect	Effect %
DV_spring_load_1	-1.1000e+02	-9.0000e+01	1.5706	6.86
DV_spring_load_2	-2.7500e+01	-2.2500e+01	-4.5334e-01	-1.98
DV_8231057_spring_x	-1.3200e+01	-1.0800e+01	1.8345e-01	0.8
DV_spring_load_3	-1.3200	-1.0800	-9.5732e-02	-0.42

(a) 弹簧预紧力组

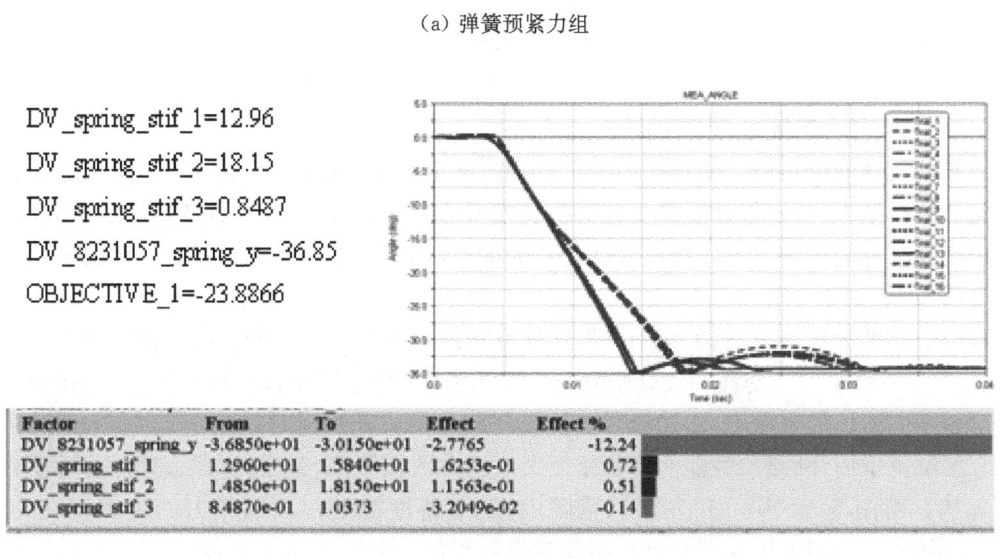

Factor	From	To	Effect	Effect %
DV_8231057_spring_y	-3.6850e+01	-3.0150e+01	-2.7765	-12.24
DV_spring_stif_1	1.2960e+01	1.5840e+01	1.6253e-01	0.72
DV_spring_stif_2	1.4850e+01	1.8150e+01	1.1563e-01	0.51
DV_spring_stif_3	8.4870e-01	1.0373	-3.2049e-02	-0.14

(b) 弹簧刚度组

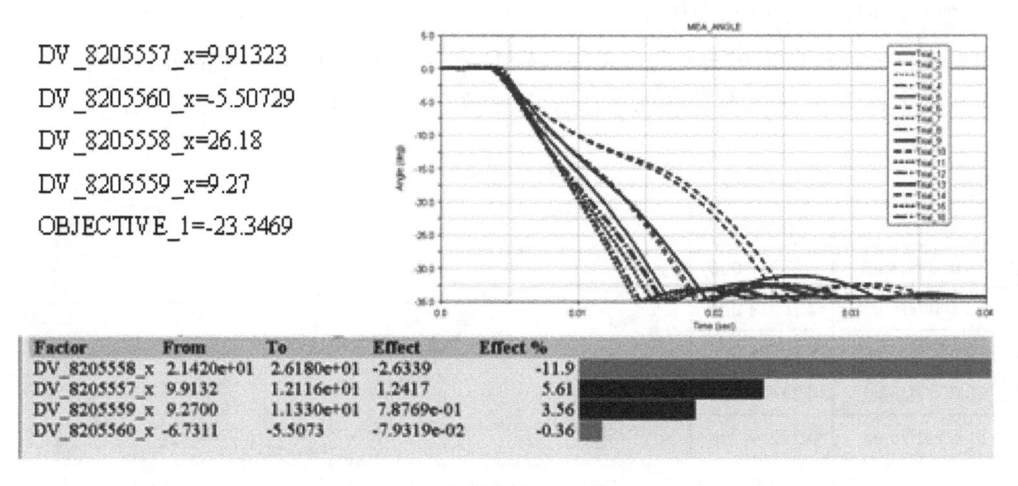

Factor	From	To	Effect	Effect %
DV_8205558_x	2.1420e+01	2.6180e+01	-2.6339	-11.9
DV_8205557_x	9.9132	1.2116e+01	1.2417	5.61
DV_8205559_x	9.2700	1.1330e+01	7.8769e-01	3.56
DV_8205560_x	-6.7311	-5.5073	-7.9319e-02	-0.36

(c) 关键连接点 x 向组

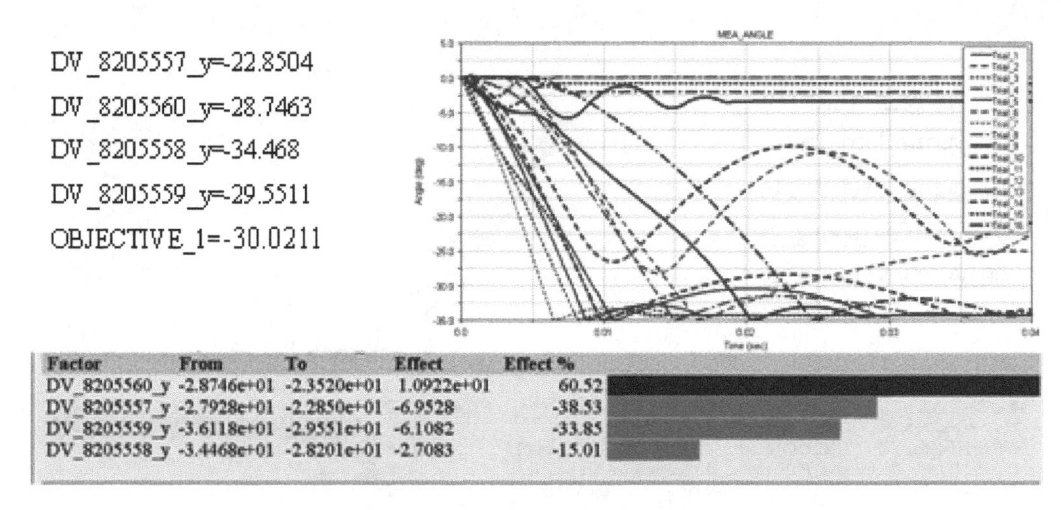

Factor	From	To	Effect	Effect %
DV_8205560_y	-2.8746e+01	-2.3520e+01	1.0922e+01	60.52
DV_8205557_y	-2.7928e+01	-2.2850e+01	-6.9528	-38.53
DV_8205559_y	-3.6118e+01	-2.9551e+01	-6.1082	-33.85
DV_8205558_y	-3.4468e+01	-2.8201e+01	-2.7083	-15.01

(d) 关键连接点 y 向组

图 6-9 参数敏感度分析结果

4) 基于模型动态重建的设计研究

参数的设计研究是设计变量按照一定规则在一定范围内取值，然后进行一系列仿真分析，输出每次分析结果，考察设计变量变化对仿真模型性能的灵敏度，即设计变量在哪个取值范围内对仿真模型性能影响最大。每次设计变量的试值，均需要对模型进行修改重建仿真，比较不同模型的仿真结果。

根据敏感度分析结果，选取对断路器性能影响最大的几个设计变量进行设计研究。图 6-10 所示为几个重要设计变量的设计研究分析图线和设计变量不同取值的灵敏度，图的左边为设计变量不同取值的灵敏度，右边为各次仿真测试的触头开角随时间变化曲线。由图 6-10a 可知在测试范围内，断路器性能对弹簧刚度灵敏度大致相等，断路器的分断速度随弹簧刚度减小而加快。由图 6-10b 可知在测试范围内，断路器性能对弹簧预紧力的灵敏度在 100～125 N 范围内比较突出，断路器的分断速度随弹簧预紧力的增加而加快，在 100～125 N 范围以外，预紧力的增加对断路器分断速度的提高并不明显，但开关合闸力却随预紧力的增加稳步增长。

5) 基于模型动态重建的优化分析

模型优化分析是系统在满足约束条件基础上，使目标函数取得最值的分析过程。模型的优化具有众多算法，常用的有数学规划算法、遗传算法、模拟退火算法、蚁群算法等。ADAMS

DV_spring_stif_1	Sensitivity
7.2000 N/mm	4.2831 e-006
10.800 N/mm	4.2831 e-006
14.400 N/mm	4.2802 e-006
18.000 N/mm	4.2749 e-006
21.600 N/mm	4.2725 e-006

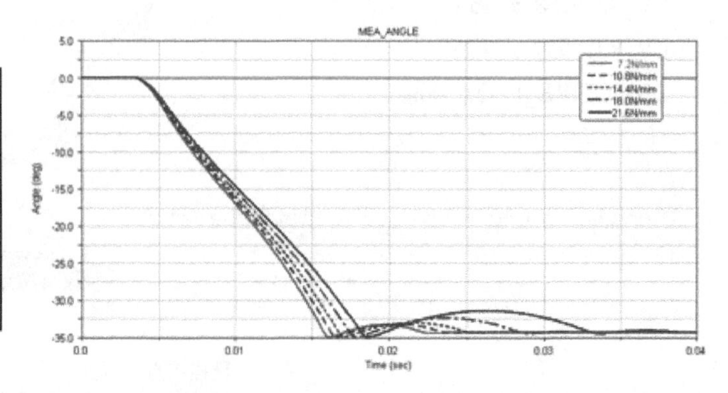

(a) 主弹簧刚度分析

DV_spring_stif_1	Sensitivity
50.000 N	3.2294e-005
75.000 N	13.100e-005
100.00 N	478.66e-005
125.00 N	480.90e-005
150.00 N	33.909e-005

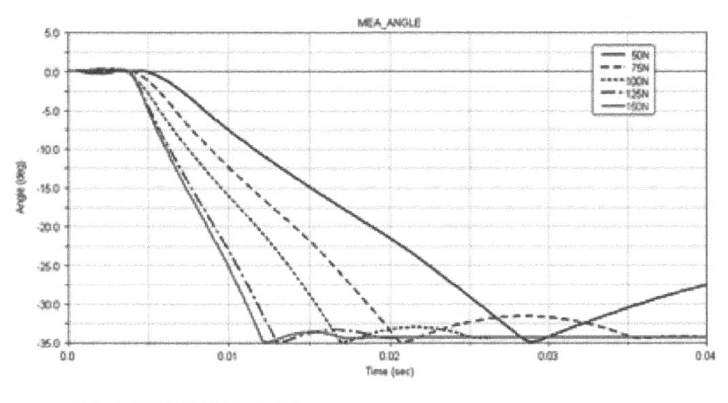

(b) 主弹簧预紧力分析

图 6－10　参数设计研究分析结果

采用的是数学规划算法，它主要分为线性规划、非线性规划、动态规划、几何规划四类问题。对产品机构和属性的优化，属于非线性规划问题，常用直接算法进行求解，即在设计空间的可行区中任选一设计点出发，寻找可行点的方向和合适的步长，由前一点走到下一点，每步检查，逐步走向最优点。每个优化步的试值，均需要对模型进行修改和重建仿真，比较前后两个模型的仿真结果，决定下一优化步的走向。

断路器优化分析过程中，选取对模型敏感度较大的设计变量 DV_8205557_x 和 DV_8205557_y 作为系统变量，进行模型仿真优化分析。其结果如图 6－11 所示。图 6－11 的左边

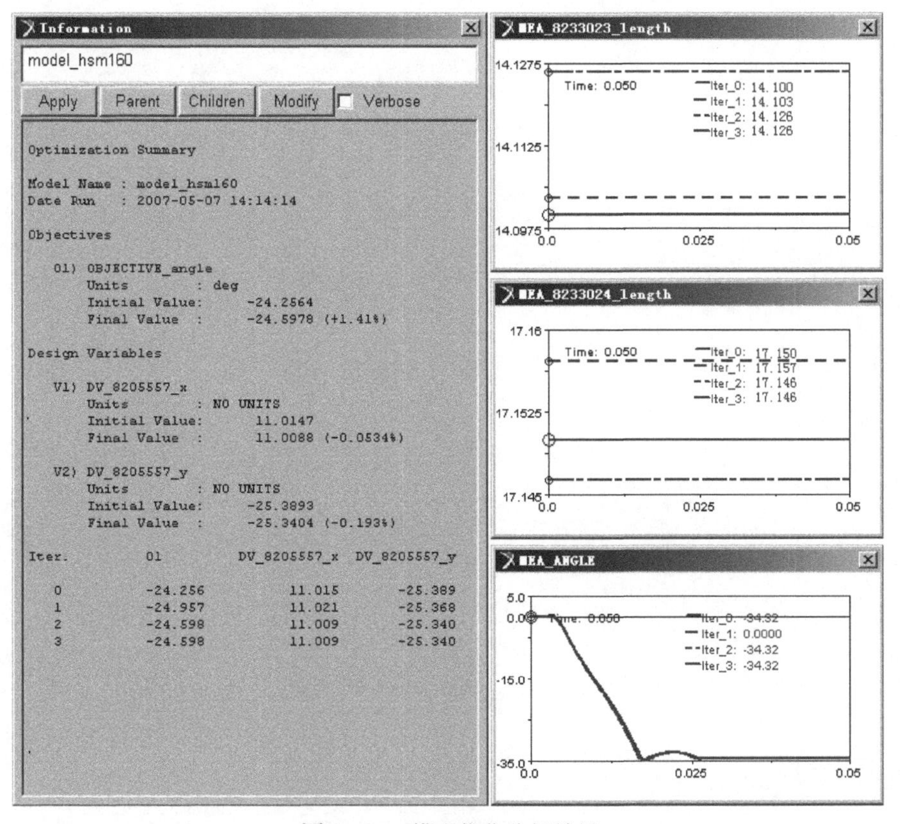

图 6－11　模型优化分析结果

为优化分析报告，包括优化变量和优化目标的初始值和优化值以及各组变量数据的优化目标数值；右上角为上连杆公称长度变化，原始公称长度为 13. 100 mm，优化后公称长度为 13. 126 mm；右边中部为下连杆公称长度变化，原始公称长度为 16. 150 mm，优化后公称长度为 16. 146 mm；右下角为触头开角随时间变化曲线。

第 7 章

机械-液压耦合的动力学问题与应用

◎ **学习成果达成要求**

以注射成型装备为机械-液压耦合动力学问题的典型应用案例，学习机械-液压耦合系统的动力学建模和仿真过程。

学生应达成的能力要求包括：

1. 能够通过典型应用案例，了解刚柔耦合动力学分析方法；
2. 能够初步分析机械-液压耦合动力学问题。

为了实现注射成型装备的精密化设计，本章提出了机械-液压耦合的设计与仿真方法。以SE160 型注射成型装备为研究对象，机械场中的模板结构在锁模状态下的受力情况最为恶劣，因此，引入有限元分析和遗传算法对锁模状态下的模板进行结构拓扑优化。本章研究工作是与浙江申达机器制造有限公司合作的，以机械场的结构分析为基础，对合模机构进行刚柔耦合动力学分析，并引入液压系统，构建合模装置的机械-液压耦合模型，从而设计出具有更优力学性能和满足精密化要求的塑料注射成型装备的合模装置——SE160 型高效节能环保型合模装置。

7.1 研究进展

塑料工业是国民经济重要工业部门，又是一个新兴的综合性很强的工业体系。塑料注射成型可对形状复杂的制品实现一次成型，具有效率高、尺寸精确、适合大批量生产等特点，是塑料制品最具优势也是最主要的加工方式。塑料注射成型工程是一门涉及塑料注射成型装备、高分子材料、注塑工艺、电气、液压控制和精密模具等多方面的综合技术，在国民经济和国防工业等领域有着广泛的应用。精密塑料注射成型技术广泛应用于通信、电子、医疗、汽车、机电、仪器仪表、航空航天等产业中。近几年，随着我国信息、汽车、建筑、医疗、机电等产业的不断发展和壮大，国内塑料机械的年需求量为 16 万～20 万台。

世界上先进的精密注塑技术主要集中在德国、日本、美国以及其他一些西欧国家。东南亚一些国家如韩国、新加坡，发展也较迅速。发达国家的注射成型装备主要以精密注塑机、大型注塑机等高技术含量、高附加值的机型为主。我国塑料注射成型装备制造厂家以中小型企业为多，产品以中低档、通用型为主。2009 年我国塑料工业规模以上企业总数达 12 860 家，总产值达 6 300 多亿元，行业利润率却仅为 2.6%。与工业发达国家相比，我国塑料机械产品附加值低、品种少、能耗高、控制水平低、性能不稳定，导致我国精密、高速、高效的塑料注塑设备需要大量依赖进口，特别是国家重点工程，急需大量的精密塑料注射成型装备加工精密塑料制品。目前，我国从日本、美国、德国等发达国家每年进口的精密塑料注射成型装备已经超过20亿美元，数量上进口设备占20%，而且进口额逐年上升。

虽然国内塑料注射成型企业有了一定的技术积累，部分设备已经达到国外20世纪80年代后期和90年代的水平。但是国内的研究大多针对塑料注射成型装备的某个方面，没有形成精密塑料注射成型中机械、电子控制、液压、材料工艺等方面的一整套研究体系，无法从整体上弥补与国外注射速度、精度、能耗比、温度控制、信息化、智能化等方面的总体性差距。因此，当前亟需改变我国塑料注射成型装备行业产量大、技术水平低、附加值不高的粗放式发展方式，大力发展高附加值、高技术含量、低能耗的产品，提高我国塑料注射成型装备行业的国际竞争力。研发具有国际先进水平的节能、环保、高效、精密塑料注射成型装备来提高我国整个塑料机械行业的技术含量和竞争力，就成为当前我国塑料注射成型装备行业的重中之重。

精密塑料注射成型装备是机电一体化机种，由注塑部件、合模部件、机身、液压系统、加热系统、冷却系统、电气控制系统、加料装置等组成。对于精密塑料注射成型装备中的注射装置，注射必须保证有足够的压力和速度，因此，螺杆、螺杆头、止逆环、料筒等要设计成塑化能力强、均化度好、注射效率高的结构形式；螺杆驱动扭矩要大，并能无级变速。对于精密塑料注射成型装备中的合模装置，由于注射压力高，相应地在模腔中会产生很高的压力，因此必须要有足够大的锁模力并强调合模系统的刚度。

精密塑料注射成型装备的结构特点包括：

(1) 由于精密塑料注射成型装备的注射压力高，有的高达415 MPa，因此比普通机器更要强调合模系统的刚性。这就涉及拉杆、动定模板、合模机构的结构件尺寸、材料、热处理以及机械加工与装配精度等因素，都要从提高刚性的角度进行精心设计。动、定模板间的平行度一般要控制在0.05～0.08 mm的范围内。对曲肘连杆合模机构，考虑刚性的同时，还要考虑合模力的调整和肘杆临界角的大小。

(2) 精密塑料注射成型装备要求对低压模具保护及合模力大小精确控制。太大的合模力和太小的合模力都会影响制品精度。合模力的大小影响模具变形的程度，最终影响制品的尺寸公差。

(3) 精密塑料注射成型装备的合模机构要在更高的效率下工作，启闭模速度要快，一般在40 m/min左右。

精密塑料注射成型装备需要能够稳定地控制制品的重复精度，它的组成结构如图7-1所示。

当今在精密塑料注射成型装备的研制方面，处于世界领先水平的有德国“克劳斯玛菲”“德玛格”“阿博格”，以及日本“日精”“日钢”“东芝机械”和“住友重机”等。比较国外塑料注射成型装备技术的发展水平，我国生产的塑料注射成型机的主要差距表现在装备数字化设计方法。国外开发了由设计知识支撑的塑料注射成型装备专业化设计系统，产品模块化和标准化程度高，从而提高了塑料注射成型装备的设计效率与质量。国内塑料注射成型装备企业或设计人员长期来形成的设计经验与知识难以得到积累与共享，塑料注射成型机的结构设计都是采用通用三维设计系统，结构创新难以得到设计知识的支撑。国外相关塑料注射成型装备专业的设计系统一般都是保密的，不会向外转让。因此，本章对SE160型高效节能环保型精密塑料

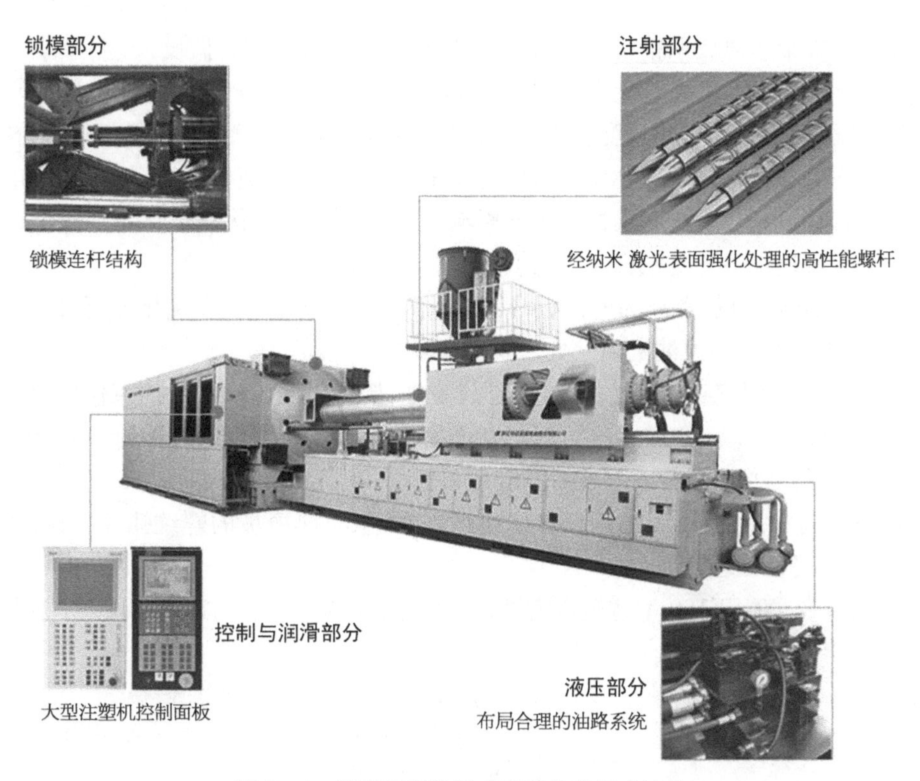

图7-1　精密塑料注射成型装备的组成结构

注射成型装备的合模装置进行拓扑优化与多性能耦合分析，从而实现注塑装备的快速设计。

7.2　机械场中前模板结构的拓扑优化

注射成型装备前模板在锁模状态下的受力情况最为恶劣，模板的刚度和强度性能影响着模具的寿命和塑料制件的成型质量。因此，以SE160注射成型机的前模板为研究对象，运用ANSYS软件对锁模状态下的模板进行静力学分析和结构拓扑优化分析，通过对结构拓扑优化分析结果的规整和研究，设计出具有更优力学性能的注射成型机模板拓扑结构。

SE160型注射成型机中前模板的1/4结构如图7-2所示，模板材料为QT450-10，弹性模量$E=1.69\times10^{11}$Pa，泊松比0.3。

由于结构拓扑优化的计算量非常大，而且注塑机前模板在工作过程中的受力情况较为复

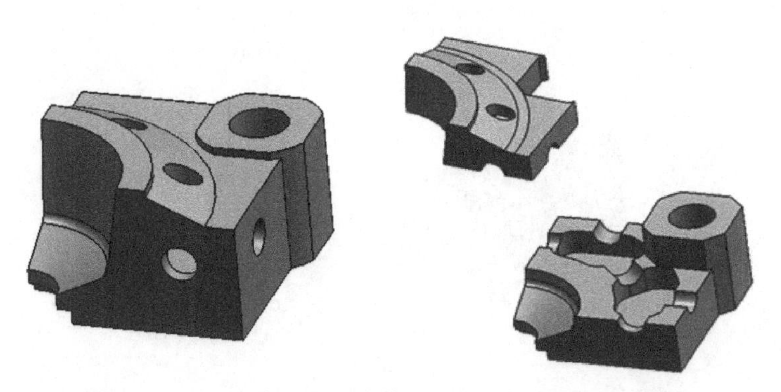

图7-2　SE160伺服节能高精型塑料注射成型机的前模板

杂，为了突出模板结构对成型精度的影响，对前模板工作情况做如下假设：

(1) 在锁模状态时，模板的受力情况最为恶劣，针对锁模工况下的前模板进行静力学分析。为了保证前模板工作时的强度和刚度，选取最小模具的锁模状态对前模板进行分析优化。

(2) 开合模时，拉杆对于模板有运动导向的重要作用，但在锁模阶段，拉杆随着前模板与动模板的锁紧而发生形变，故对模板的刚度影响较小。结构拓扑优化运算主要涉及前模板的刚度问题，在分析过程中忽略拉杆对于前模板的位移约束作用。

(3) 锁模状态下，分析重点为前模板结构对于成型精度的影响，在优化分析过程中将锁模油缸压强转换为作用在锁模油缸内壁处 Z 向位移约束。

(4) 前模板下端固定在床身上，但在工作过程中，床身对于前模板的约束作用可忽略。与锁模力相比，前模板重力可忽略不计。考虑到前模板的对称结构以及其载荷、约束的对称性，分析时选取 1/4 的前模板结构进行拓扑优化设计。

(5) 考虑到铸铁的性质，在结构拓扑优化过程中，忽略前模板的螺纹孔等小孔结构，并对前模板结构进行简化处理。

根据假设条件，对 SE160 型注塑机前模板进行建模，取 1/4 结构在 ANSYS 中进行静力学分析，如图 7－3 所示。

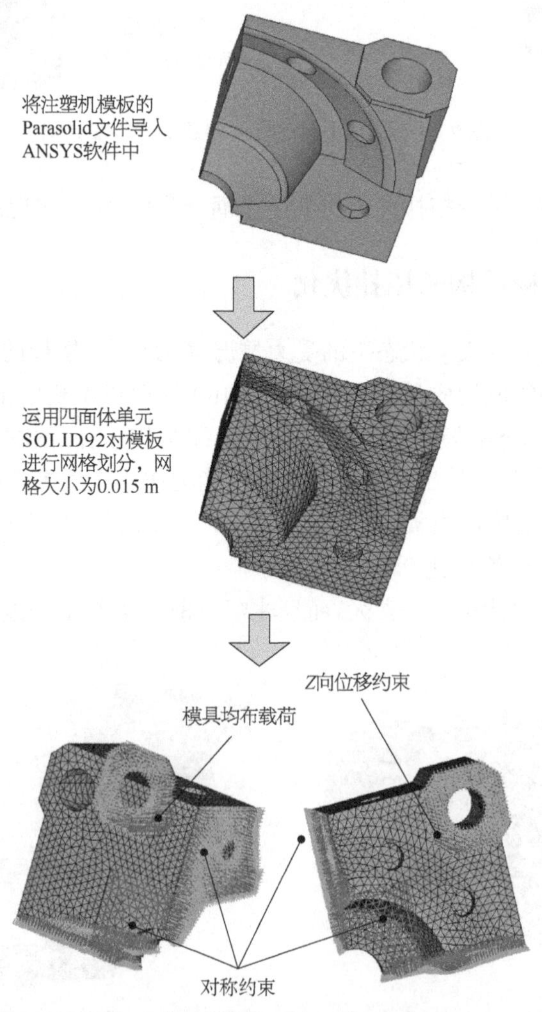

图 7－3 SE160 型注塑机前模板的 ANSYS 分析流程

前模板体积为 0.012 983 m^3，利用 ANSYS 对前模板进行静力学分析的结果如下：模板的节点最大位移为 0.186 mm，发生在模板中心注射孔附近，节点位移数值以中心向外递减，如图 7-4 所示；模板的最大应力为 324 MPa，满足模板强度要求，且最大应力分布在锁模油缸拐角处，如图 7-5 所示，这是由于对锁模油缸内部液压力的简化而引起的。

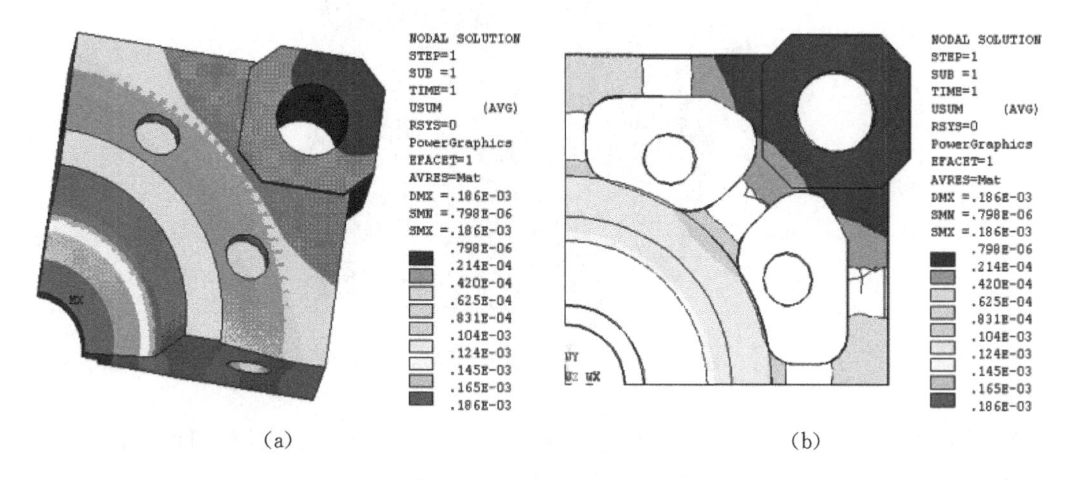

(a)　(b)

图 7-4　模板节点位移云图

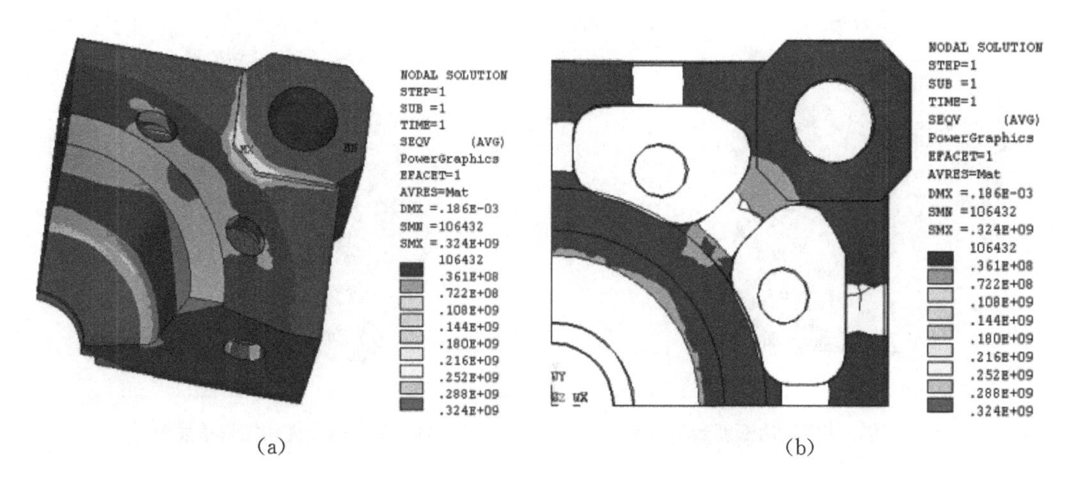

(a)　(b)

图 7-5　模板节点应变云图

注射成型装备前模板结构拓扑优化的目的在于提高前模板强度与刚度的同时，最大限度地节省材料，找出合理的加强筋结构分布。ANSYS 采用变密度法求解连续体的结构拓扑优化问题，其优化目标是在满足结构约束的情况下减小结构的变形能，提高结构刚度。

为确保前模板在注塑机上的正常工作，在优化过程中设定锁模油缸、中心注射孔结构、尺寸不改变；同时，为了保证模具的正常安装并考虑到注塑机的规格化、标准化要求，对厚度为 0.055 m 的模具安装面尺寸进行固定，不作为拓扑优化对象。

根据 ANSYS 拓扑优化设计的规定，只有 1 号单元区域可执行结构的拓扑优化计算。以 1 号单元 SOLID95 对需进行结构拓扑优化的区域进行映射网格划分，以 2 号单元 SOLID95 对非优化区域进行网格划分，网格大小为 0.02 m。网格划分结果如图 7-6 所示，其中蓝绿色网格为 1 号单元（待优化区域），紫色网格为 2 号单元（非优化区域）。

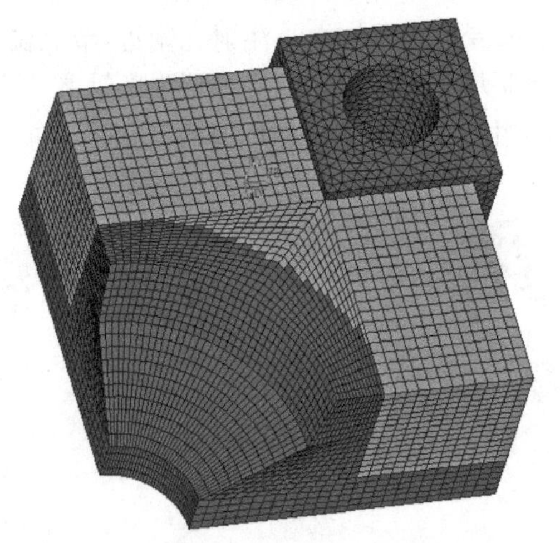

图 7－6 注塑机前模板有限元网格划分

在分别去除材料 50％、60％和 70％的情况下，经过迭代计算，得到注塑机前模板的结构拓扑优化结果如图 7－7、图 7－8 和图 7－9 所示。

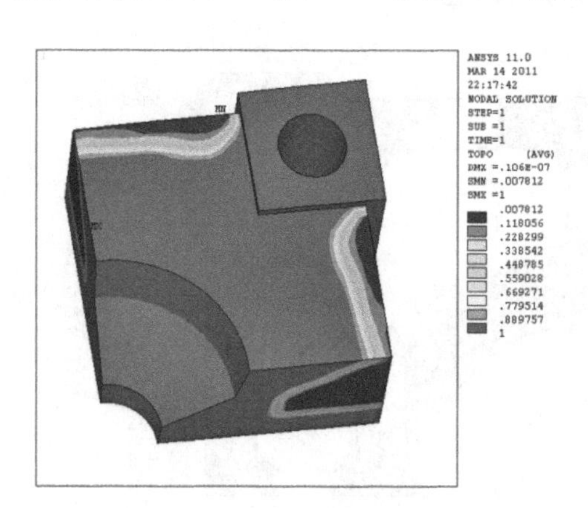

(a) 结构拓扑优化伪密度云图

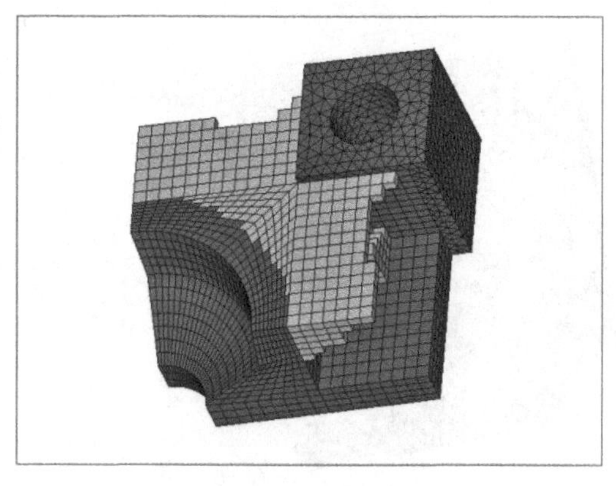

(b) 结构拓扑优化结果单元图

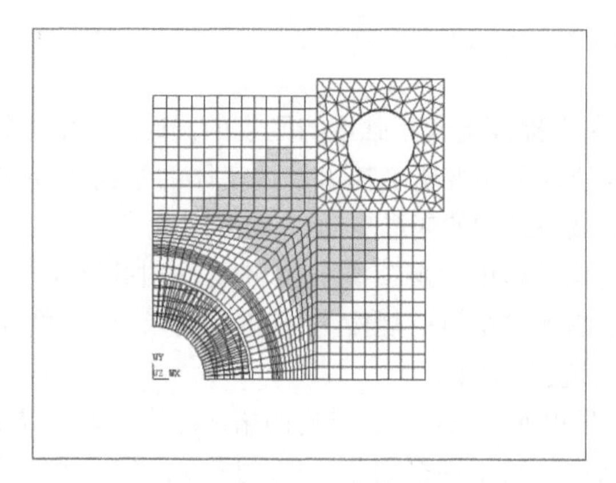

(c) 1 号单元，$Z=0.08$ 切片单元图

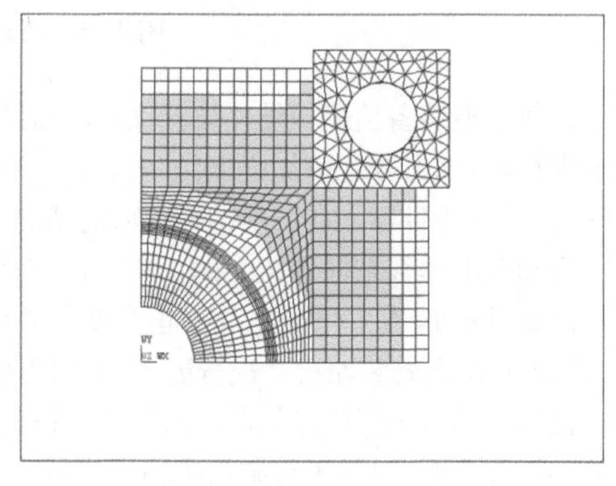

(d) 1 号单元，$Z=0.165$ 切片单元图

图 7－7 去除材料 50％情况下，前模板的拓扑优化结果

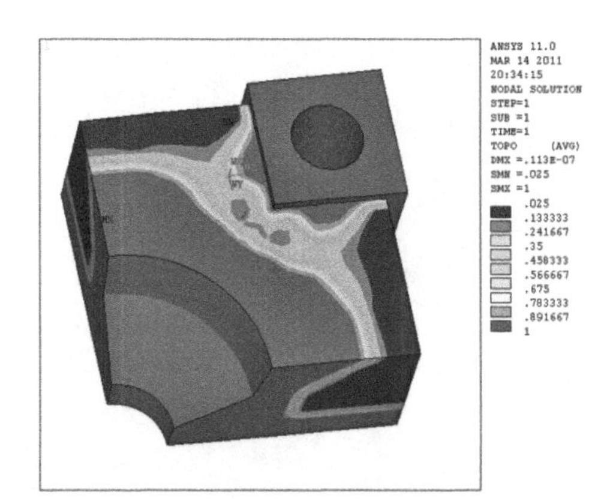

(a) 结构拓扑优化伪密度云图

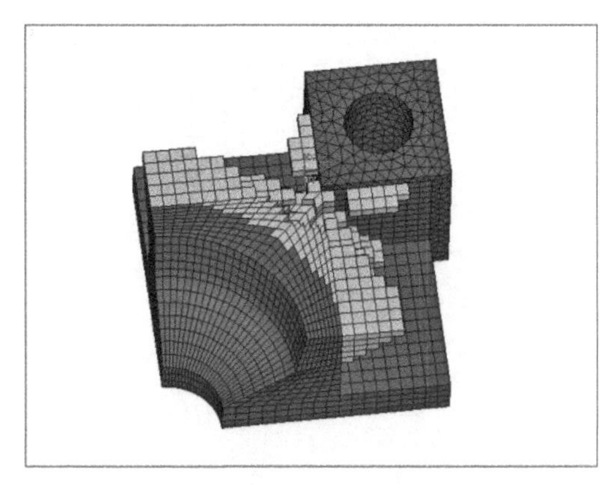

(b) 结构拓扑优化结果单元图

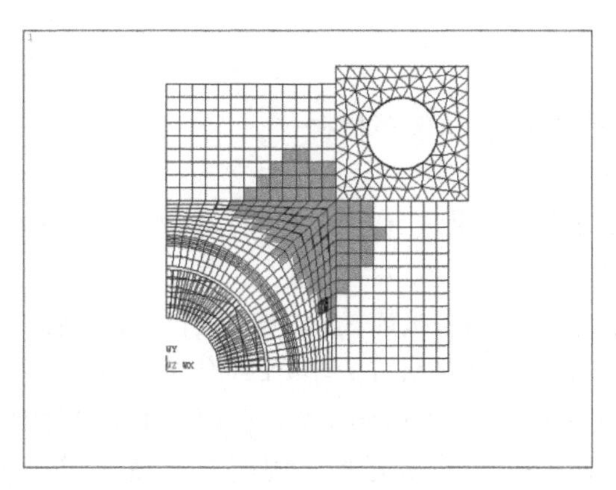

(c) 1 号单元，$Z = 0.08$ 切片单元图

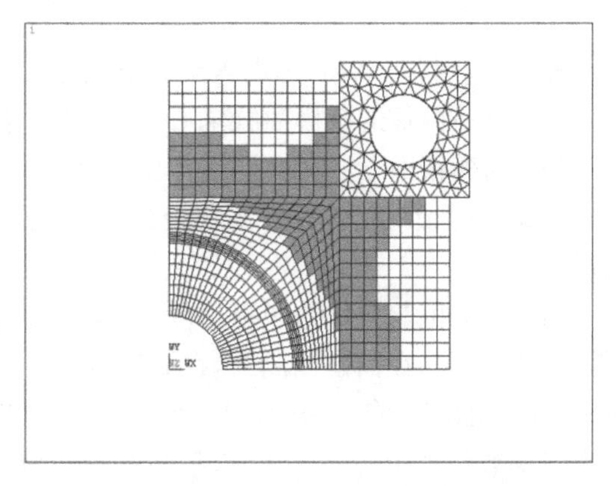

(d) 1 号单元，$Z = 0.165$ 切片单元图

图 7 - 8　去除材料 60%情况下，前模板的拓扑优化结果

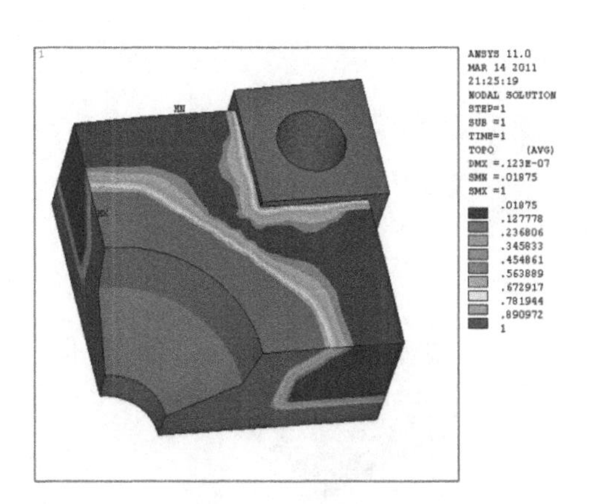

(a) 结构拓扑优化伪密度云图

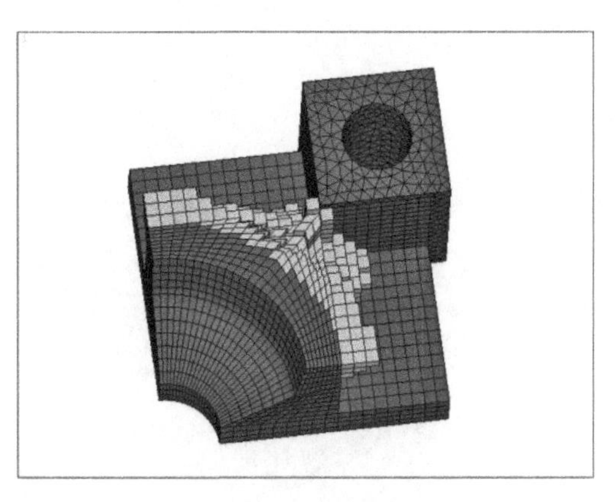

(b) 结构拓扑优化结果单元图

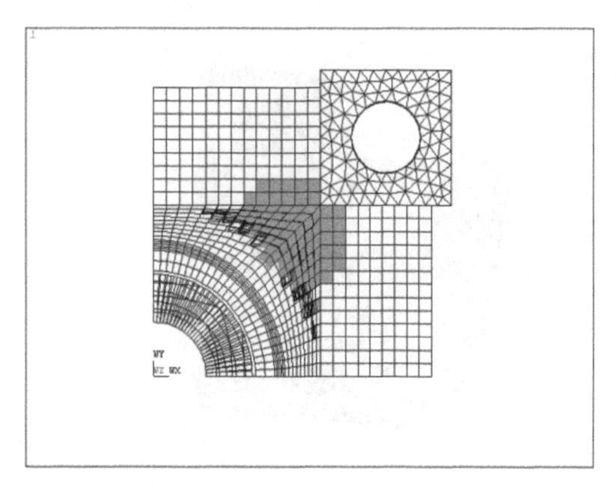

（c）1 号单元，$Z=0.08$ 切片单元图

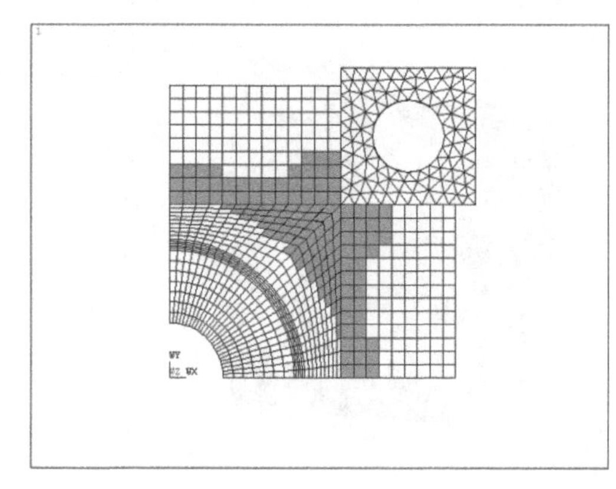

（d）1 号单元，$Z=0.165$ 切片单元图

图 7 - 9 去除材料 70%情况下，前模板的拓扑优化结果

根据拓扑优化结果，可以得到如下结论：

（1）由前模板的锁模油缸轴心，至中心注射孔之间，保留较多材料；

（2）前模板中心注射孔周围保留较多材料。

根据前模板的结构拓扑优化分析结果，通过对分析结果进行规整，可得到前模板拓扑结构改进方案。

（1）注塑机前模板结构拓扑优化方案Ⅰ 经过规整，注塑机前模板结构拓扑优化方案Ⅰ如图 7 - 10 所示。在锁模工况下，在 ANSYS 系统中对方案Ⅰ进行静力学 FEA 分析，得到形变与应力情况如图 7 - 11 和图 7 - 12 所示。节点最大位移为 0.185 mm，发生在模板中心孔附近，节点位移数值以中心向外递减；模板的最大应力为 298 MPa，满足模板强度要求，最大应力分布在锁模油缸拐角处。

注塑机前模板结构拓扑优化方案Ⅰ与优化前结构力学性能对比见表 7 - 1。

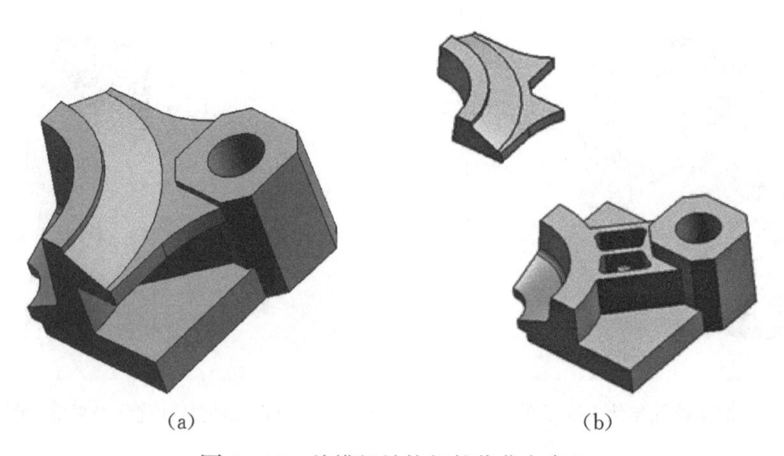

(a)　　(b)

图 7 - 10 前模板结构拓扑优化方案Ⅰ

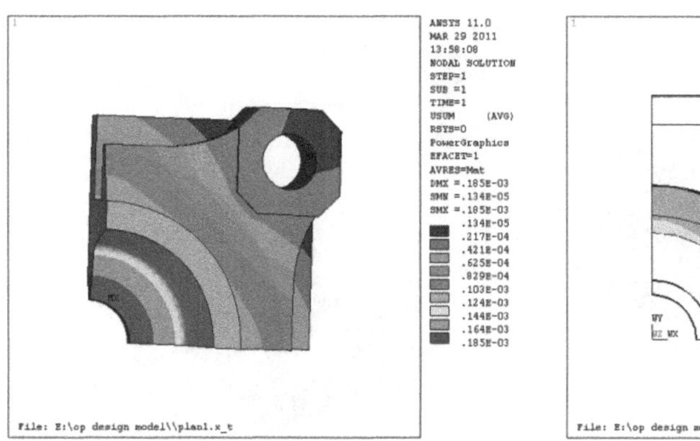

(a) 位移云图　　　(b) 位移切片云图

图 7－11　前模板结构拓扑优化方案 I 位移结果

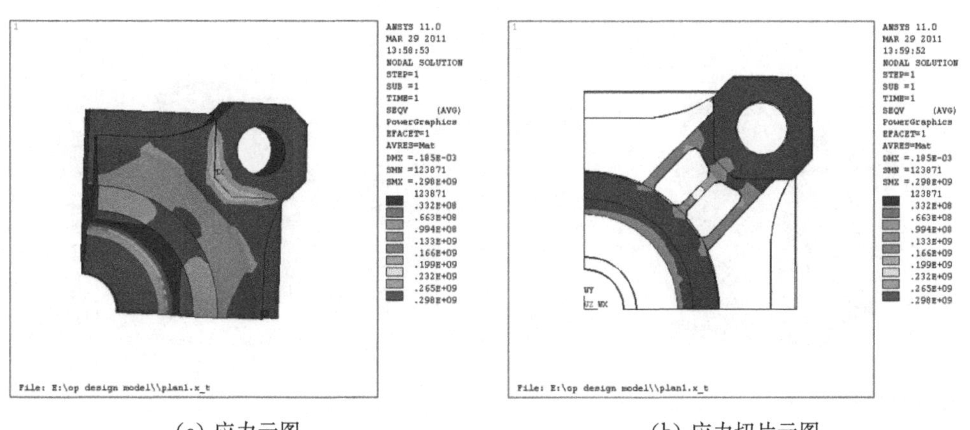

(a) 应力云图　　　(b) 应力切片云图

图 7－12　前模板结构拓扑优化方案 I 应力结果

表 7－1　方案 I 与原结构性能对比

注塑机前模板性能参数	方案 I	原结构
体积(m^3)	0.011 685，减小 10%	0.012 983
节点最大位移(mm)	0.185，减小 0.54%	0.186
局部最大应力(MPa)	298，减小 8%	324

方案 I 与原结构相比，在未增加前模板体积的情况下，节点最大位移减小 0.54%，局部最大应力减小 8%。经结构拓扑优化后，模板性能改善明显。

(2) 注塑机前模板结构拓扑优化方案 II　经过规整，注塑机前模板结构拓扑优化方案 II 如图 7－13 所示。在锁模工况下，在 ANSYS 系统中对方案 II 进行静力学 FEA 分析，得到形变与应力情况如图 7－14 和图 7－15 所示。节点最大位移为 0.184 mm，发生在模板中心孔附近，节点位移数值以中心向外递减；模板的最大应力为 256 MPa，满足模板强度要求，最大应力分布在锁模油缸拐角处。

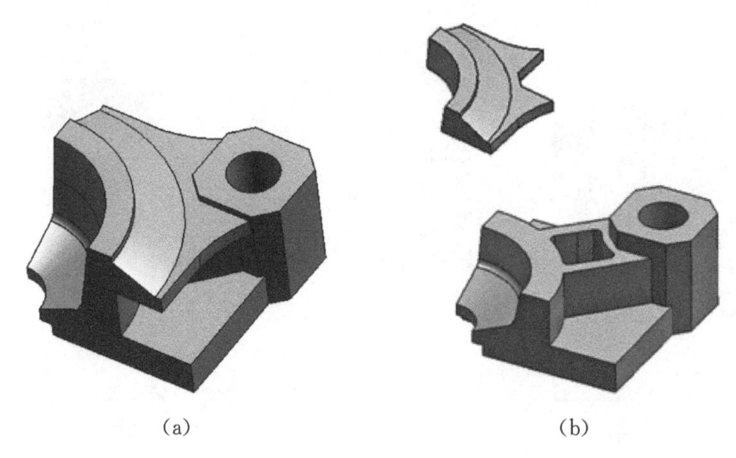

(a) (b)

图 7－13 前模板结构拓扑优化方案 II

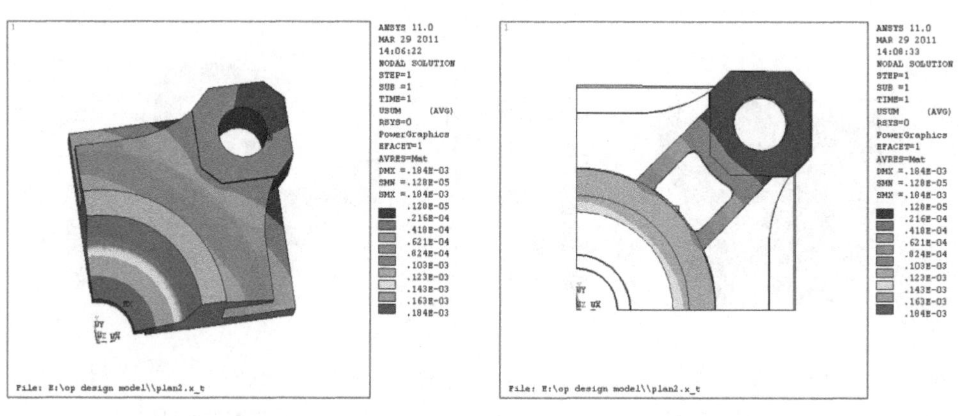

(a) 位移云图　　(b) 位移切片云图

图 7－14 前模板结构拓扑优化方案 II 位移结果

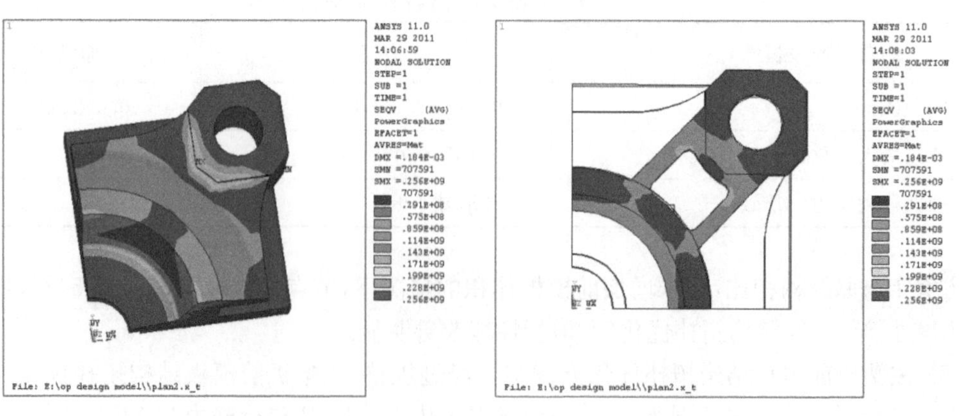

(a) 应力云图　　(b) 应力切片云图

图 7－15 前模板结构拓扑优化方案 II 应力结果

注塑机前模板结构拓扑优化方案II与优化前力学性能对比见表7-2。

表7-2　方案II与原结构性能对比

注塑机前模板性能参数	方案II	原结构
体积(m^3)	0.011 746,减小9.53%	0.012 983
节点最大位移(mm)	0.184,减小1.08%	0.186
局部最大应力(MPa)	256,减小21%	324

方案II与原结构相比,在未增加模板体积的情况下,节点最大位移减小1.08%,局部最大应力减小21%。结构拓扑优化后,模板性能得到明显改善。

以前模板结构拓扑优化方案I为例,进行结构参数双目标优化设计。设计变量为前模板的各尺寸参数。考虑到注塑机的规格化、标准化要求,以及合模系统与液压系统、注射系统之间的接口问题,对以下尺寸进行固定,不作为设计变量:前模板模具安装面长、宽、高,前模板中心注射孔结构的直径、深度,锁模油缸直径、深度以及拉杆孔直径和间距。

选取方案I结构的12个尺寸参数作为前模板参数双目标优化问题的设计变量。采用这些设计变量对方案I的前模板进行参数化建模,如图7-16所示。

设计变量可表示为12维向量:

$$\boldsymbol{X} = [D_1, D_2, D_3, H_1, H_2, H_3, R_1, R_2, R_3, R_4, X_{00}, Y_{00}]^{\mathrm{T}}$$

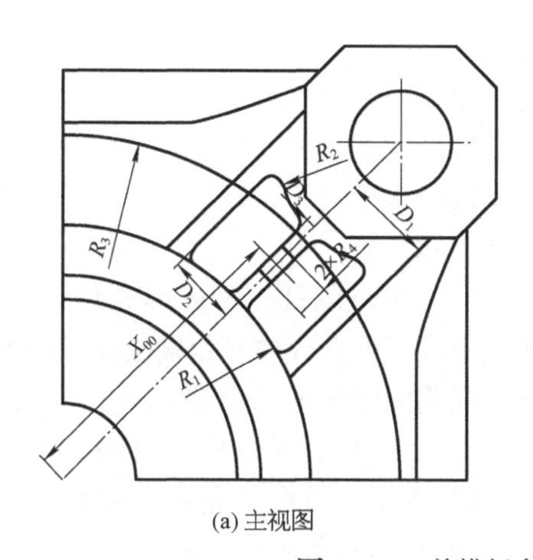

(a) 主视图

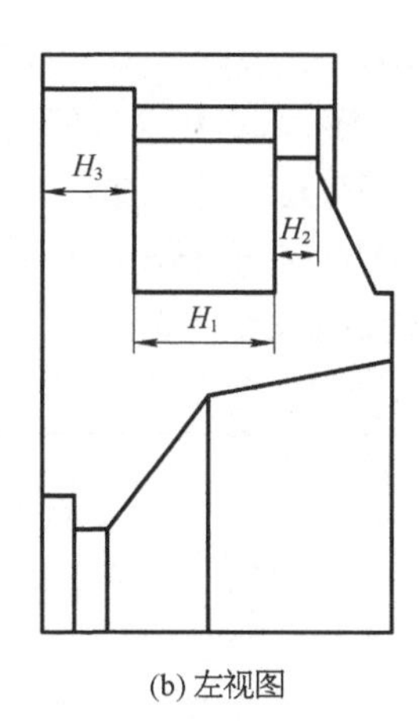

(b) 左视图

图7-16　前模板参数化建模

考虑到大型精密注塑机整体的装配要求、机器的紧凑性以及前模板各结构间不能干涉,对设计变量进行约束设定,见表7-3。前模板的框架尺寸应当符合注塑机整机安装要求,加强筋尺寸应当小于前模板框架尺寸,并且前模板各结构之间不可存在干涉。

表7-3　注塑机前模板的设计变量

参数当前值	优化下限	优化上限
$D_1 = 0.07$	0.05	0.085
$D_2 = 0.055$	0.02	0.07

（续表）

参数当前值	优化下限	优化上限
$D_3 = 0.0075$	0.0	0.015
$H_1 = 0.085$	0.06	0.15
$H_2 = 0.025$	0.01	0.05
$H_3 = 0.055$	0.05	0.08
$R_1 = 0.2$	0.16	0.22
$R_2 = 0.1$	0.09	0.115
$R_3 = 0.27$	0.26	0.28
$R_4 = 0.0125$	0.01	0.015
$X_{00} = 0.24$	0.22	0.26
$Y_{00} = 0.105$	0.08	0.12

综上，对注塑机前模板结构参数双目标优化问题进行数学建模如下：

$$\text{find}\boldsymbol{X} = [D_1,\ D_2,\ D_3,\ H_1,\ H_2,\ H_3,\ R_1,\ R_2,\ R_3,\ R_4,\ X_{00},\ Y_{00}]^{\mathrm{T}}$$

$$\min f(x) = (f_1(x),\ f_2(x)),$$

$$\begin{aligned}\text{s. t. } & 0.05 \leqslant D_1 \leqslant 0.085,\ 0.02 \leqslant D_2 \leqslant 0.7,\\ & 0.0 \leqslant D_3 \leqslant 0.015,\ 0.06 \leqslant H_1 \leqslant 0.15,\\ & 0.01 \leqslant H_2 \leqslant 0.05,\ 0.05 \leqslant H_3 \leqslant 0.08,\\ & 0.16 \leqslant R_1 \leqslant 0.22,\ 0.09 \leqslant R_2 \leqslant 0.115,\\ & 0.26 \leqslant R_3 \leqslant 0.28,\ 0.01 \leqslant R_4 \leqslant 0.015,\\ & 0.22 \leqslant X_{00} \leqslant 0.26,\ 0.08 \leqslant Y_{00} \leqslant 0.12,\end{aligned}$$

在 iSIGHT 系统中，迭代分析 400 次（种群个数×循环代数）后，输出注塑机前模板双目标优化问题的 Pareto 图，如图 7－17 所示。

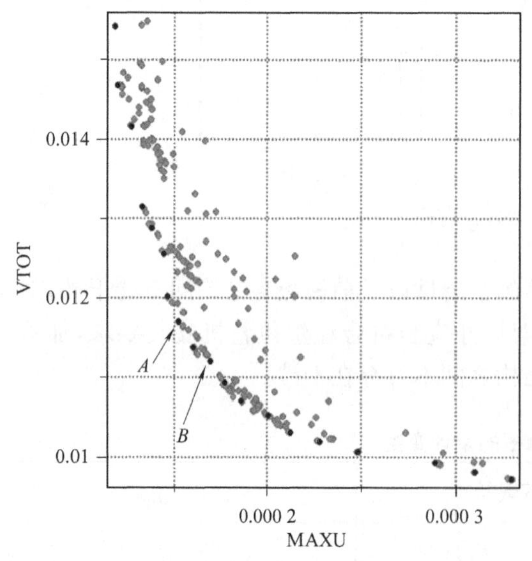

图 7－17 注塑机前模板的双目标优化问题的 Pareto 图

纵坐标 VTOT 为模板体积值，横坐标 MAXU 为模板节点最大位移。图中深色圆点的集合表示前模板双目标优化问题的 Pareto 最优解集，显示了前模板最大形变与体积的反相关系：随着模板体积增大，前模板的最大形变越来越小；前模板体积的减小以增大其最大形变为代价。因此，优化结果的最终决策取决于设计者明确的设计目标和设计偏好。图 7－17 中的 A、B 两点所对应的前模板优化方案具有代表意义：

A 点：模板体积 VTOT 与优化前的结构原型相等。

B 点：模板最大位移 MAXU 与优化前的结构原型相等。

选取 *A* 点与 *B* 点所对应的典型优化方案进行讨论。

(1) 优化方案 A——模板体积不改变　选取图 7 - 17 中 *A* 点圆整后的尺寸参数作为注塑机前模板参数优化方案 *A*，与结构原型的参数对比，见表 7 - 4。方案 A 的模板结构与结构原型对比，如图 7 - 18 所示。优化后的模板主体结构的长、宽尺寸不变，厚度略有减小；主视图中，内部加强筋的分布更加集中，尺寸有相应改变。

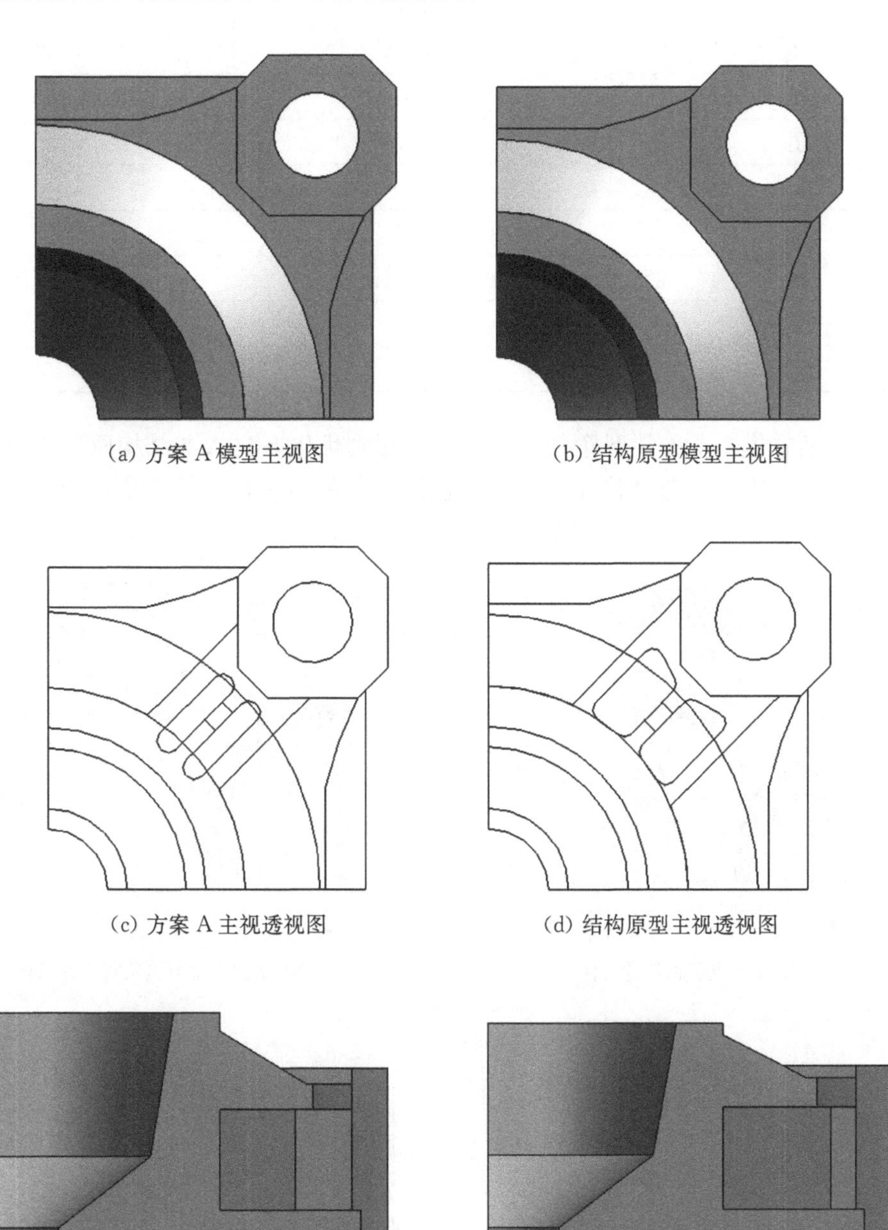

(a) 方案 A 模型主视图　(b) 结构原型模型主视图

(c) 方案 A 主视透视图　(d) 结构原型主视透视图

(e) 方案 A 左视图　(f) 结构原型左视图

图 7 - 18　方案 A 与原型的结构对比

表 7-4　方案 A 与结构原型尺寸参数对比

注塑机前模板结构参数(m)	方案 A	结构原型
D_1	0.052	0.07
D_2	0.036	0.055
D_3	0.007	0.007 5
H_1	0.086	0.085
H_2	0.020 8	0.025
H_3	0.054	0.055
R_1	0.177	0.2
R_2	0.099	0.1
R_3	0.275	0.27
R_4	0.012 5	0.012 5
X_{00}	0.244	0.24
Y_{00}	0.094	0.105

经过注塑机锁模工况条件下静力学性能分析，得到优化方案 A 与结构原型的结果对比如图 7-19、表 7-5 所示。与结构原型相比，优化方案 A 的体积保持不变；节点最大位移为

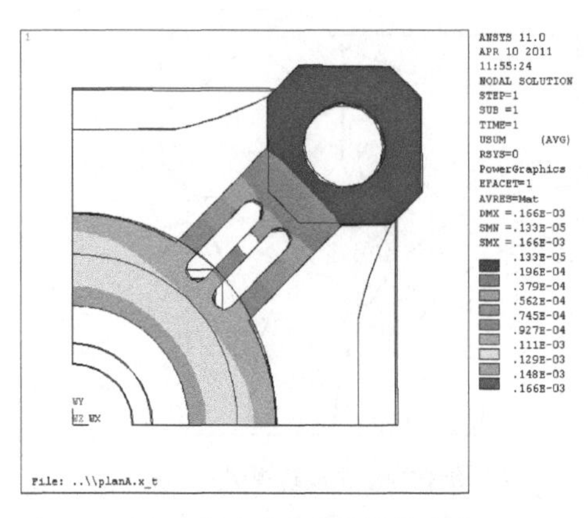

(a) 方案 A 节点位移切片云图

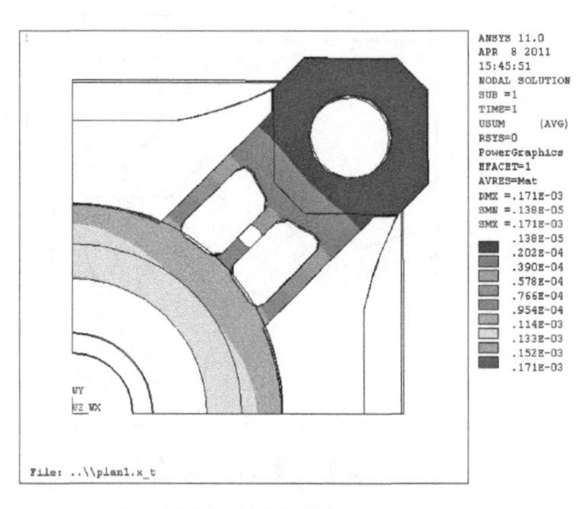

(b) 结构原型节点位移切片云图

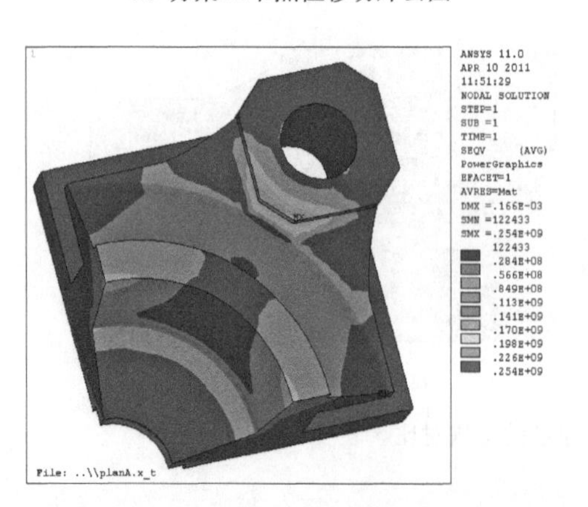

(c) 方案 A 应力云图

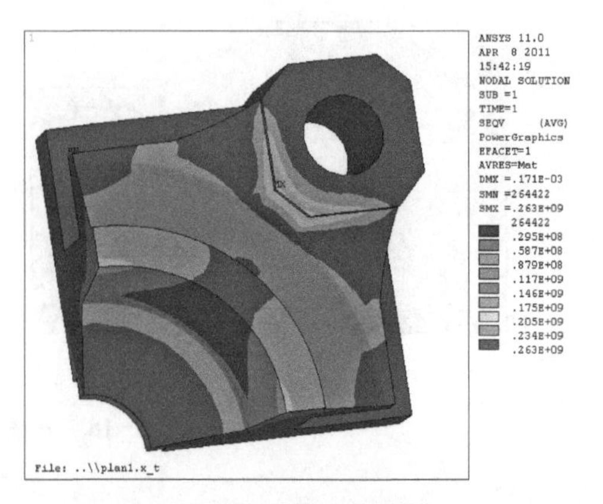

(d) 结构原型应力云图

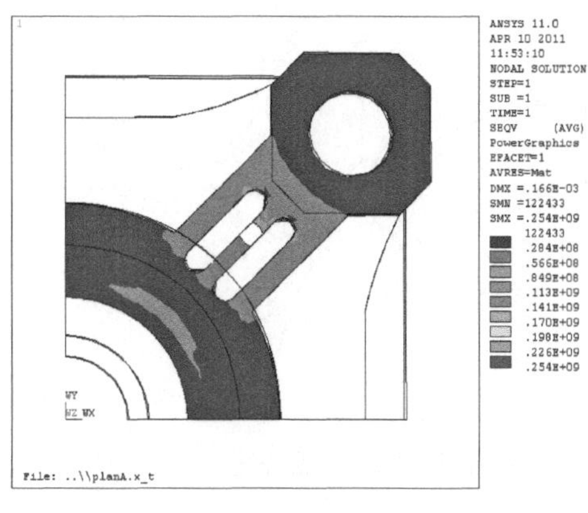

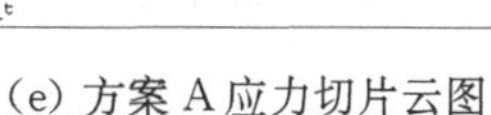
(e) 方案A应力切片云图

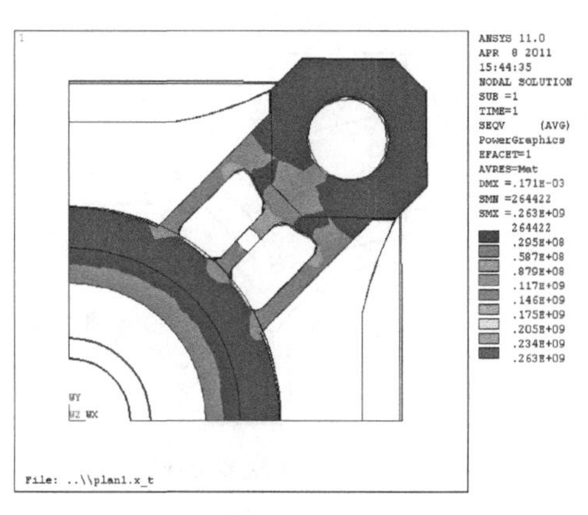

(f) 结构原型应力切片云图

图7-19　方案A与结构原型性能分析对比

表7-5　方案A与结构原型性能对比

注塑机模板性能参数	方案A	结构原型
体积(m^3)	0.011 87	0.011 87
节点最大位移(mm)	0.166,下降2.9%	0.171
局部最大应力(MPa)	254	263

0.166 mm,减小了2.9%;模板局部最大应力也有减小。

结论:在不增加模板体积的前提下,优化后的结构在锁模状态下的形变小幅度降低,因此能够提高注塑成型精度。

(2) 优化方案B——模板节点最大位移不变　选取图7-17中B点圆整后的尺寸参数作为注塑机模板参数优化方案B,与结构原型的参数对比见表7-6。方案B的注塑机模板结构与结构原型对比如图7-20所示。优化后的模板主体结构的长、宽尺寸不变,厚度略有减小;主视图中,内部加强筋的分布更加集中,尺寸有相应改变。

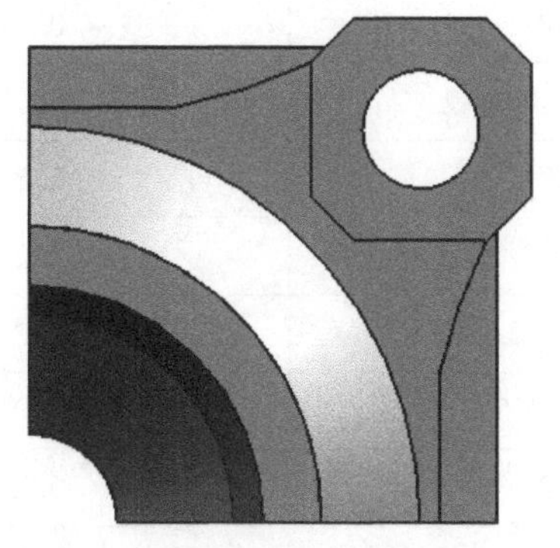
(a) 方案B模型主视图

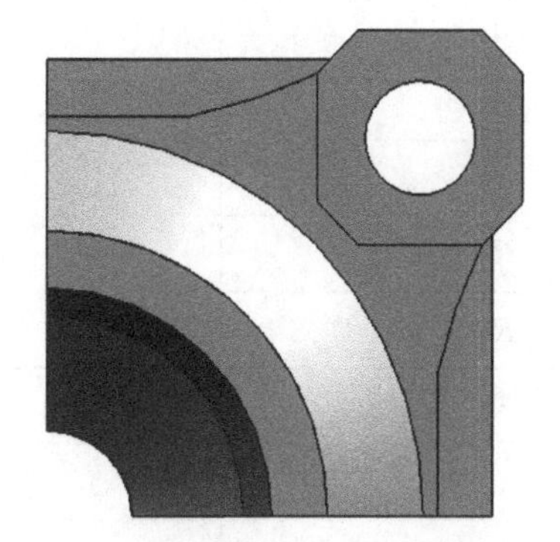
(b) 结构原型模型主视图

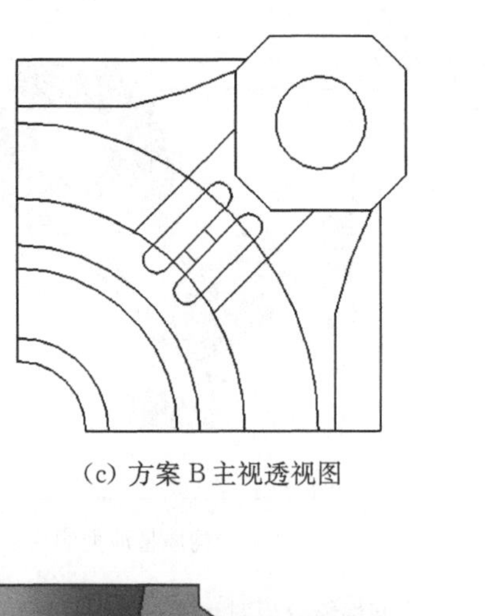

(c) 方案 B 主视透视图

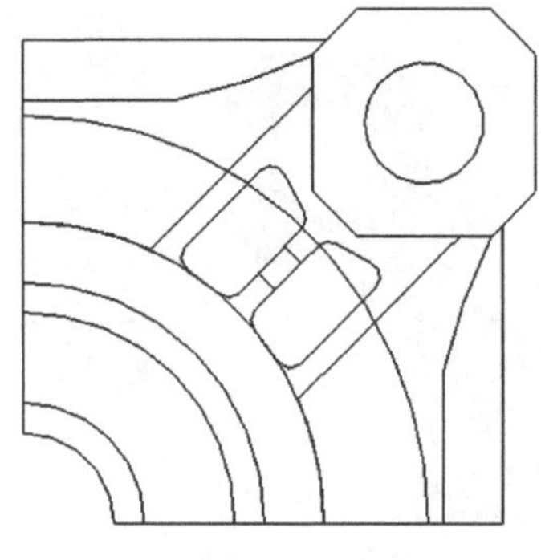

(d) 结构原型主视透视图

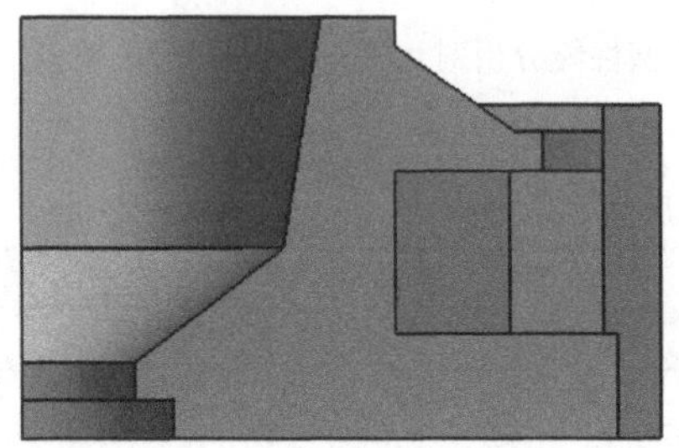

(e) 方案 B 左视图

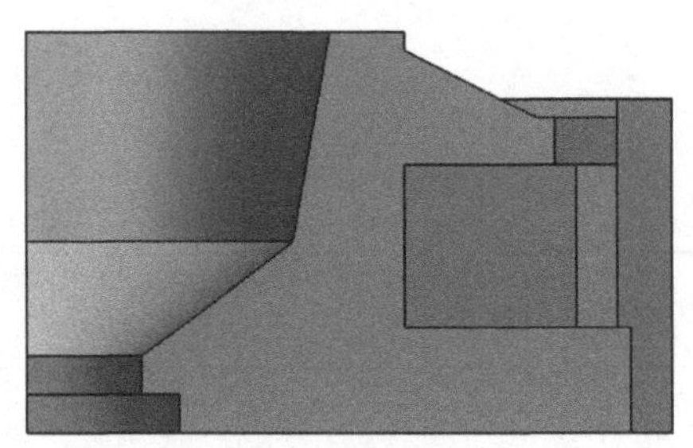

(f) 结构原型左视图

图 7-20 方案 B 与原型的结构对比

表 7-6 方案 B 与结构原型尺寸参数对比

注塑机模板结构参数(m)	方案 B	结构原型
D_1	0.05	0.07
D_2	0.035	0.055
D_3	0.007 5	0.007 5
H_1	0.086	0.085
H_2	0.021	0.025
H_3	0.054	0.055
R_1	0.179	0.2
R_2	0.099	0.1
R_3	0.265	0.27
R_4	0.012 8	0.012 5
X_{00}	0.226 3	0.24
Y_{00}	0.094	0.105

经过注塑机锁模工况条件下静力学性能分析，得到优化方案B与结构原型的结果对比如图7-21、表7-7所示。与结构原型相比，优化方案B的节点最大位移保持不变；体积为0.011 75 m^3，减小了1.01%；模板局部最大应力也有减小。

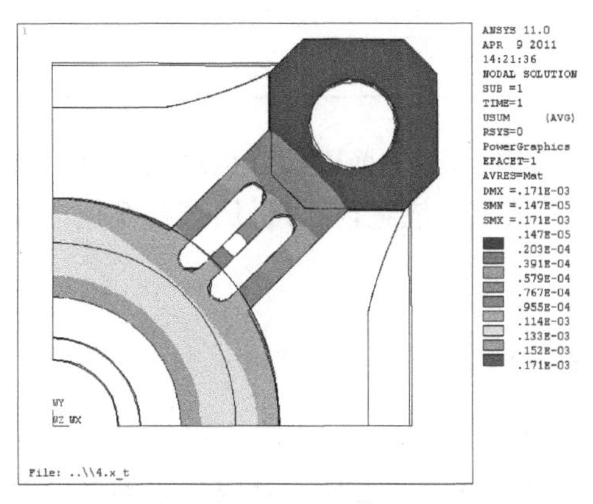

(a) 方案B节点位移切片云图

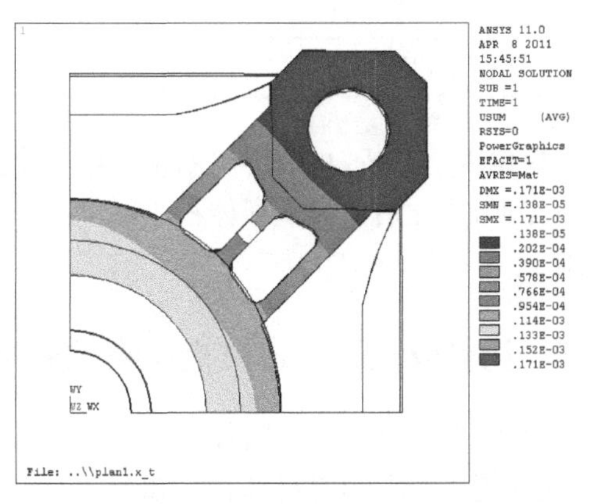

(b) 结构原型节点位移切片云图

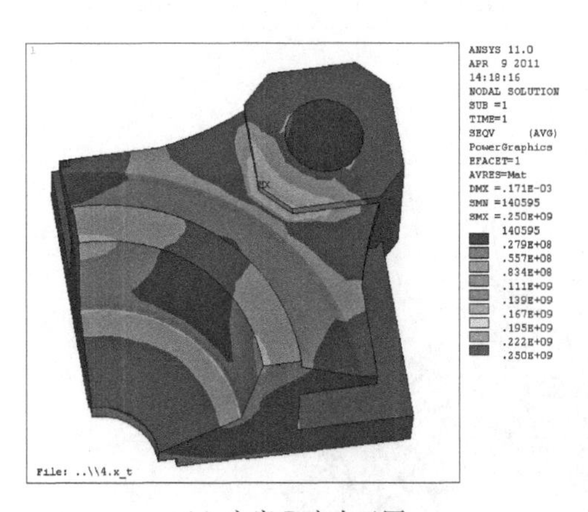

(c) 方案B应力云图

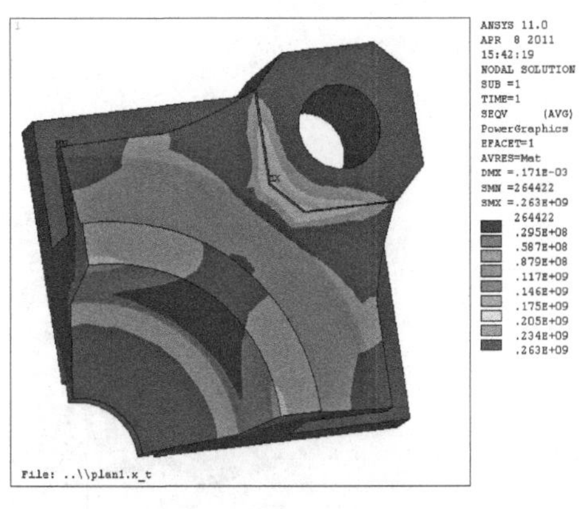

(d) 结构原型应力云图

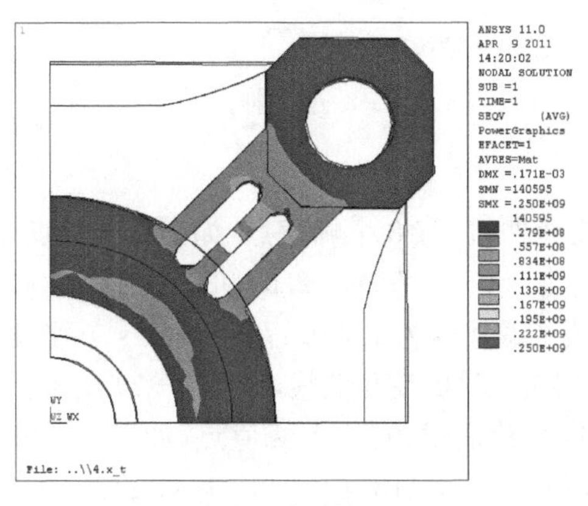

(e) 方案B应力切片云图

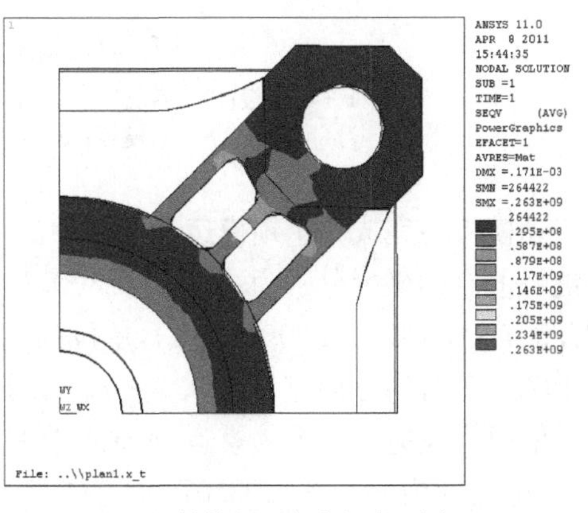

(f) 结构原型应力切片云图

图7-21 方案B与结构原型性能分析对比

表 7-7 方案 B 与结构原型性能对比表

注塑机模板性能参数	方案 B	结构原型
体积(m^3)	0.011 75,减小 1.01%	0.011 87
节点最大位移(mm)	0.171	0.171
局部最大应力(MPa)	250	263

根据以上分析,可以得出结论:与参数优化前的结构相比,在前模板节点最大位移不增加的情况下,优化后的前模板体积小幅度减小,可节约模板加工成本;应力仍然符合模板的强度要求。

7.3 注射成型装备合模机构刚柔耦合动力学分析

双曲肘连杆式合模装置的数字样机由油缸、后模板、后支座、后肘杆、十字头、连杆、前肘杆、前支座、动模板和拉杆组成,如图 7-22 所示。数字式双曲肘连杆式合模装置的运动及动力模型包括动模板行程、锁模油缸行程、动模板移动速度、力的放大倍数、系统刚度、锁模力以及锁模油缸推力。根据各构件之间的约束关系,系统模型由 41 个构件和 28 个铰链组成。

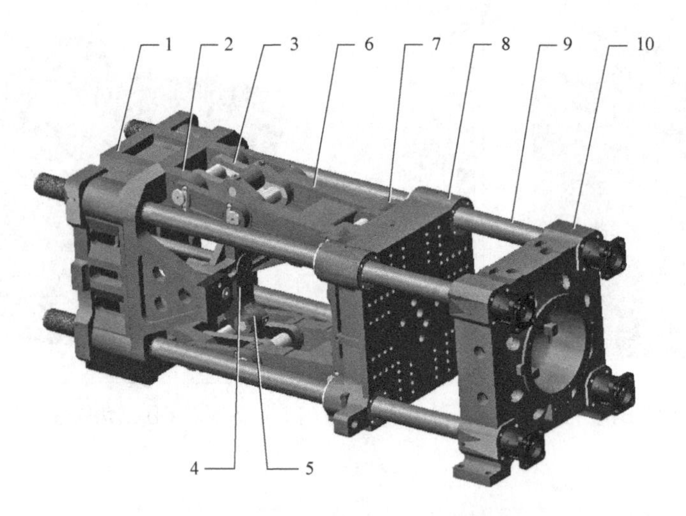

图 7-22 数字式双曲肘合模机构结构图

1—后模板;2—后支座;3—后肘杆;4—十字头;5—连杆;6—前肘杆;
7—前支座;8—动模板;9—拉杆;10—头板

动模板在完成一个锁模运动周期中的加速度变化曲线,有 8 个峰值点,如图 7-23 所示,关键峰值点的坐标分别为:(2.2, 1 300.170 4),(2.4, 525.557 3),(2.6, 922.304 5),(4.6, 525.557 3),(4.8, 1 300.170 4),单位为 mm。曲线的最大值为 1 300.170 4(mm/s^2),平均值为 192.037 8,均方根值为 413.453 7。动模板与十字头位移的变化曲线,如图 7-24 所示。

前肘杆在完成一个锁模运动周期中的角加速度变化曲线,有 6 个峰值点,如图 7-25 所示,坐标分别为:(2.0, 103.071 1),(2.2, 69.418 1),(2.6, 118.435 2),(4.4, 118.435 2),(4.8, 69.418 1),(5.0, 103.071 1)。曲线的最大值为 118.435 2($°/s^2$),平均值为 20.764 2,均方根值为 42.280 8。

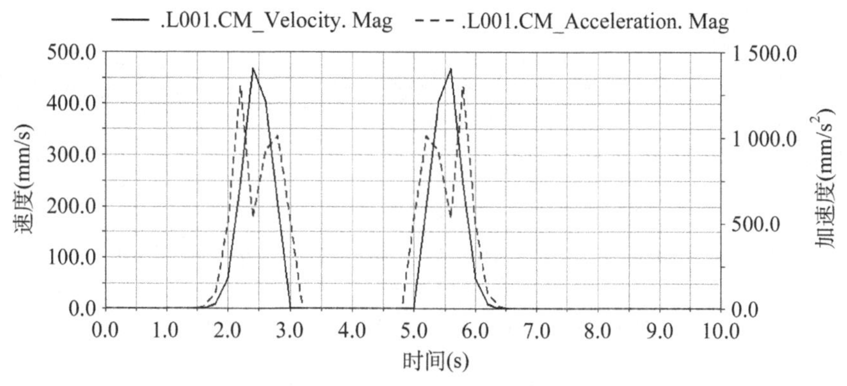

图 7-23　动模板速度和加速度变化曲线

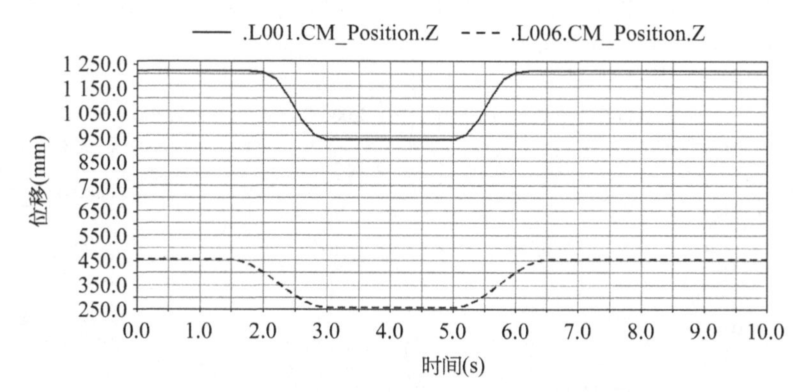

图 7-24　动模板位移与十字头位移的变化曲线

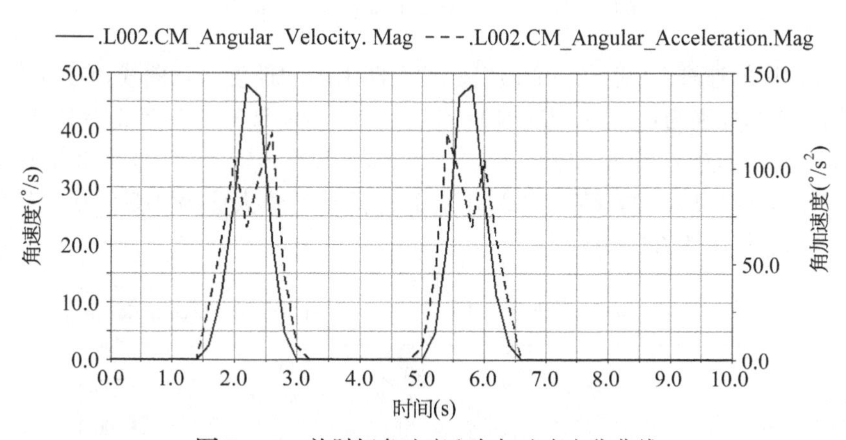

图 7-25　前肘杆角速度和角加速度变化曲线

后肘杆在完成一个锁模运动周期中的角加速度变化曲线，有 10 个峰值点，如图 7-26 所示，坐标分别为：(2.0，185.052 3)，(2.2，189.034 3)，(2.4，24.653 5)，(2.6，190.964)，(2.8，201.522 9)，(4.2，201.522 9)，(4.4，190.964)，(4.6，24.653 5)，(4.8，189.034 3)，(5.0，185.052 3)。曲线的最大值为 201.522 9(°/s²)，平均值为 41.486 2，均方根值为 82.623 7。

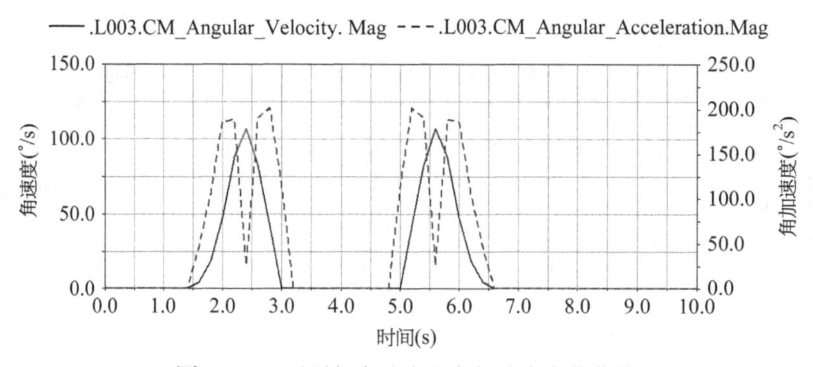

图 7-26 后肘杆角速度和角加速度变化曲线

十字头在完成一个锁模运动周期中的加速度变化曲线，有 6 个峰值点，如图 7-27 所示，坐标分别为：(1.6，462.222 2)，(2.2，34.555 6)，(2.8，391.111 1)，(4.2，391.111 1)，(4.8，34.555 6)，(5.4，462.222 2)，单位为 mm。曲线的最大值为 462.222 2(mm/s^2)，平均值为 78.779 8，均方根值为 159.203 7。

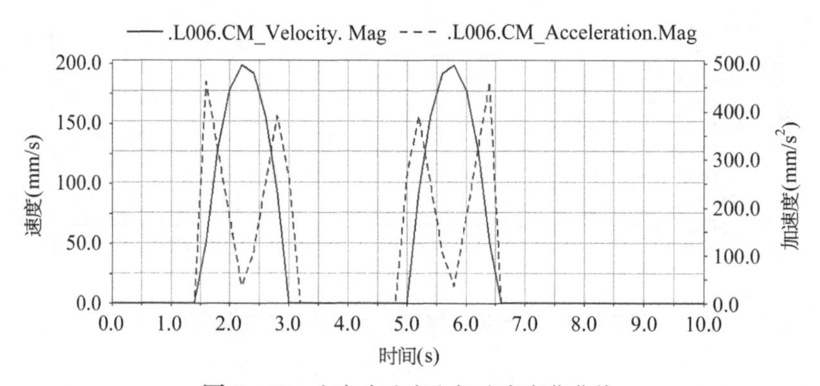

图 7-27 十字头速度和加速度变化曲线

与十字头铰接的连杆，在完成一个锁模运动周期中的加速度变化曲线，有 10 个峰值点，如图 7-28 所示，坐标分别为：(1.6，229.403 1)，(2.0，176.193 4)，(2.2，74.656 2)，(2.6，273.100 1)，(2.2，2.057 5E-013)，(3.8，2.057 5E-013)，(4.4，273.100 1)，(4.8，74.656 2)，(5.0，176.193 4)，(5.4，229.403 1)。曲线的最大值为 273.100 1(°/s^2)，平均值为 273.100 1，均方根值为 273.100 1。

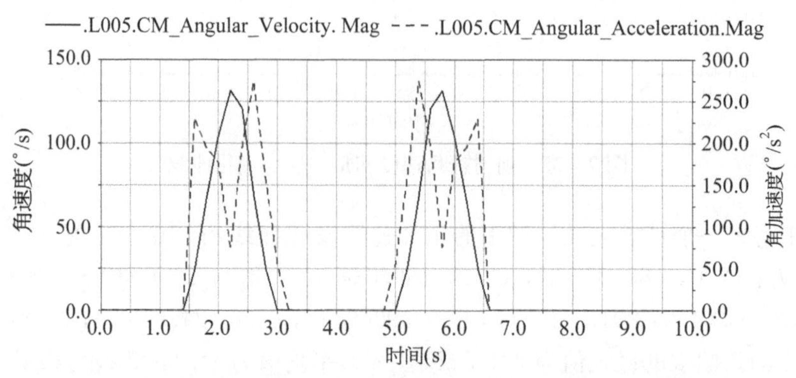

图 7-28 十字头连杆角速度和加速度变化曲线

目前，双曲肘连杆式合模装置的数字样机广泛采用多刚体动力学系统，没有考虑启闭模运动中关键结构的弹性变形，难以解释锁模机构运动过程中复杂的动态特性。因此，在曲肘连杆式合模装置数字样机的基础上，柔性化处理十字头连杆、前肘杆、销轴等关键零部件，得到双曲肘连杆式合模装置的刚柔耦合模型，如图 7-29 所示。双曲肘连杆式合模装置的刚柔耦合动力学分析中，与液压油缸相连的十字头在启动过程中的峰值点坐标为(0.172, 3.9947×10^{-7})，同时，由曲肘连杆机构带动的动模板，在启动过程中的峰值点坐标为(0.928, 4.4137×10^{-6})，如图 7-30 所示。通过刚柔耦合模型可以获得双曲肘连杆式合模装置多体系统的动态应力分布情况，从而把握工况中的最大应力区域，如图 7-31 所示。

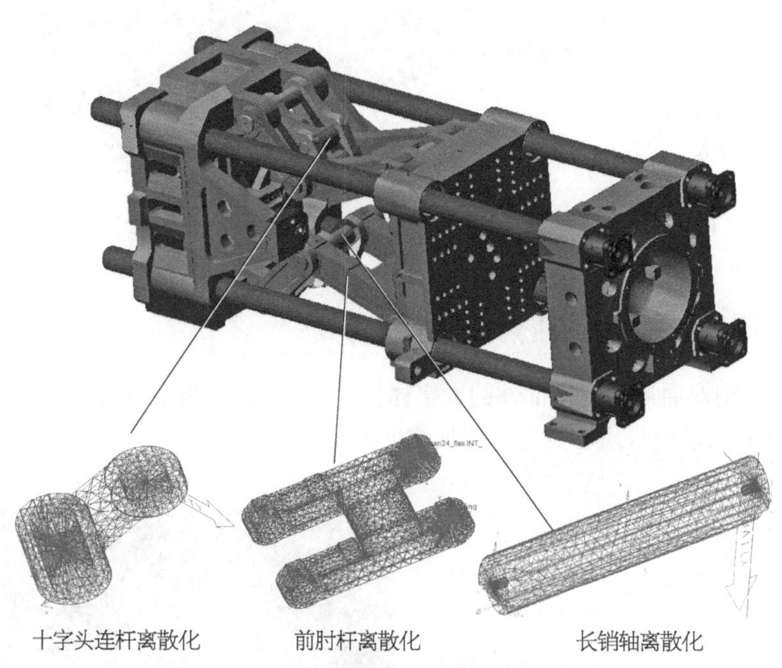

图 7-29　双曲肘连杆式合模装置的刚柔耦合模型

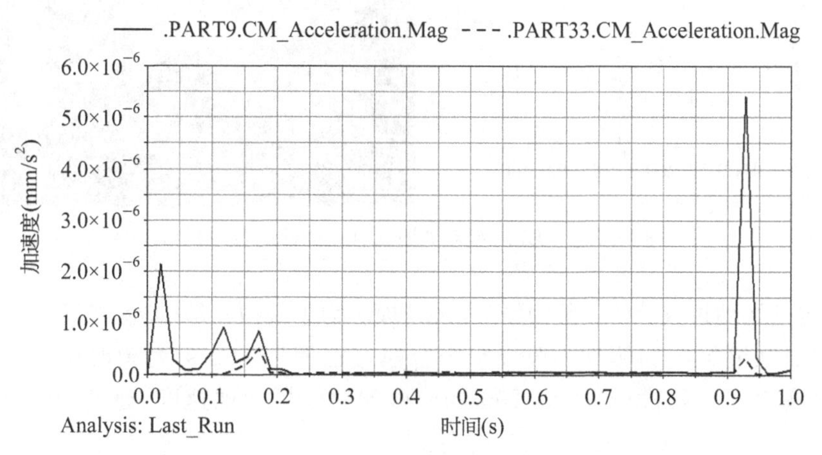

图 7-30　动模板和十字头连杆启动过程中的加速度

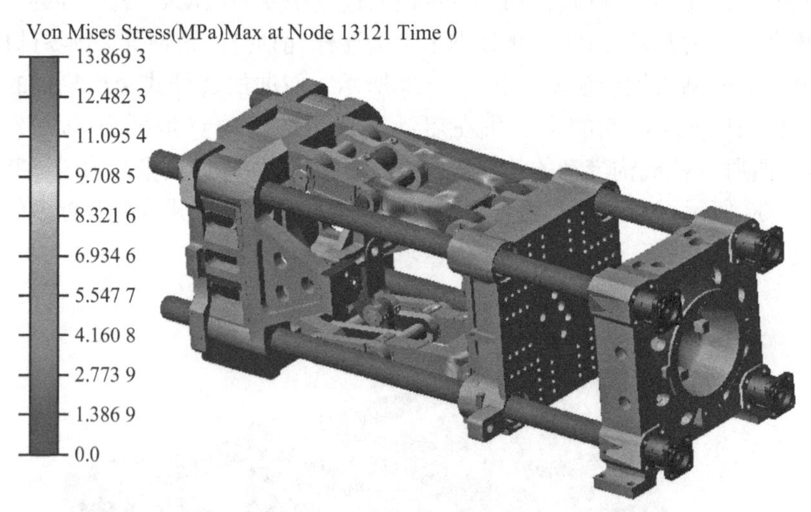

图 7-31 双曲肘连杆式合模装置的刚柔耦合模型动态应力分布

7.4 注射成型装备机械-液压耦合的多场仿真

构建 SE160 型双曲肘式合模部件的数字样机，图 7-32 中四条曲线分别为十字头质心的速度和加速度曲线、动模板质心的速度和加速度曲线。

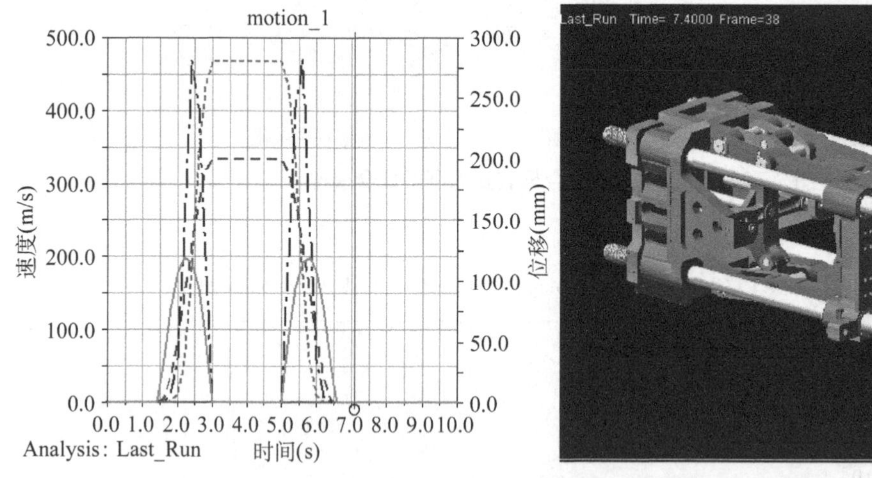

图 7-32 SE160 型双曲肘式合模部件的数字样机

合模装置的运动过程分为合模、锁模以及开模。为了模拟一般的合模过程，设定头板相对地面固定，只对动模板施加驱动。假设整个合模过程周期为 5 s，合模时间、开模时间各为 1.5 s，锁模时间为 2 s，移模行程为 1 200 mm，得到动模板的加速度、速度和位移曲线，如图 7-33 所示。

利用 ADAMS/Hydraulics 液压传动模块，建立驱动源来自液压动力的合模装置。液压传动模块可以模拟出液压传动回路中液压控制元件的控制方案与整个系统之间的动力关系。液

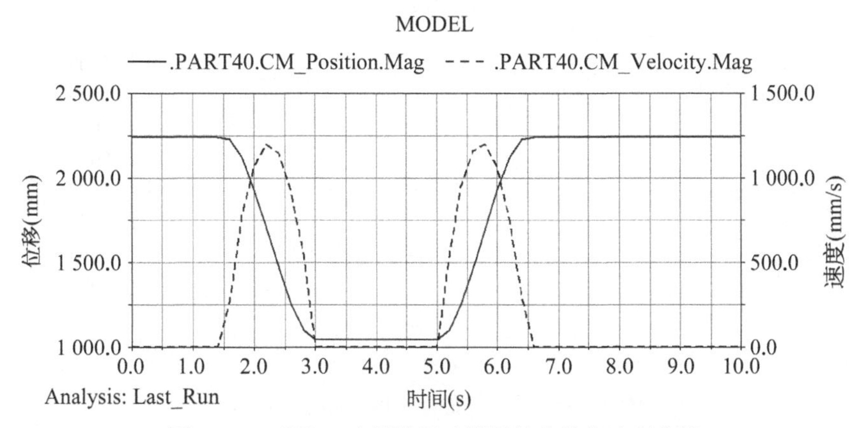

图 7－33 SE160 合模装置动模板的位移和速度曲线

压回路是在已有模型的基础上添加液压传动回路，并通过液压传动回路中执行元件(液压缸和液压马达)，将液压系统的作用力传递到模型中。SE160 型合模装置液压系统如图 7－34 所示。

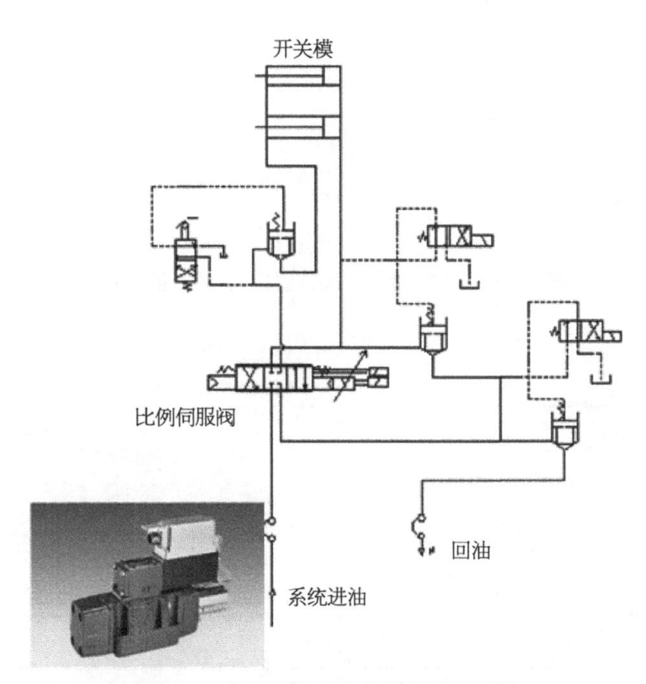

图 7－34 SE160 型合模装置液压系统

在创建液压缸的过程中，IMarker 和 JMarker 分别对应移动副中的 Marker_101 和 Marker_102，这两个坐标系分别位于动模板和头板的构件上。以 5.5 s 为一个周期，进行仿真计算，得到液压缸的受力曲线和速度曲线，如图 7－35 所示。

创建耦合设计变量 XA_Pressure，定义稳压阀的 XA Pressure Area Ratio 为设计变量，可以得到稳压阀在 5 次试验中的最大相对位移曲线，如图 7－36、图 7－37 所示。

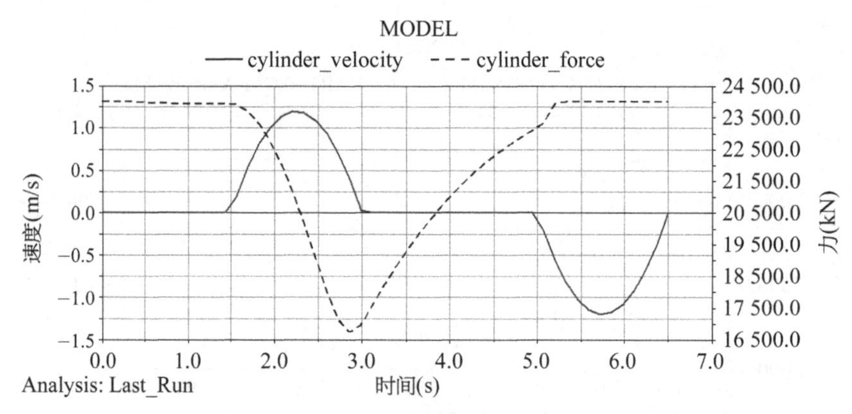

图 7－35　液压缸的受力曲线和速度曲线

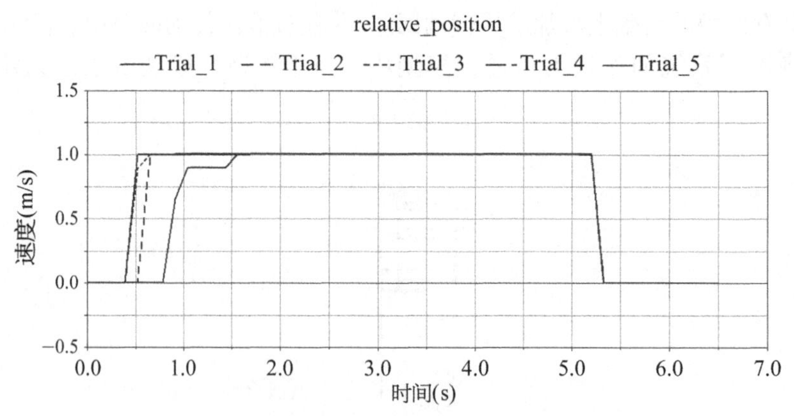

图 7－36　稳压阀在 5 次试验中的相对速度曲线

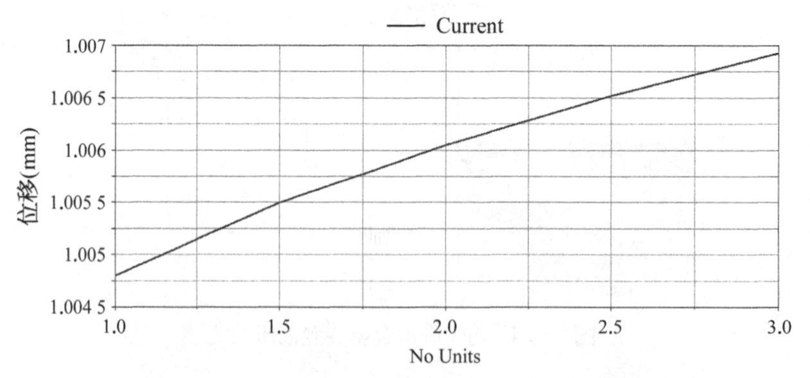

图 7－37　稳压阀在 5 次试验中的最大相对位移曲线

第8章

电磁-机械耦合的动力学问题与应用

◎ **学习成果达成要求**

以低压断路器为电磁-机械耦合动力学问题的典型应用案例，学习电磁-机械耦合系统的动力学仿真和参数检测。

学生应达成的能力要求包括：

1. 能够通过典型应用案例，了解低压断路器的工作原理和数学模型；
2. 能够初步分析电磁-机械耦合动力学问题。

低压断路器零件众多，装配复杂，设计涉及多体动力学、电磁学、电热学、热力学、材料热变形、电接触学等多领域知识，计算分析困难。本章以塑料外壳式低压断路器为例，基于多体动力学的电磁-机械耦合建模与智能化多体动力学仿真分析，实现对电磁-机械耦合产品详细仿真分析和优化设计。同时，阐述仿真模型的建立、仿真任务的分配、产品重要参数的测试、产品多种工况分析以及模型的优化设计。

8.1 研究背景

现代复杂机械产品中包含大量的子系统，机械系统与电系统间存在复杂耦合关系，在对这些产品进行设计开发及性能仿真分析时，电磁场分析是关键的仿真手段。针对分析对象与分析类型的不同，电磁场分析包括静态磁场分析、谐波(交流)磁场分析、瞬态磁场分析、电流传导分析、静电场分析、电路分析、场耦合分析等。

在低压电器分断过程的电磁-机械耦合问题分析中，用于瞬态电磁场求解的短路分断电流是时变电流，且由于分断时，触头周围会产生高温、高亮的电弧，其产生至熄灭的机理复杂。因此，目前相关设计开发工作中，仍较多地依靠物理样机测试来获取分断电流，但制造物理样机进行测试成本高且效率低，特别是对产品进行设计优化时，由于物理样机变更困难，为得到不同设计变量对应样机的分断电流，需多次反复制作物理样机进行测试。如采用试验设计(design of experiment, DOE)正交分析方法，一个多因子、水平试验设计所对应的物理样机测试工作量是非常可观。

随着计算机模拟及电弧等离子体数值研究分析工作的进展，以磁流体动力学(magnetohydrodynamic, MHD)为基础的开关电器弧动态模型得到了长足地发展，研究人员期望通过数字样机来求解断路器分电流，以提高低压塑料外壳产品开发响应速度，降低开发成本。但目前多数电弧研究还只是对相关现象分析或者理论的研究，众多电弧仿真分析模型也是基于一定的假设条件，对实际情况进行相应简化后建立的，还难以应用于低压电器产品设计开发当中。本章利用面向低压断路器的智能化仿真分析系统，可以快速构建低压断路器仿真模型，计算低压断路器重要性能参数，完成不同工况下低压断路器分断性能计算。同时，对低压断路器仿真模型进行参数化，利用仿真动态建模技术，对模型结构和属性参数进行多次动态修改和仿真比较，完成产品的优化设计研究。

低压断路器的设计长期以来凭借经验，通过样机制作和大量试验来确定设计方案，需要耗费大量人力、物力，并且新产品开发周期很长。因此，现代电器研究需要利用计算机求解，获得以前依靠实验才能获得的开断波形及性能参数，用于新产品开发、优化设计及模拟实验。目前，断路器的仿真的研究主要集中在断路器的操作机构的动力学仿真、脱扣机构电磁仿真、断路器分断电弧仿真、触头和双金属片的力学仿真、热仿真以及这几个方面的结合仿真。国内西安交通大学、河北工业大学、沈阳工业大学、福州大学、上海电器科学研究所(集团)有限公司等在这方面进行大量的研究，取得了众多技术突破。

在低压断路器的机构分析方面，通过建立机构数学模型来进行运动分析，讨论触头运动过程中动态参数的计算原理及方法，借助计算机得出断路器的断开速度特性和断开时间特性。由于断路器操作过程伴随一系列冲击振动，对应着内部构件的冲击和运动变化，采用测试的方法对断路器进行分析，难以获得各具体参数对断路器性能的影响。通过虚拟仿真技术，可以得到较为理想的研究结果。

在断路器机构仿真分析方面，通过基于多体动力学原理的虚拟样机技术，建立低压塑壳断路器操作机构的动力学模型；采用三维有限元分析，计算电动斥力与电流和触头开距之间的定量关系，再通过 ADAMS 的二次开发，耦合电路、电磁场和机械运动方程，考虑电动斥力的作用，分析预期短路电流、机构开始动作时间以及气动斥力对 MCCB 三相短路开断过程的影响；基于电流-磁场-电动斥力三者关系的方程，考虑铁磁物质的影响，应用三维有限元非线性分析，计算作用在动导电杆上的电动斥力，通过耦合电路方程，以动触头上的预压力为约束，经迭代运算，确定动触头的打开时间；利用等效动力学方法，分析机构系统的机械特性与主要结构参数之间的关系，并通过 ADAMS 仿真分析软件，建立机构系统合闸过程仿真模型，进行仿真分析。

在双金属片及热分析方面，建立低压断路器离散热路模型，分析其稳态热特性，对工作状况下有外壳和无外壳的断路器的热仿真环境进行分析；综合考虑负载作用力及温度影响，分析条形双金属片的截面力-力矩平衡，用等效网络表示双金属片，求解热继电器的工作参数，分析在弯曲模量最大的条件下各层界面和表面的应力关系；有采用有限元软件 ANSYS 的电磁-热-结构场耦合分析方法，对热双金属片的热弹性变形进行仿真，建立有限元模型，模拟脱扣器驱动部件在各种工况下的热-结构特性。

在电磁仿真方面，主要使用有限元分析技术，计算电磁系统磁场分布和磁场力：采用矢量场分析软件包 Vector Fields，建立瞬时脱扣器的三维有限元模型，对其磁场分布及静态吸力特性进行计算，同时采用磁路的方法计算瞬时脱扣器的静态特性；使用 ANSYS 软件分析电磁铁三维工频磁场，根据交流电磁吸力的平均值的直流等效原理，分两步计算衔铁吸力，并利用 ANSYS 优化设计方法对铁心厚度进行优化；使用低压断路器的二维和三维有限元模型，计算电磁系统电磁场和电磁力，并在考虑涡流电流的情况下，对螺管电磁铁的瞬时脱扣电磁力进行计算；以计算得到的载流导体电流密度分布为激励，分析磁脱扣器的静态磁场，计算磁转矩和磁链随气隙和电流变化的静态数据网格，联立磁脱扣器的电路瞬态方程和可动部件的机械运动方程，考虑脱扣力的作用，运用 4 阶龙格-库塔法求解脱扣器动作特性，分析磁脱扣器的保护特性、反力弹簧特性和初始工作气隙的关系。

在触头的仿真方面，主要集中于触头电动斥力方面的研究：利用霍尔姆公式和三维有限元分析软件 ANSYS，计算短路开断过程的电动斥力，分析短路情况下电动斥力对低压断路器开断过程的影响；有在考虑电弧电流分布和电弧直径变化影响的基础上，采用有限元方法，分析低压断路器触头系统的分断电流的电动斥力；有在考虑铁磁物质的影响的基础上，基于电流-磁场-电动斥力之间的方程，引入圆柱导电桥模型和 Holm 公式，应用三维有限元非线性分析，考察触头间电流收缩产生的 Holm 力。

早期电弧的数学模型，大多数为依靠实验数据统计的经验公式，无法解决开断过程的实际物理特性。近几年来，由于计算技术和电弧等离子体数值分析工作的进展，人们开始探索以磁流体动力学为基础的低压电器开关电弧动态模型的研究。其中，Fievet 仿真电弧在模型灭弧室中的运动，考虑了栅片的作用，但没有涉及整个断路器的开断过程。在此基础上，建立基于磁流体动力学的低压断路器开断电弧模型，结合对电磁机构动特性的有限元分析，计算仿真低压断路器的开断，并利用可视化技术，研究低压断路器开断的可视化仿真，对提高低压断路器的设计水平起到积极意义。

国内的专家通过对计算流体力学软件 Fluent 进行二次开发，针对低压断路器灭弧室的简化模型，建立相应的电弧仿真数学模型，对灭弧室内部电弧的运动过程进行仿真分析；针对低压断路器灭弧室中的磁驱电弧，建立链式电弧数学模型，结合激波理论研究电弧的运动，并利用控制容积法结合能量平衡方程，对电弧的径向温度分布进行计算；根据低压断路器开断时电弧起弧的物理过程，建立以磁流体动力学为基础的电弧模型，根据气流场结合热场、磁场与电流分布，对低压断路器的电弧运动过程进行数值模拟研究，并对磁场在电弧初始运动阶段对电弧运动的影响进行数值分析。

8.2 低压断路器的基本结构、工作原理及数学模型

低压断路器以塑料外壳式为例，主要由操作机构、脱扣机构、触头系统、灭弧系统、外壳及接线端子等部分组成。图 8-1 为低压断路器 CAD 三维实体模型。断路器各组成部分的分析涉及多体动力学、电磁学、电热学、热力学、材料热变形、电接触学等多领域知识，根据各自的物理特性需要分别建立数学模型。

8.2.1 操作机构

操作机构是动静触头合分的直接操作机构。电路正常工作时，可以通过手动操作，进行触头的合分；当电路出现过载、短路等故障时，脱扣机构动作，触动操作机构，实现低压断路器的自动分断。操作机构主要采用五连杆机构，通过固定与解除临时支点，完成断路器合闸和自由脱扣的任务。当临时支点固定时，操作机构的其中一根连杆与机架固定，操作机构变为只有一个自由度的四连杆，可以通过手柄操作，控制断路器的合闸和分闸；当临时支点解除时，与机架固定的连杆自由，操作机构变为有两个自由度的五连杆，在弹簧的作用力之下，操作机构失稳，断路器自动分断。

图 8-2 为断路器操作机构的结构简图与实体模型。其主要由手柄、跳扣、锁扣、触头、上

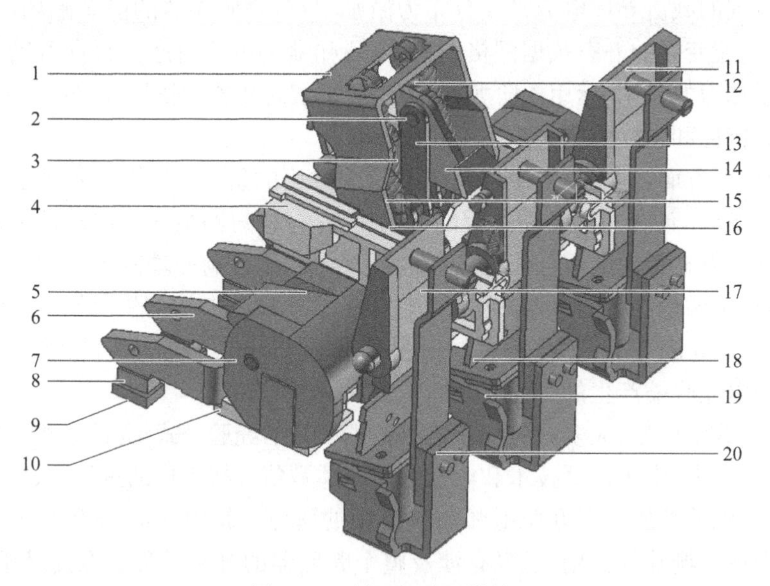

图 8-1 低压断路器结构

1—手柄；2—跳扣轴；3—上连杆；4—夹板；5—支架；6—触桥；7—连接轴；8—动触点；9—静触点；10—触头座；11—牵引杆；12—主弹簧；13—跳扣；14—锁扣；15—连杆轴；16—下连杆；17—双金属；18—衔铁；19—铁心；20—连接座

连杆、下连杆和主弹簧组成。图中 H 点为临时支点，操作机构通过锁扣对跳扣的固定和解除，实现断路器合闸和自由脱扣。

图 8-2(a)所示低压断路器处于上扣合闸状态，跳扣被锁止，手柄处于合闸位置，机构在弹簧力的作用下锁止，保证动静触头的良好接触；图 8-2(b)所示低压断路器处于脱扣分断状态，跳扣锁止被解除，机构在弹簧力的作用下失稳运动，实现断路器的自动分断。跳扣上的临时支点，通过牵引杆进行固定和解除。断路器工作时，各保护机构通过各自物理作用操作牵引杆，完成断路器的脱扣操作。低压断路器操作机构工作原理图如图 8-3 所示。

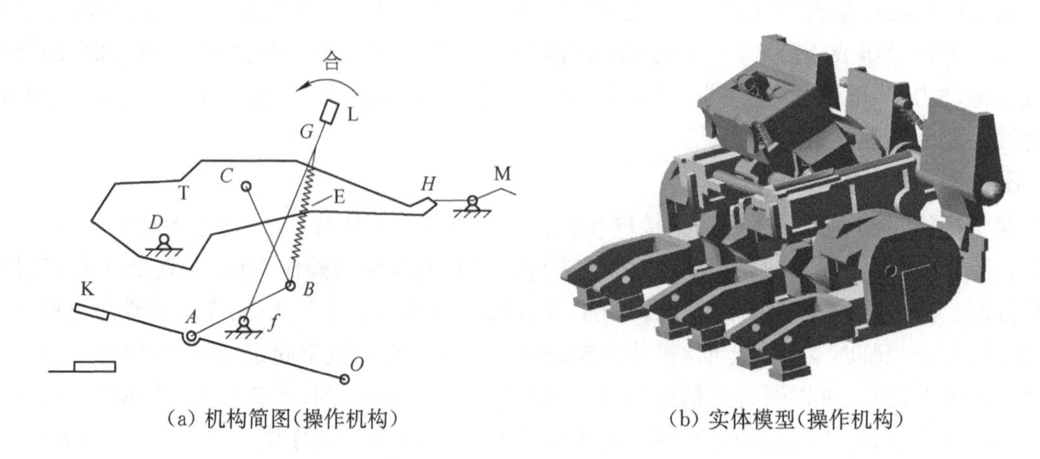

(a) 机构简图(操作机构)　　(b) 实体模型(操作机构)

图 8-2 低压断路器操作机构

L—手柄；T—跳扣；M—锁扣；K—触头；CB—上连杆；BA—下连杆；E—主弹簧

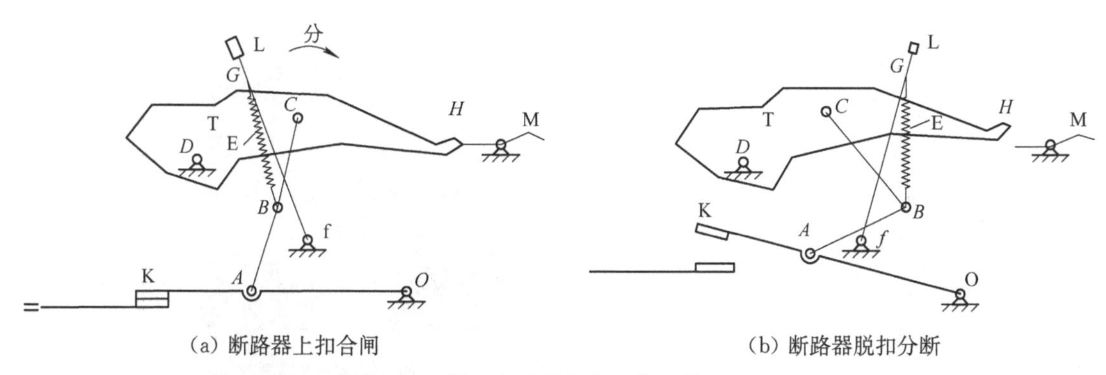

(a) 断路器上扣合闸　　(b) 断路器脱扣分断

图8-3　低压断路器操作机构工作原理图

低压断路器的操作机构零件众多,装配复杂,动力学分析困难。采用多体动力学仿真方法可以直观准确地完成操作机构的运动分析、静力学分析和动力学分析。

8.2.2　脱扣机构

断路器的脱扣机构依照其保护特性的不同采用不同的结构。断路器保护特性有过载长延时保护、短路瞬动保护、短路短延时保护、欠电压保护和对地泄漏电流保护、金属性短路保护、三相不平衡电流保护和发电机逆功率保护等。断路器的基本保护特性是短路瞬动保护和过载长延时保护,通常分别使用电磁铁机构和双金属元件实现其保护功能。

1) 短路瞬动脱扣机构

低压断路器的短路瞬动脱扣机构是用于防止短路电流对系统元器件造成损坏的保护机构。它通常采用电磁铁机构。电磁铁机构主要由铁心、衔铁、线圈和反作用力弹簧等组成。当电路发生短路故障时,短路电流流过电磁铁线圈,产生电磁吸引力,吸引衔铁克服弹簧反作用力运动,推动牵引杆,实现断路器的分断。

短路电流产生的电磁吸引力,可近似的用麦克斯韦公式进行计算:

$$F = \frac{B^2 A}{4\mu_0} \tag{8-1}$$

式中,B 为衔铁与铁心间工作气隙的磁通密度;A 为铁心极面截面积;μ_0 为真空磁导率。

衔铁与铁心间工作气隙的磁通密度,运用磁路分析法进行计算。如图8-4所示为电磁铁的磁路分析简图与电磁铁机构的实体模型。

根据磁路的安培环路定律有

$$\oint H\mathrm{d}l = IN \tag{8-2}$$

式中,H 为磁场强度;l 为磁通路径长度;I 为电流;N 为线圈匝数。

假设电磁铁磁路如图8-4a所示,则有

$$IN = H_1 l_1 + H_2 l_2 = \frac{B_1}{\mu_1} l_1 + \frac{B_2}{\mu_2} l_2 \tag{8-3}$$

因为在同一磁回路中的磁通相等,可认为 $\phi = B_1 S_1 = B_2 S_2$, $S_1 = S_2$,则 $B_1 = B_2$。

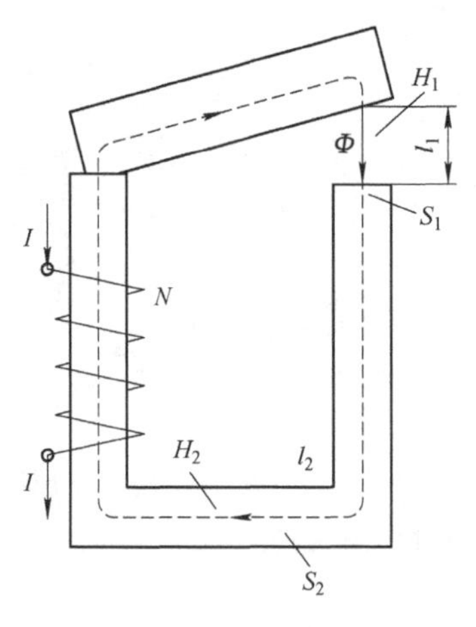

(a) 磁路分析简图

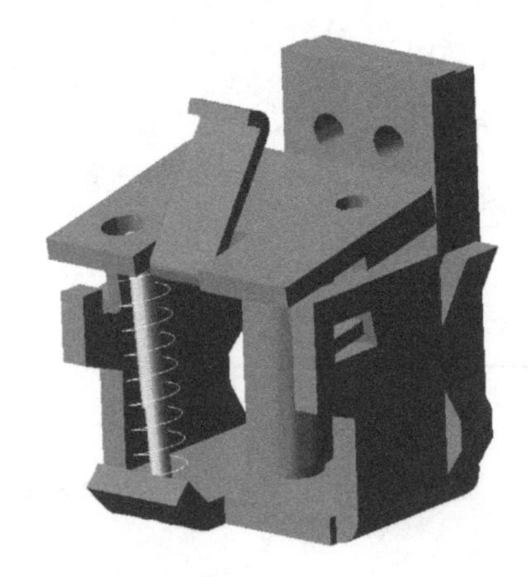

(b) 实体模型(短路瞬动脱扣机构)

图 8-4 电磁铁磁路分析脱扣机构模型

衔铁与铁心间工作气隙的磁通密度为

$$B=\frac{IN}{\dfrac{l_1}{\mu_1}+\dfrac{l_2}{\mu_2}} \tag{8-4}$$

则磁极的表面平均吸力为

$$F=\frac{I^2N^2A}{4\mu_0\left(\dfrac{l_1}{\mu_1}+\dfrac{l_2}{\mu_2}\right)^2} \tag{8-5}$$

采用磁路分析方法推导的电磁吸引力公式,可以利用铁心吸引力设置工具,加载到断路器多体动力学分析模型中,实现仿真分析的简化。

2) 过载长延时脱扣机构

过载长延时脱扣机构是断路器用于防止元器件在超额电流下工作时间过长损坏的保护机构。系统允许元器件在电流略大于额定值的情况下工作一段较短的时间。断路器过载长延时特性,既保证元器件的正常工作,又对元器件起到保护作用。过载长延时脱扣机构分为热动式和电磁式两种。常用的热动式过载长延时脱扣机构,采用双金属元件实现断路器的过载长延时保护功能。

双金属片由不同热膨胀系数的两层金属固结而成。热膨胀系数高的一层金属称为主动层,热膨胀系数较低的一层称为被动层。当过载电流流过断路器发热元件,发热元件在电流热效应作用下发出热量,传递给双金属元件,使之受热膨胀弯曲,推动牵引杆运动,实现断路器的分断。

热双金属片在断路器过载长延分断过程中,受热膨胀产生位移,推动牵引杆。这一过程中,热双金属片的温升为热双金属片产生变形位移和推动力的驱动力。当双金属片在完全自由状态下发生变形时,温升全部转化为双金属片的变形位移;当双金属片在完全受限制的状态下发生变形时,温升全部转化为推动力(或转矩)。实际应用中,双金属片变形发生于非完全受限制的状态,其温升一部分转化为变形位移,一部分转化为推动力。

常用的直条型双金属片可抽象成一端固定、一端自由的悬臂梁结构，如图 8 - 5 所示。

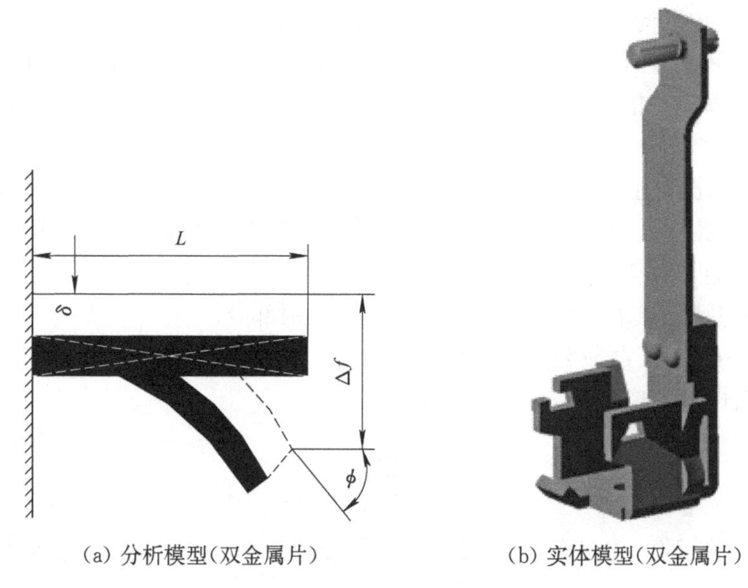

(a) 分析模型(双金属片)　　(b) 实体模型(双金属片)

图 8 - 5　双金属片分析模型与实体模型

双金属片完全自由状态下受热，自由端产生的挠度为

$$f=\frac{kL^2}{\delta}\Delta\theta \tag{8-6}$$

式中，k 为比弯曲；L 为双金属片的长度；δ 为双金属片的厚度；$\Delta\theta$ 为温升。

如果双金属片受热时被完全约束，则温升完全转化为推动力

$$F=\frac{kb\delta^2E}{4L}\Delta\theta \tag{8-7}$$

式中，k 为比弯曲；b 为双金属片的宽度；δ 为双金属片的厚度；L 为双金属片的长度；E 为双金属片的杨氏弹性模量；$\Delta\theta$ 为温升。

双金属片受热膨胀，产生部分变形后受限，设双金属片位移为 f_0，则变形的等效的温升为

$$\Delta\theta_0=\frac{\delta}{kL^2}f_0 \tag{8-8}$$

则双金属片受限所产生的推力为

$$F_0=\frac{kb\delta^2E}{4L}(\Delta\theta-\Delta\theta_0)=\frac{kb\delta^2E}{4L}\Delta\theta-\frac{b\delta^3E}{4L^3}f_0 \tag{8-9}$$

双金属片根据加热原件的不同分为直热式和旁热式。无论是何种加热形式，在假定双金属片均匀受热时，其热力学方程均可写成

$$mc\,\frac{\mathrm{d}\Delta T}{\mathrm{d}t}+k_{\mathrm{T}}S\Delta T=I^2R \tag{8-10}$$

式中，m 为双金属片的质量；c 为双金属片比热容；k_T 为表面散热系数；S 为表面散热面积；R 为加热体热电阻；I 为通过的电流；ΔT 为双金属片的温升。

过载长延时脱扣机构的仿真分析，一方面，涉及热双金属片元件通电发热到膨胀变形的电-热-结构分析；另一方面，涉及带有冲击的机构动力学分析，需要对模型进行动态多向仿真建模，进行模型数据动态耦合求解。

3）触头系统

触头系统是断路器的导电系统，包括动静触点、触桥等。电路正常工作时，动静触头由于承载电流而受到回路电动力和触头电动斥力；断路器分断时，动静触头之间在一定的温度下，由于电压的升高，会导致空气游离产生电弧。

触头电动力包括触点电动斥力和导电回路电动力两部分。

触点电动斥力是由于载流触头接触点附近电流线收缩而产生的斥力作用。其电流分布以及触头系统的实体模型如图 8－6 所示，其计算公式为

$$F=\frac{\mu_0 I^2}{4\pi}\ln\sqrt{\frac{S}{S_0}} \tag{8-11}$$

式中，μ_0 为真空磁导率；I 为电流；S 为电流线无畸变处截面积；S_0 为接触有效截面积。

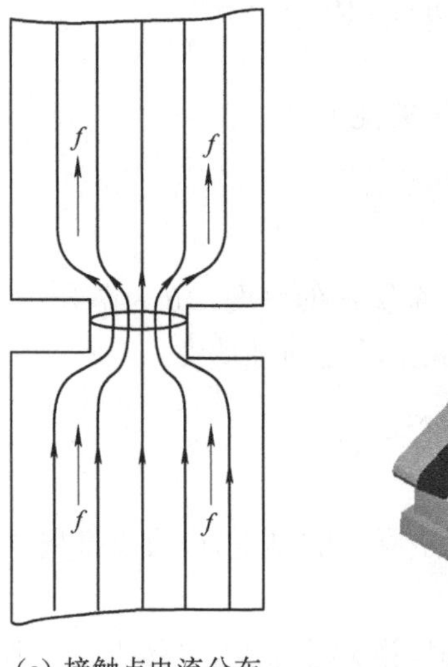

(a) 接触点电流分布

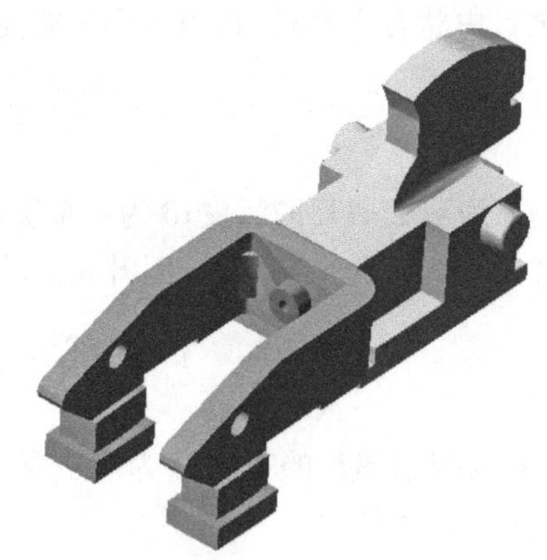

(b) 实体模型(触头及支持座)

图 8－6 触头系统

接触有效截面积跟触头之间的接触力有关，有

$$S_0=\frac{F_K}{\xi H_B} \tag{8-12}$$

式中，F_K 为触点之间的接触力；ξ 为接触情况系数；H_B 为触点的布尔硬度。

故触点电动斥力为

$$F=\frac{\mu_0 I^2}{4\pi}\ln\sqrt{\frac{S\xi H_B}{F_K}} \tag{8-13}$$

触头的导电回路电动力是触头回路在周围导电体的磁场作用下受到的电磁作用力。其计

算遵循毕奥-萨伐尔定律，有

$$dB_1 = \frac{\mu_0}{4\pi} \cdot \frac{I_1 dl_1 \sin \alpha_1}{r_1^2} \tag{8-14}$$

式中，dB_1 为电流元 $I_1 dl_1$ 在 r_1 处产生的磁通密度；μ_0 为真空磁导率；$I_1 dl_1$ 为电流元；α_1 为电流元矢量角；r_1 为电流元 $I_1 dl_1$ 到 r_1 处的距离。

在 r_1 处的电流元 $I_2 dl_2$ 受到电流元 $I_1 dl_1$ 的磁场作用而产生的电动力为

$$dF = dB_1 I_2 dl_2 \sin \alpha_2 = \frac{\mu_0}{4\pi} \cdot \frac{I_1 dl_1 \sin \alpha_1}{r_1^2} I_2 dl_2 \sin \alpha_2 \tag{8-15}$$

则触头的导电回路电动力为

$$F = \iint \frac{\mu_0}{4\pi} \cdot \frac{I_1 I_2 \sin \alpha_1 \sin \alpha_2}{r_1^2} dl_1 dl_2 \tag{8-16}$$

磁路分析法能够建立较为简单的数学方程对系统进行求解，但简化了电磁分析的众多因素，难以获得电磁场的空间分布描述，难以获取元件局部细节电磁参数，难以准确计算元件的电磁力。运用场的分析方法，根据麦克斯韦方程组进行推导，利用数值计算方法将连续磁场的问题离散化，可以对电磁场问题进行时间和空间上的详细分析。数值计算方法以有限元方法最为成熟，并形成工程应用软件。通过有限元工具对断路器局部器件进行电磁分析获取相应数据，作为系统总体性能影响因素加以考虑，并通过数据交互和联合仿真技术进行联合求解。

8.3　低压断路器电磁-机械耦合仿真分析和参数检测

多体动力学模型，在不考虑系统电热和电磁等因素下，可以进行机构的运动学、静力学和动力学分析，获取重要的性能参数。

低压断路器在不受外力作用下，保持合闸状态不变，既不脱扣又不分断。在这个状态下，对低压断路器进行静力学分析，确定系统的平衡位置，获取运动副的静反力。其中，触头终压力和触头超程两个参数的测量对低压断路器设计具有指导意义。

1）触头终压力的仿真计算

断路器的触头压力是低压断路器处于合闸稳定状态下，动静触头之间的接触力。它一方面用于克服较大电流通过时，动静触头间产生的电动斥力，不致引起动触头的跳动而发生熔焊；另一方面确保动静触头的良好接触，在闭合状态下接触电阻最小。在塑料外壳式断路器设计中，125 A 的断路器触头终压力应大于 3.5 N，160 A 的应大于 3.5 N，250 A 的应大于 13 N，400 A 的应大于 20 N，630～800 A 的应大于 55 N。

如图 8－7 所示，当额定电流为 160 A 的断路器处于合闸静平衡位置时，读取触头终压力为 6.759 N>4.5 N，符合设计要求。

2）触头超程的仿真计算

触头的超程是当断路器处于合闸静平衡位置时，假想将静触头拿开，动触头所能移动的距离。它主要保证断路器在寿命完结前，在传动连杆和触头发生磨损的条件下，动静触头仍能可靠接触。额定电流越大，设计超程应越大。当动静触头的接触减小到原来的 1/3 以下时，触头便不宜继续工作。一般超额行程应设计在 2～6 mm。如图 8－8 所示，解除动静触头之间接

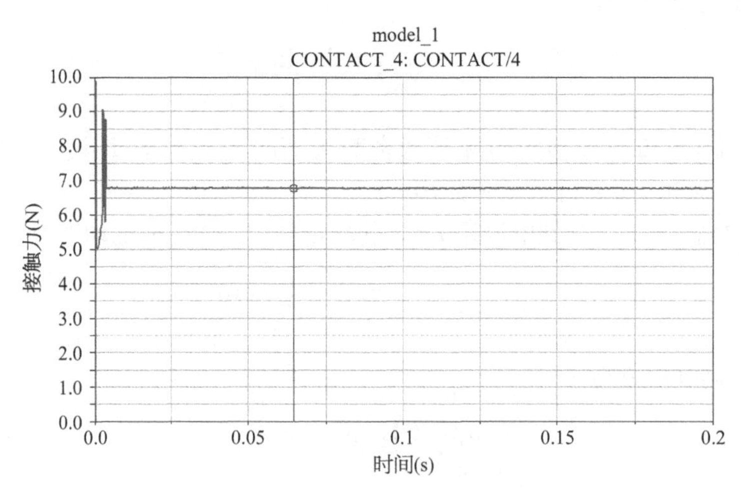

图 8-7 动静触头接触力随时间变化曲线(合闸稳定)

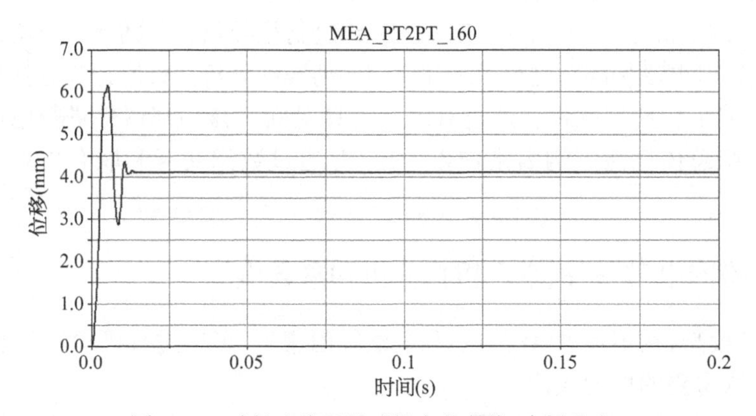

图 8-8 动触头位置随时间变化曲线(合闸稳定)

触力之后,当断路器处于合闸静平衡位置时,读取动触头的位移为 3.101 mm,符合设计要求。

8.3.1 低压断路器的动力学分析与手动分断性能检测

低压断路器的牵引杆在手动作用力下运动脱扣,实现断路器的分断。这是系统在外载荷作用下的动力学响应问题,属于动力学分析。分析过程中,通过仿真动画观察模型的运行状况是否跟实际相吻合,同时获取各零件在每个仿真时刻的运动数据(如速度、加速度数据),获取各运动副在每个仿真时刻的约束反力变化。其中,断路器的触头开距、机构固有分断时间和最小脱扣力三个重要参数可以方便计算。

1) 触头开距的仿真计算

开距是断路器分断稳定后,动静触头间的最短设计距离。一方面,它保证断路器瞬时过载分断时动静触头间能形成足够的间隙,把短路电流产生的大电弧拉长拉细,增加电弧电压,加速电弧的熄灭;另一方面,它保证动静触头间能形成足够的间隙,防止在规定的试验电压下电弧熄灭后再次被击穿,使电弧重燃。如图 8-9 所示,断路器手动分断后达到稳定状态,读取动触头的位移为 28.698 2 mm,符合设计要求。

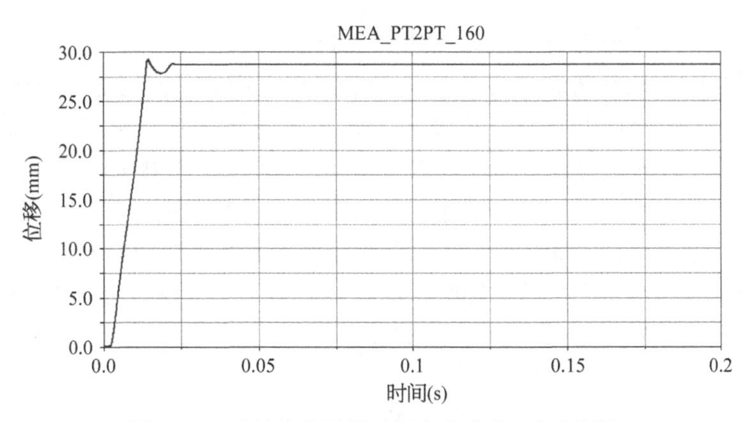

图 8-9　动触头位置随时间变化曲线(手动分断)

2) 机构固有分断时间的仿真计算

断路器的分断时间包括固有分断时间和燃弧时间。固有分断时间是断路器从断开操作开始瞬间到所有触头分开瞬间为止的时间。燃弧时间是断路器分断电路过程中,从触头断开出现电弧的瞬间开始至电弧完全熄灭为止的时间。塑料外壳式断路器的设计全分断时间在20 ms 左右。

如图 8-10 所示为断路器手动分断过程中触头开角随时间变化曲线。从图线上读取断路器由分断到稳定的时间约为 18.87 ms,该时间为机构固有全分断时间,符合设计要求。

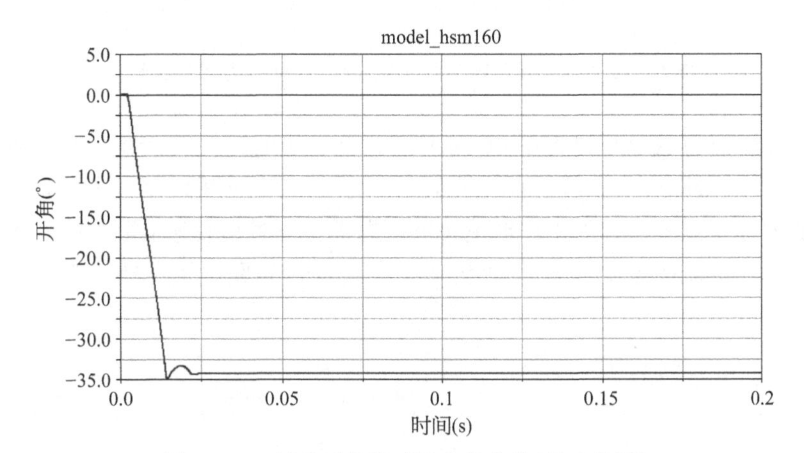

图 8-10　触头开角随时间变化曲线(手动分断)

3) 最小脱扣力的仿真计算

断路器的脱扣力是指跳扣和锁扣之间的释放力,它关系到各种脱扣机构能否操作牵引杆对断路器进行分断。断路器的脱扣力跟跳扣、锁扣及牵引杆的形状、牵引杆弹簧的刚度和预紧,以及各杆件的安装精度等都具有密切联系,构件的磨损往往造成断路器脱扣力的波动,传统设计方法难以进行综合考虑,对脱扣力进行精确计算困难。

利用多体动力学仿真模型,通过手动分断力的反复试值逼近,可以获得机构最小脱扣力的精确结果范围。在 0.5～0.8 N 的范围内进行 6 次试值测试,测得机构的最小脱扣力在0.65～0.7 N 之间。同时,测量不同脱扣力下,触头接触力、触头位置、触头运动速度和触头运动加速度随时间变化曲线。

8.3.2 低压断路器瞬时过载分断的仿真分析

低压断路器瞬时过载分断是电路发生短路故障时，短路电流流过电磁线圈，产生电磁吸引力，吸引衔铁克服弹簧反作用力运动，推动牵引杆，实现断路器的分断。断路器瞬时过载分断的仿真分析，除了考虑电磁脱扣机构作用之外，还对分断过程中触头电动斥力的影响加以分析。触头电动斥力具有加快断路器分断速度的作用。使用系统的公式编辑工具和公式加载工具，利用电动斥力经验公式，考察电动斥力对断路器机构分断性能的影响。如图 8－11 所示为考虑电动斥力影响和不考虑电动斥力影响手动分断的断路器分断性能比较，由图线发现在触头电动斥力影响下断路器分断时间缩短约 2.5 ms。

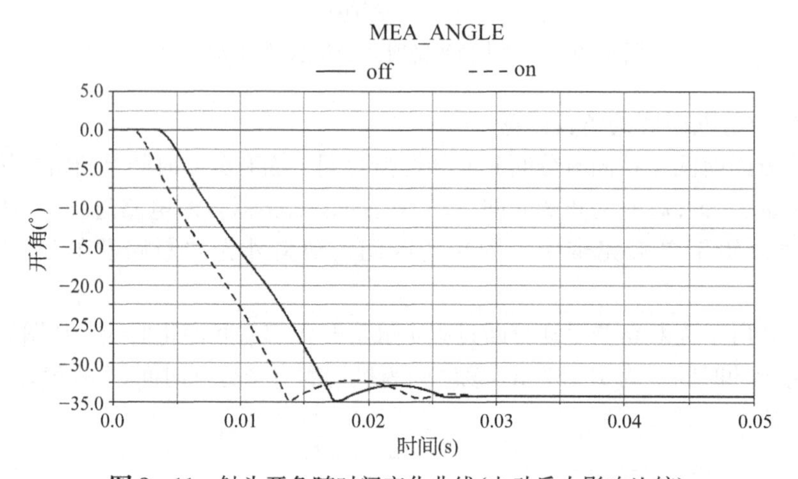

图 8－11 触头开角随时间变化曲线(电动斥力影响比较)

低压断路器瞬时过载分断过程中，不同短路电流会使电磁线圈产生大小不同的电磁吸引力，使低压断路器的分断时间各异。测试不同大小短路电流对断路器分断性能的影响是断路器检测的重要内容。图 8－12 为不同电流下的断路器分断性能比较，可以发现短路电流越大，分断时间越短。当电流接近 1 760 A(11 倍额定电流)时，短路电流的提高对分断时间的缩短

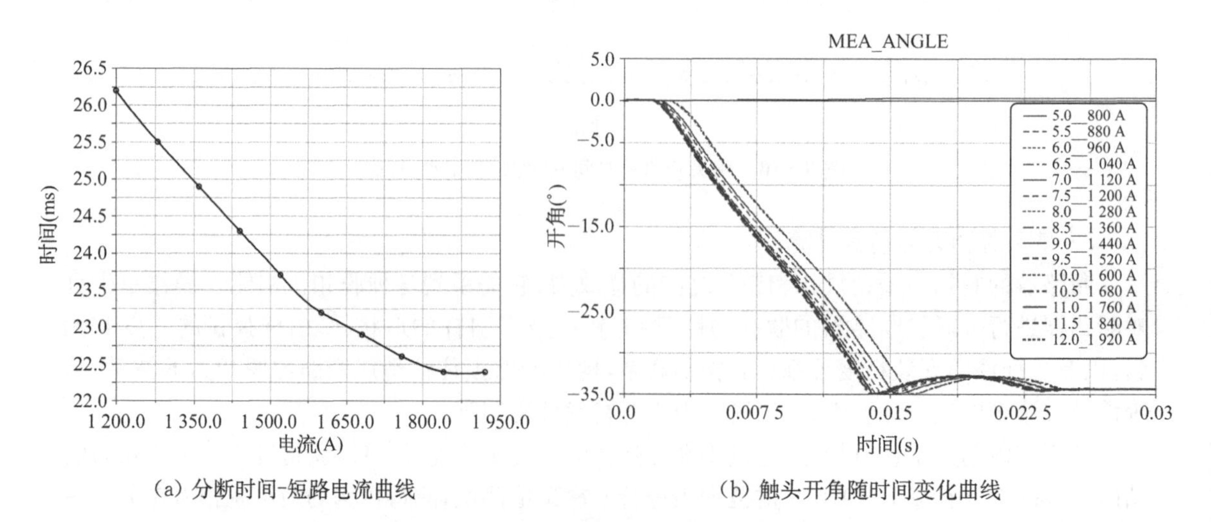

(a) 分断时间-短路电流曲线

(b) 触头开角随时间变化曲线

图 8－12 不同短路电流下的断路器分断时间

不再明显，此时，分断时间接近机构固有分断时间；当电流接近 1 120 A(7 倍额定电流)时，断路器不再瞬时分断，此时，瞬时过载脱扣机构在断路器分断过程中不起支配作用。

采用双金属元件实现的热动式过载长延时脱扣保护机构。当过载电流流过断路器发热元件时，发热元件在电流热效应作用下发出热量，传递给双金属元件，使之受热膨胀弯曲，推动牵引杆运动，实现断路器的分断。在双金属元件进行热力学仿真分析的同时，需对双金属元件与牵引杆的接触推动进行耦合分析，这需要 ADAMS 和 ANSYS 两求解器进行混合仿真建模。

按照表 8－1 进行材料属性设置，对双金属元件进行网格划分，建立有限元模型。把过载电流设置成额定电流的 1.3 倍，即 208 A，仿真时间设置成 1 800 s，进行热力学瞬态分析。

表 8－1　材料属性设置

类　型	双金属主动层	双金属被动层	接触螺钉
密度(kg/m^3)	7 270	8 180	7 800
比热容[J/(kg·K)]	470	470	480
弹性模量(N/m^2)	1.8×10^{11}	2.1×10^{11}	2×10^{11}
泊松比	0.3	0.3	0.3
热膨胀系数(K^{-1})	26.2×10^{-6}	1.6×10^{-6}	-
热传导系数[W/(m·K)]	22	22	50

利用有限元仿真结果数据驱动 ADAMS 进行低压断路器过载长延时分断仿真分析，得到双金属片从接触牵引杆到推动牵引杆实现断路器分断全过程的仿真结果，如图 8－13 所示，图的左边为低压断路器的仿真动画；右上角为触头开角随时间的变化曲线，可以发现双金属片接

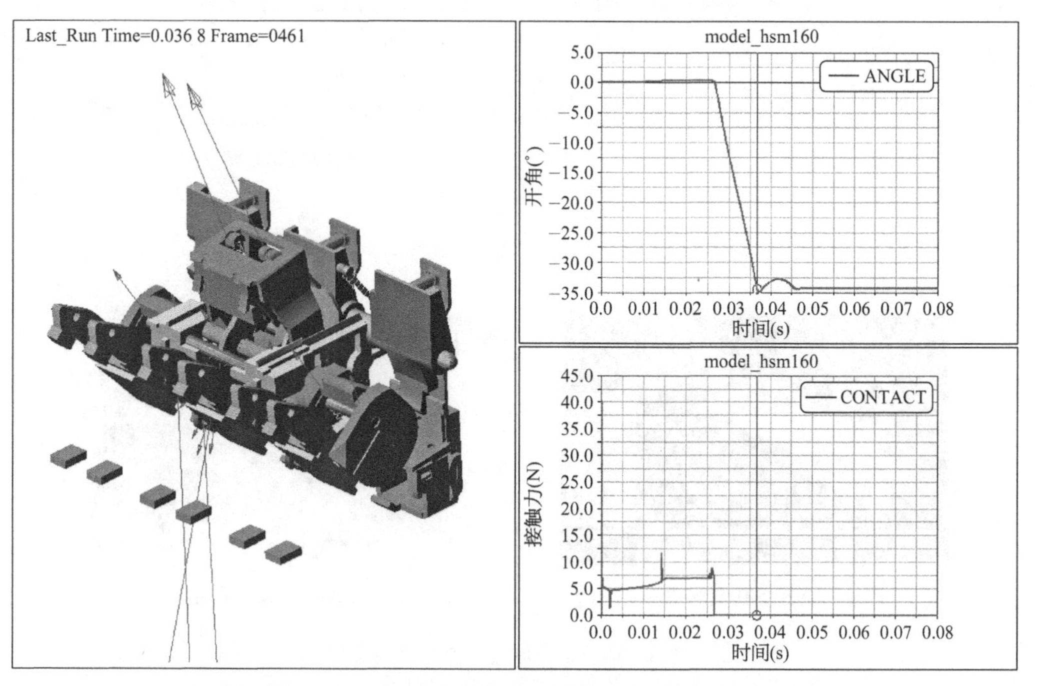

图 8－13　电磁-机械耦合的多体多力学仿真结果

触牵引杆后，须经历约 25 ms 的时间，方可推动牵引杆完成脱扣动作，在这一过程中，如果电流回落，牵引杆可以不脱扣；右下角为双金属片与牵引杆的接触反力随时间变化曲线，两者接触瞬间发生碰撞冲击，接触力出现尖峰，随后克服弹簧拉力平缓增长，直至断路器脱扣，两者分离，接触力归零。

运用数据驱动工具，实现问题求解，求解器分离运算，结果精度降低。使用动态联合仿真建模工具，两求解器数据动态交换，求解过程智能化，求解结果更精确。

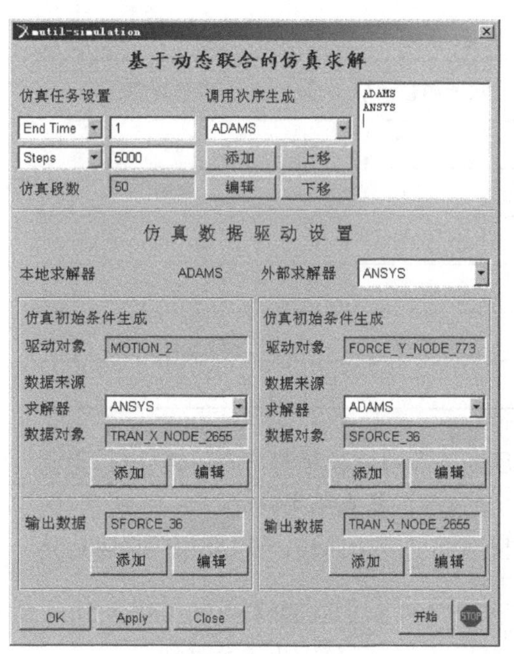

(a) 动态联合仿真设置

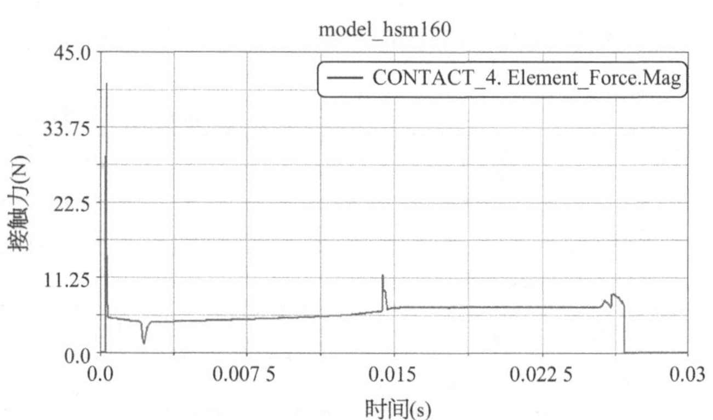

(b) 双金属与牵引杆接触力随时间变化曲线

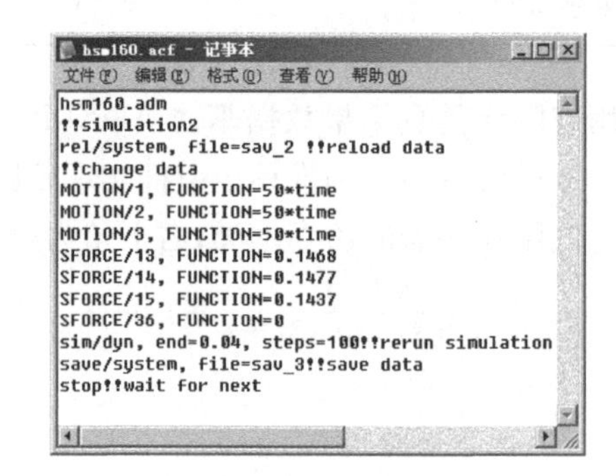
hsm160.acf - 记事本

文件(F) 编辑(E) 格式(O) 查看(V) 帮助(H)

```
hsm160.adm
!!simulation2
rel/system, file=sav_2 !!reload data
!!change data
MOTION/1, FUNCTION=50*time
MOTION/2, FUNCTION=50*time
MOTION/3, FUNCTION=50*time
SFORCE/13, FUNCTION=0.1468
SFORCE/14, FUNCTION=0.1477
SFORCE/15, FUNCTION=0.1437
SFORCE/36, FUNCTION=0
sim/dyn, end=0.04, steps=100!!rerun simulation
save/system, file=sav_3!!save data
stop!!wait for next
```

(c) 仿真控制命令包

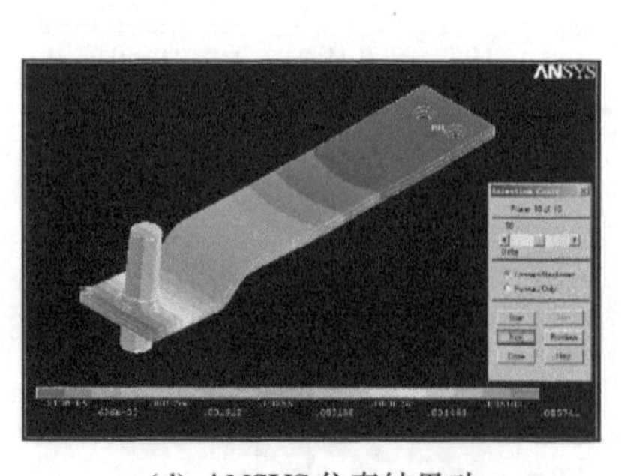

(d) ANSYS 仿真结果动

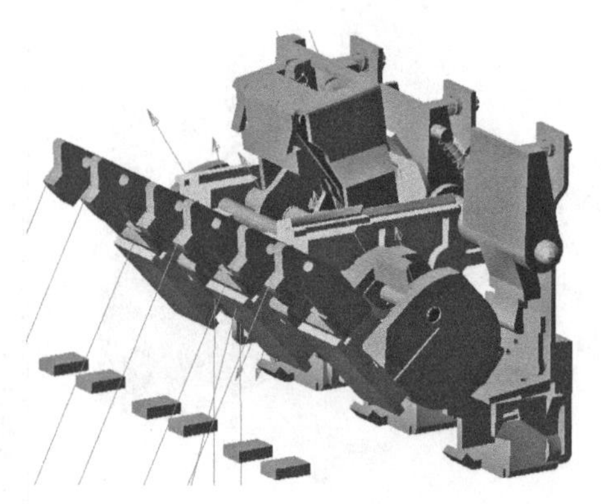

(e) ADAMS 仿真结果动画

图 8-14 动态联合仿真求解结果

图 8-14 为使用动态联合求解工具进行仿真分析的求解结果。图 8-14a 为联合仿真的

求解设置；图 8－14b 为从双金属片接触牵引杆到断路器分断全过程，双金属片与牵引杆间接触反力的变化情况；图 8－14c 为系统根据联合仿真求解设置，自动生成仿真控制命令包；图 8－14d为动态仿真过程中生成的 ANSYS 仿真结果动画，反映双金属片在过载电流的加热和牵引杆反作用力下的变形运动情况；图 8－14e 为动态仿真过程中生成的 ADAMS 仿真结果动画，反映双金属片在过载电流的加热下膨胀变形，推动牵引杆，实现分断的全过程。

第9章

物理-数学混合的动力学问题与应用

◎ **学习成果达成要求**

以空分装备为物理-数字混合动力学问题的典型应用案例，学习数学仿真、物理仿真和物理-数学混合仿真。

学生应达成的能力要求包括：

1. 能够通过典型应用案例，了解空分装备物理-数学混合仿真过程；
2. 能够初步对实际工程开展数学仿真、物理仿真和半实物仿真。

本章将物理-数学混合仿真引入空分装备精馏系统的放大设计中。物理-数学混合仿真将不易建模的部分通过相似的物理效应参与仿真试验，从而避免数学仿真中建模的困难，同时具有经济性和灵活性。

9.1 研究背景

空分装备是我国大型冶炼工程、大型石化工程等必需的重大装备。空分装备的发展趋势是大型化、低能耗、高自动化和模块化。精馏塔是空分装备的核心部机，是实现流程设计的关键。因此，空分装备精馏系统的放大设计是实现空气分离类成套装备大型化和超大型化的关键问题。

超大型空分装备的设计是建立在原有小、中型空分装备的基础上的，因此，如何对空分装备进行放大设计，需要系统仿真技术的支持。系统仿真分为物理仿真、数学仿真和物理-数学混合仿真。国内外学者对空分装备精馏系统的数学仿真和物理仿真进行了相关的研究。目前，大型空气分离类成套装备的设计开发中，主要进行物理仿真或数学仿真，物理仿真建立在实验的基础上，投资大、周期长，不易修改系统的结构和参数；数学仿真建立在数学模型的基础上，模型的真实性、正确性需要进一步的实验验证。因此，为了实现空分装备的放大设计，提出精馏系统物理-数学混合仿真方法。将物理-数学混合仿真概念引入精馏系统放大设计中，将深低温精馏系统数学模型转化成仿真计算模型，实现精馏过程的数学仿真。精馏塔作为精馏系统的主要部机，采用填料的结构形式。构造填料塔的物理模型，并在物理模型基础上进行试验研究，通过系统环境中的相似关系，实现填料塔物理效应仿真。物理-数学混合仿真方法将填料塔物理效应模型引入精馏系统的仿真回路中，解决了现有空分装备仿真只能进行物理仿真或数学仿真，难以实现整体系统级仿真的问题。同时，利用虚拟仪器技术开发了精馏系统物理-数学混合仿真平台，并在大型空气分离类成套装备(8万等级精馏系统)的设计开发中得到了应用验证。

空分成套装备是以空气为原料，采用低温空气分离法，通过空气压缩、净化、换热、冷却、精馏等过程，生产氧气、氮气及其他稀有气体的复杂装备，是工业血液的“造血装备”。空分成套装备由动力系统、净化系统、制冷系统、热交换系统、精馏系统、产品输送系统、液体存储系统和控制系统组成，涉及多个学科领域的综合技术。在变负荷、高转速、深低温、高压力等极端服役条件下，精馏塔、换热器、分子筛吸附器、空气冷却塔、透平膨胀机、透平压缩机等多单元、多部机间的相互作用涉及温度场、流场、电场、磁场之间的耦合效应。

空分成套装备属于高端制造范畴，大型化、节能化、高可靠性已成为空分成套装备设计和制造的发展趋势。近几年，随着我国大型煤化工、大型化肥原料、大型钢铁冶金等工业领域的不断发展，到2015年，我国工业用氧的年需求量将达1 000多亿 m^3。目前，国外单套氧气产出率最大已达到11.37万 m^3/h，而国内只能开发7万 m^3/h 以下的空分装备，大钢铁、大化肥、大乙烯等重点工程所需7万 m^3/h 以上的特大型成套空分装备需要进口，到2015年，我国对大型空气分离类成套装备市场需求超过500亿元。因此，大力发展高附加值、高技术含量、低能耗、超大型的空分成套装备，对我国能源装备制造业、石化工业的发展具有重要意义。

空分成套装备的综合性能指标主要体现在智能化、柔性化、能耗、效益等性能指标。空分成套装备的能耗大，60 000 m^3/h 的空分用电负荷约40 MW，电耗约占钢铁企业总电耗的15%，占冶金企业总电耗的15%～20%。空分成套装备对单元设备可靠性要求极高，非正常停机1 h，会造成1 000万元以上直接经济损失。目前，国内已掌握制氧规模在60 000 m^3/h 等级的空分成套装备的设计、制造和安装，宝钢6万等级内压缩空分成套装备采用液氧自增压、规整填料塔、全精馏无氢制氩技术，可提供30 000 m^3/h 工厂空气和11 000 m^3/h 仪表空气，成套装备的原料空压机排气量达35.1万 m^3/h，氧提取率在95.1%～99.7%。在国际市场上，德国林德公司已建造4台产氮量为32.5万 m^3/h 的超大型空分成套装备，国际三大空气分离公司，美国APCI公司、德国林德公司、法国液空公司，代表空分成套装备的顶级制造水平。

空分成套装备涵盖了多个学科领域的知识，成套装备的性能和运行状态主要体现在温度场、流场、电场、磁场等多场的综合作用。国外开发了面向空分过程热力学分析、精馏计算、换热器和透平机械等学科领域的专业化设计分析系统，产品模块化和标准化程度高，从而提高了空分成套装备的设计效率与质量。国内的研究大多针对空分成套装备的某个方面，没有形成机械、低温、电子、液压、控制等多领域耦合的一整套研究体系，无法从整体上弥补与国外在工艺流程、主体设备、自动化水平等方面的总体性差距。因此，当前亟须提升我国空分成套装备多个学科领域的设计理论和方法水平，提高空分成套装备自主开发能力。

随着空分成套装备的大型化发展，多领域、多尺度和多过程的设计集成引发的功能缺陷和奇异演变是空分成套装备功能高度集成过程中所面临的主要问题。空分成套装备是由预冷、净化、制冷、精馏、控制等多个子系统和结构场、电场、磁场、温度场、流场等多个物理过程集成而形成的整体功能。在空分成套装备处于某种服役环境时，由于超强场的综合作用引起装备畸变。如大型透平机转速高达60 000 r/min，非线性因素易诱发轴系振动失稳，跨过了一阶临界转速，会因角速度和角频率不等产生涡动，造成整个空分系统的“脆性”。空分成套装备在多工况、高转速、深低温、高压力极端工况下运行，结构场、温度场、流场、电磁场等多场在叠加和交互作用下产生的非设计目标的耦合，非设计目标的耦合使多场中的单相发生增大、减小和异变，导致装备在服役条件下的功能缺陷。

9.2 大型深低温精馏塔的数学仿真

在空分装置中，核心设备是精馏塔。精馏塔的塔盘结构形式有筛板和填料两种。一般情况下，下塔采用筛板结构、上塔采用填料结构。在深低温精馏系统中，为适应低压运行环境，精馏塔的下塔采用散堆填料，上塔采用规整填料，精馏塔的模拟模型如图 9-1 所示。

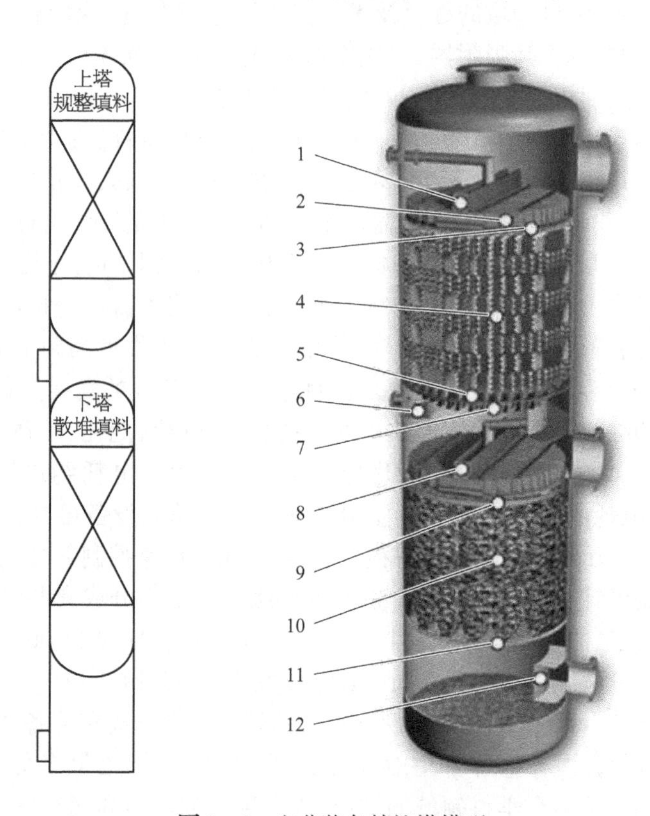

图 9-1 空分装备精馏塔模型

1—液体进口预分布器；2—单元分布器；3—定位格栅；4—规整填料；
5—支承格栅；6—入口环通道；7—液体收集器；8—单元分布器与预分布器；
9—床器；10—散堆填料；11—支撑板；12—进气系统

精馏塔内部的精馏计算起着承上启下的作用，需要求解每一块塔板上以理论板为基础构成的物料平衡方程、能量平衡方程、相平衡方程和分子分数加和式构成的方程组。多元精馏过程的模拟计算，需要在深低温条件下建立一个精馏塔模型。精馏过程的数学模型中的综合参量包括进料 F_j、气态出料 G_j、液态出料 S_j 及进入的热量 Q_j。

精馏塔中的填料塔用于吸收和解吸单元过程，具有结构简单、通量大、阻力小、传质效率高等性能。填料塔结构尺寸中的综合参量为塔径 D 及与塔径 D 相关的空塔气速 u、重力加速度 g、填料因子 Φ、和泛点气速 u_f。填料的液泛气速 u_f 与填料特性、气液相流体的物性、液体的喷淋密度等因素有关。液泛气速 u_f 可由通用关联图来计算，液泛气速 u_f 与泛点填料因子 Φ_F、压降填料因子 Φ_P 相关。在计算液泛气速时，填料的湿填料因子 Φ 用 Φ_F 代入；而计算填料的压降时，湿填料因子 Φ 用 Φ_P 代入。

精馏塔放大设计作为一种产品设计方法，在保证装备整体性能的条件下，根据系统环境相似原则，对零部件进行综合参量比例放大，形成满足功能需求的装备设计。深低温精馏系统中，在精馏塔的理论塔板为 136 块的基础上，对于理想平衡级塔板而言，气、液相得到充分接触，并且离开塔板的气相与液相达到相平衡。建立物料平衡方程（M 方程组）、相平衡方程（E 方程）和能量平衡方程组（H 方程），得到的三对角方程组，对常微分方程进行求解，联立归一化 S 方程和能量平衡 H 方程，即可求出每块平衡级塔板气液流量以及组分值，如图 9-2、图 9-3 所示。

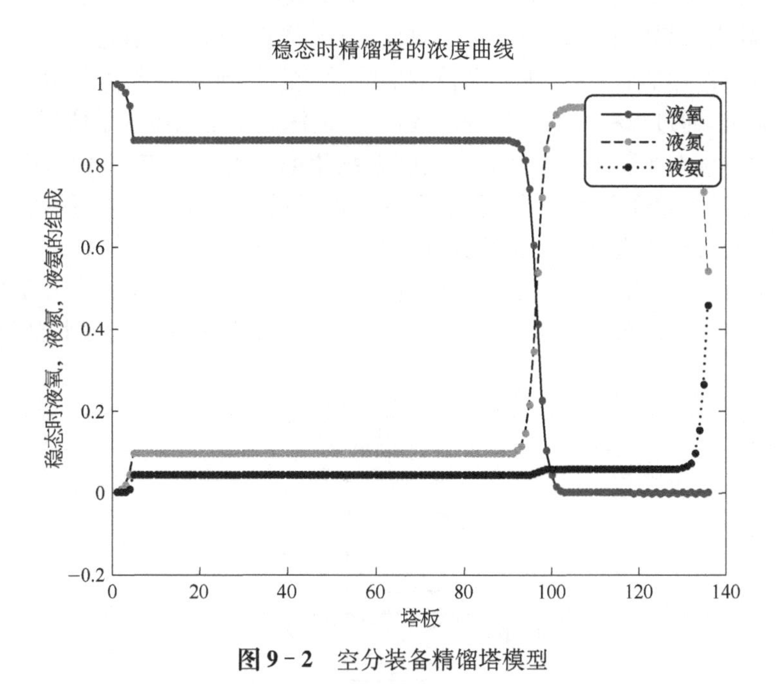

图 9-2　空分装备精馏塔模型

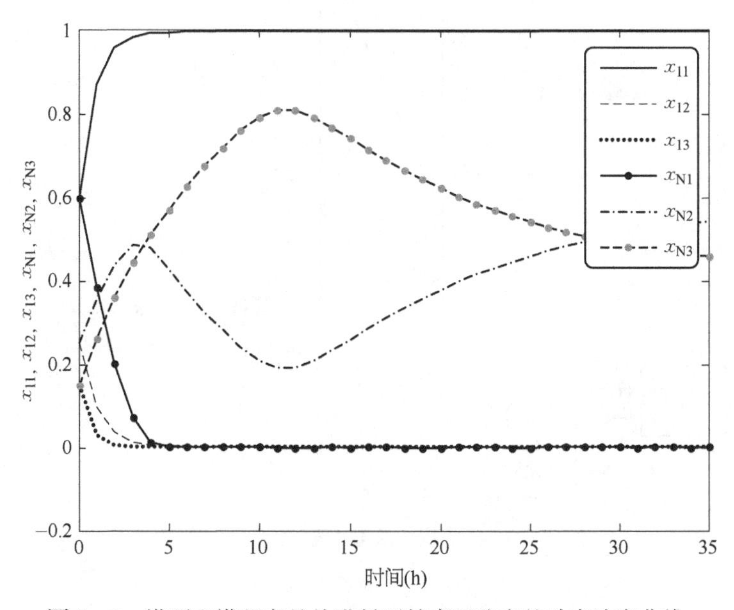

图 9-3　塔顶和塔釜产品从进料开始直至稳态的动态浓度曲线

9.3 高效填料性能的物理仿真

填料塔在需要大量理论级数的分离过程中能耗较低。散堆填料和规整填料需要确保气体和液体之间有大面积接触和均匀的液体分布。填料具有格子结构，相互之间有不同的几何形状和特性数据，填料综合参量包括有单位体积数目 N、单位体积面积 a 和相对空隙率 ε。

空分装备精馏系统的填料效率难以通过精馏塔的数学仿真过程获得，因此，在精馏系统放大设计中，通过高效填料的实验测试结果予以代之，从而参与系统仿真过程。填料塔的效率直接影响到空分设备产品的质量，而填料在精馏塔的设计上起到了关键性的作用。因此，搭建高效填料塔的试验台，通过填料性能的物理仿真，可确定深低温精馏塔数学仿真中的填料效率。

物理仿真的特征在于物理模型具有与实际系统相似的物理效应。因此，搭建高效填料塔的冷膜试验台，该试验台在没有化学反应的条件下进行试验，如图 9－4 所示。冷膜试验耗资少，易于实现，甚至可建立大型的试验装置，以模拟工业反应器的传递条件。通过冷膜试验所得到的传递过程规律，可用于建立反应器数学模型，也可用于反应器的开发和工程放大。试验是在带外冷源回热式制冷机的小型空分设备上进行的，试验用丝网波纹填料的模型见图 9－5 所示。

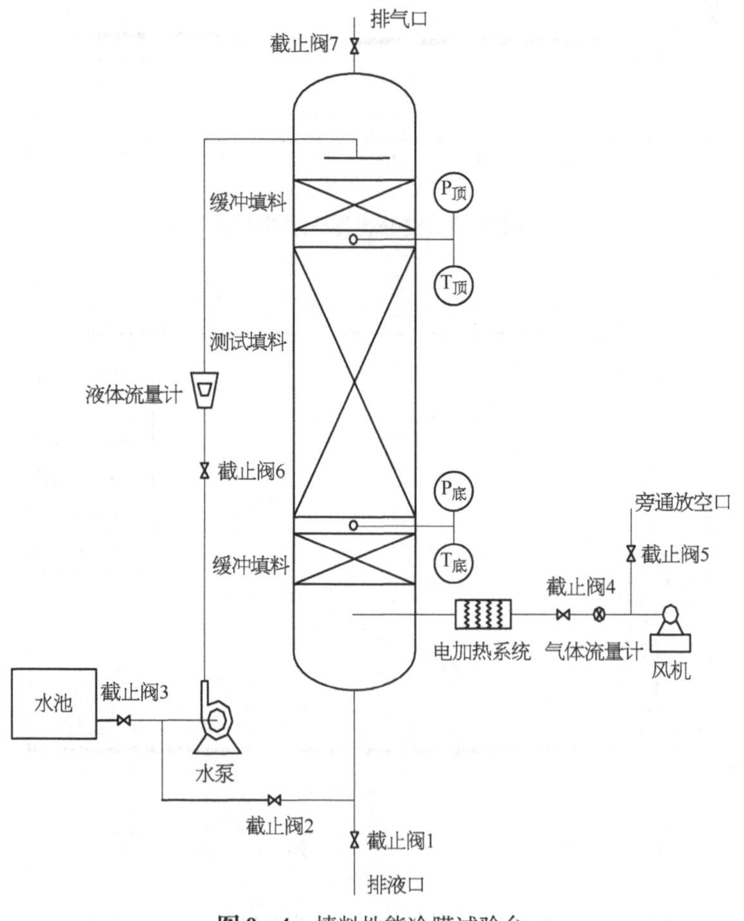

图 9－4 填料性能冷膜试验台

图 9－5　丝网波纹填料模型

冷膜实验台直径 ϕ72 mm，装有直径 ϕ70 mm、高 43 mm 的填料盘，互相交错 90°排列。精馏塔塔的操作压力为 0.03～0.05 MPa。在保持上升空气量不变的情况下，改变冷却水的喷淋量，从而实现对不同喷淋密度条件下填料效率的测试，测试结果见表 9－1。

表 9－1　30 m³/h 冷膜实验台试验数据

参　　数	填料塔
产品氧纯度(%O_2)	99.4～99.6
塔顶氮纯度(%N_2)	96～97
液氮槽内纯度(%)	96～97
底部缓冲填料段每级理论等板填料高度(mm)	160
顶部缓冲填料段每级理论等板填料高度(mm)	175

9.4　空分装备精馏系统物理-数学混合仿真

空分装备精馏系统的物理-数学混合仿真以系统级为对象，将深低温精馏过程以第一层数学模型描述，第二层的填料性能测试以相似的物理效应引入仿真回路，从而实现装备放大设计的物理-数学混合仿真，如图 9－6 所示。

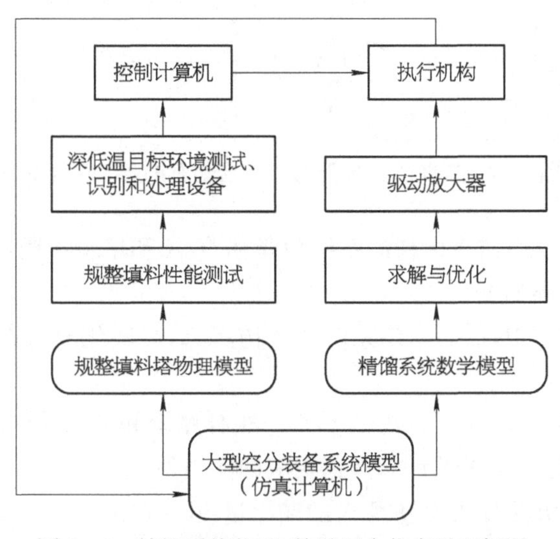

图 9－6　精馏系统物理-数学混合仿真过程框图

根据精馏系统放大设计要求，建立系统仿真中子系统物理-数学混合仿真的层次模型，描述系统内部物理变量之间的关系，建立装备子系统模型，包括精馏系统数学模型和填料塔物理模型。

在精馏系统数学模型的基础上进行求解与优化，通过驱动放大器和执行机构反馈到系统模型中；填料物理模型是在确定目标环境的基础上，搭建冷膜试验台，对填料性能进行测试，测试结果通过执行机构反馈到系统模型中。

其中，填料冷膜试验台的测试过程中，静态的物理模型可通过比例放大获取物理效应，动态的物理模型可通过数据采集获取物理效应。对数学仿真与物理仿真进行层次递归，通过准确调整系统参数获得满足装备放大设计的物理-数学混合仿真方案。

空分装备精馏系统的物理-数学混合仿真中数学模型和实体模型的仿真接口的作用是将不同格式的数字信息进行转换，在回路中实现实时运行。

空分装备精馏系统物理-数学混合仿真具有实时性。实时仿真，将精馏过程物性计算过程嵌入精馏塔实物模型的实际系统的运行过程中，解决了物理-数学混合仿真中数学模型和物理模型难以实时融合的问题。精馏系统物理-数学混合仿真的实时耦合模型，如图 9-7 所示。

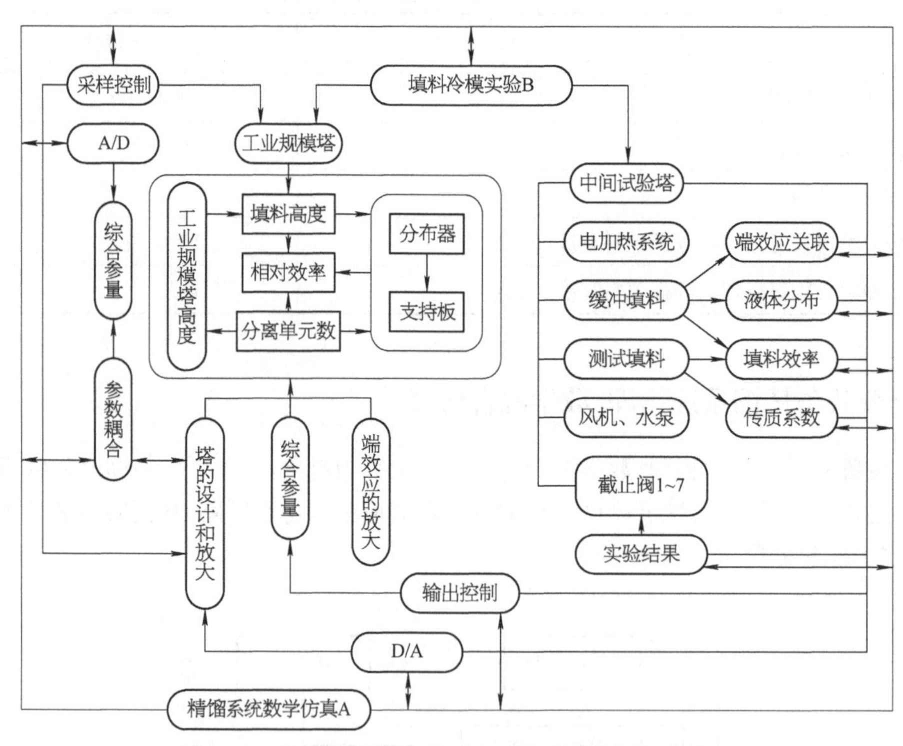

图 9-7 精馏系统物理-数学混合仿真的实时耦合模型

超大型空分装备系统级仿真由精馏系统数学仿真 A 和填料冷膜试验中的物理仿真 B 两部分组成。实时仿真步骤如下：

(1) 在实时仿真过程中，低温精馏系统数学仿真 A，可转化成仿真计算模型，用计算机的数字处理过程来代替。

(2) 计算机处理过程 A，输入 z，输出 y，经过采样系统和 A/D 转换，对于任意一组输入值 z_n，通过计算机数字处理过程 A 的计算得到相应的输出值 y_n。

(3) 冷膜试验物理仿真 B 接受过程 A 的输出量 y，并输出 z。

(4) 计算机数字处理过程 A 必须在实物系统同步的条件下获取动态输出信号,并实时地产生动态输出响应。

(5) 经过步骤(1)～(4)的处理,仿真模型的输入和输出具有固定采用周期的数值序列。

(6) 在数学仿真过程 A 满足系统各项功能要求的情况下,对于任意特定的输入 z,响应时间都满足系统所要求的时间限制,获得实时数字仿真过程。

本章对空分装备放大设计的物理-数学混合仿真方法进行研究,采用虚拟仪器技术,结合 Labview8.0 开发工具,开发了精馏系统物理-数学混合仿真平台,并应用到 8 万等级大型空分装备的设计过程中。

8 万等级大型空分装备采用液氧内压缩,在下塔抽取大量氮气的情况下,仍然能保证比较高的氧、氩提取率。精馏塔设计为规整填料的上塔、散堆填料的下塔。整个精馏塔气体上升流速合理,液体下流分布均匀,热质交换充分,精馏效果理想。经实际测量,氧气提取率大于 99%,氩提取率大于 76%。

大型空分装备精馏系统物理-数学混合仿真平台利用高性能的模块化硬件,结合高效灵活的软件,可以完成各种测试、测量和自动化应用。物理-数学混合仿真平台包括综合参变量提取模块、精馏塔工艺计算模块、填料塔结构设计模块、填料性能测试模块、数据融合模块,如图 9-8 所示。

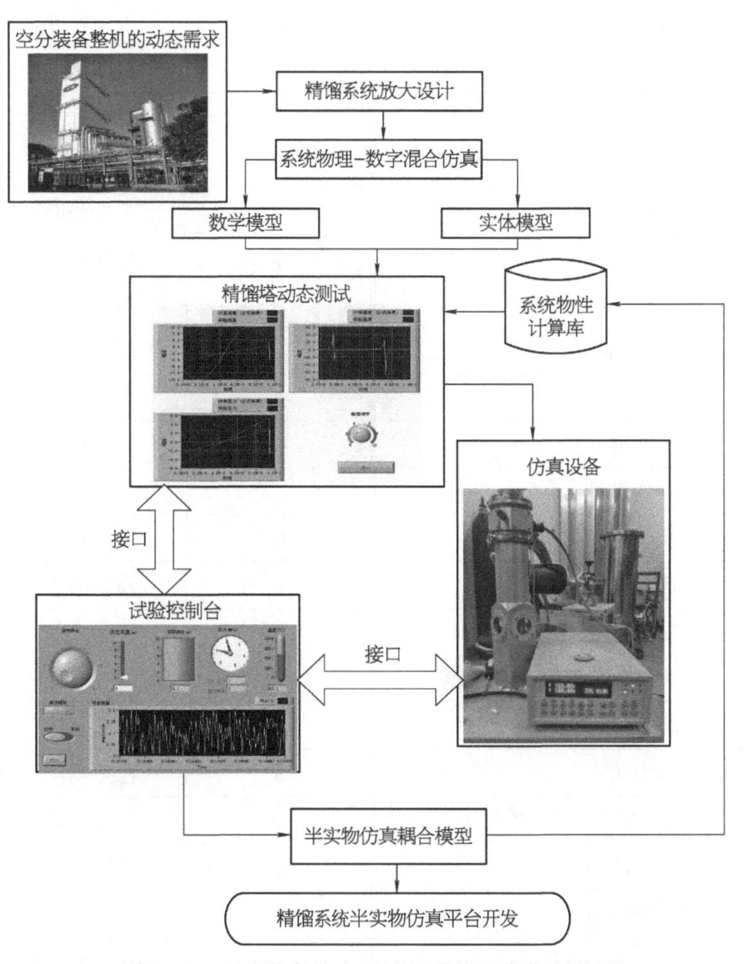

图 9-8　空分装备放大设计的系统程序流程总图

符 号 表

符号	含 义	符号	含 义
m	质量	r	挠度,半径,频率,斜坡函数
k	刚度,周期数	M	力矩,力偶,模态质量
c	阻尼系数	a	加速度
c_{cr}	临界阻尼系数	α	角加速度
J	转动惯量	p	压力
ξ	阻尼比	A	幅值,面积
θ	角度	K	模态刚度,波动系数
T	周期,转矩,力矩	I	截面极惯性矩
f	频率	u	位移
F	力	G	剪变模量
E_k	动能	V	弹性势能
E_p	势能	Φ	初相位
t	时间	β	振幅放大因子
x	位移,响应	λ	频率比
$\dot{x}$	速度	$\boldsymbol{E}$	单位矩阵
$\ddot{x}$	加速度	$\boldsymbol{M}$	质量矩阵
E	弹性模量	$\boldsymbol{C}$	阻尼矩阵
ω	角速度,圆频率	$\boldsymbol{K}$	刚度矩阵
π	圆周率	$\boldsymbol{u}$	模态向量,主振型
n	转速	$\boldsymbol{U}$	模态矩阵
δ	弹簧变形量,对数衰减率	$\boldsymbol{Z}$	阻抗矩阵
v	速度	q	广义坐标
ϕ	压力角	X	稳态响应幅值
μ	滑动摩擦系数,质量比	η	隔振系数
e	偏心距	ε	隔振效率
ω_n	固有角频率	Δst	静变形量
ω_d	有阻尼固有角频率	H	频率响应函数

参考文献

[1] Jamshidi M. System of systems engineering: innovations for the 21st century [M]. Hoboken: John Wiley & Sons Inc, 2009.

[2] Hülsebusch D, Schwunk S, Caron S, et al. Modeling and simulation of electric vehicles — the effect of different li-ion battery technologies [J]. SOC f, 2010(2): 2.

[3] Liu L, Liu Y, Ding Q, et al. Research on using the high-level architecture to develop multi-sensor Information Fusion Simulation System [J]. Computer Measurement & Control, 2010,18(12): 2875 - 2878.

[4] Zeigler B P, Praehofer H, Kim T G. Theory of modeling and simulation: Integrating discrete event and continuous complex dynamic systems [M]. Academic Pr, 2000.

[5] Mahseredjian J, Dennetière S, Dubé L, et al. On a new approach for the simulation of transients in power systems [J]. Electric power systems research, 2007,77(11): 1514 - 1520.

[6] Fritzson P. Introduction to Modeling and Simulation of Technical and Physical Systems with Modelica [M]. Wiley-IEEE press, 2011.

[7] Lewis P K, Murray V R, Mattson C A. A design optimization strategy for creating devices that traverse the Pareto frontier over time [J]. Structural and Multidisciplinary Optimization, 2011: 1 - 14.

[8] Guarneri P, Gobbi M, Papalambros P Y. Efficient multi-level design optimization using analytical target cascading and sequential quadratic programming [J]. Structural and Multidisciplinary Optimization, 2011: 1 - 12.

[9] Lu S, Schroeder N B, Kim H M, et al. Hybrid power/energy generation through multidisciplinary and multilevel design optimization with complementarity constraints [J]. Journal of Mechanical Design, 2010,132: 101007. 1 - 101007. 12.

[10] Sandberg M, Tyapin I, Kokkolaras M, et al. A knowledge-based master-model approach with application to rotating machinery design [J]. Concurrent Engineering Research and Applications, 2011, 19(4): 295 - 305.

[11] Bejan A, Lorente S, Yilbas B S, et al. The effect of size on efficiency: Power plants and vascular designs [J]. International Journal of Heat and Mass Transfer, 2011,54(7 - 8): 1475 - 1481.

[12] Arlat J, Crouzet Y, Karlsson J, et al. Comparison of physical and software-implemented fault injection techniques [J]. IEEE Transactions on Computers, 2003: 1115 - 1133.

[13] Bondavalli A, Ceccarelli A, Gr Nb K L J, et al. Design and evaluation of a safe driver machine interface [J]. International Journal of Performability Engineering, 2009,5(2): 153 - 166.

[14] Galantucci L M, Spina R. Evaluation of filling conditions of injection moulding by integrating numerical simulations and experimental tests [J]. Journal of Materials Processing Technology, 2003,141(2): 266 - 275.

[15] Gil P, Blanc S, Serrano J J. Pin-level hardware fault injection techniques [J]. Fault Injection Techniques and Tools for Embedded Systems Reliability Evaluation, 2004(23): 63 - 79.

[16] Bull S J, Davidson R I, Fisher E H, et al. A simulation test for the selection of coatings and surface treatments for plastics injection moulding machines [J]. Surface and Coatings Technology, 2000,130(2 - 3): 257 - 265.

[17] Tan K K, Huang S N, Jiang X. Adaptive control of ram velocity for the injection moulding machine [J].

Control Systems Technology (IEEE Transactions on), 2002,9(4): 663 - 671.
[18] Mok C K, Chin K S, Ho J K L. An interactive knowledge-based CAD system for mould design in injection moulding processes [J]. The International Journal of Advanced Manufacturing Technology, 2001,17(1): 27 - 38.
[19] Turng L S, Pei M. Computer aided process and design optimization for injection moulding [J]. Proceedings of the Institution of Mechanical Engineers, Part B: Journal of Engineering Manufacture, 2002,216(12): 1523 - 1532.
[20] Yu L, Koh C G, Lee L J, et al. Experimental investigation and numerical simulation of injection molding with micro-features [J]. Polymer Engineering & Science, 2002,42(5): 871 - 888.
[21] 丁建完. 陈述式仿真模型相容性分析与约简方法研究[D]. 武汉：华中科技大学,2006.
[22] Kortum W, Valasek M. Modeling and simulation of mechatronic vehicles: Tools, standards and industry demand-objectives, issues and summary of results. Vehicle System Dynamics, 1999,33(1): 191 - 201.
[23] 陈晓波,熊光楞,郭斌,等. 基于 HLA 的多领域建模研究. 系统仿真学报,2003,15(11): 1537 - 1524.
[24] 柴旭东,李伯虎,熊光楞. 复杂产品协同仿真平台的研究与实现. 计算机集成制造系统—CIMS,2002,8(7): 580 - 584.
[25] 王克明,熊光楞. 复杂产品的协同设计与仿真. 计算机集成制造系统—CIMS,2003(9): 15 - 19.
[26] 李伯虎,王行仁,黄柯棣,等. 综合仿真系统研究. 系统仿真学报,2000,12(5): 429 - 434.
[27] 李伯虎,柴旭东,朱文海,等. 复杂产品协同制造支撑环境技术的研究. 计算机集成制造系统—CIMS, 2003,9(8): 691 - 697.
[28] Elmqvist H A. Structured model language for large continuous system [D]. Sweden: Lund Institute of Technology, 1978.
[29] Mattsson S E, Otter M, Elmqvist H. Modelica hybrid modeling and efficient simulation [C]// Proceedings of the 38th Conference on Decision and Control. Phoemix, Arizona, 1999: 3502 - 3507.
[30] Elmqvist H, Mattsson S E, Otter M. Object-oriented and hybrid modeling n Modelica. The Journal of European System Automatics, 2001,35(1): 1 - 10.
[31] Rudiger F. Formulation of dynamic optimization problems using Modelica and their efficient solution [C]// Proceedings of the 2nd International Modelica Conference. Oberpfaffenhofen, 2002: 315 - 323.
[32] 苏春. 数字化设计与制造[M]. 北京：机械工业出版社,2009.
[33] 丁凌蓉,郭年琴. 复摆颚式破碎机调整座有限元优化设计与分析[J]. 煤矿机械,2005(9): 23 - 25.
[34] 黄松岭. 管道磁化的有限元优化设计[J]. 清华大学学报(自然科学版),2000,40(2): 67 - 69.
[35] 陈万吉. 用有限元混合法分析弹性接触问题[J]. 大连工学院学报,1970(2): 16 - 28.
[36] 朱浩. 基于多体动力学理论的车辆主动悬挂的控制策略研究[D]. 长沙：中南大学,2006.
[37] 许志华. 铰接式自卸车橡胶悬架系统多体动力学分析试验研究与优化[D]. 南京：东南大学,2005.
[38] 袁士杰,吕哲勤编著. 多刚体系统动力学[M]. 北京：北京理工大学出版社,1996.
[39] Muscolino G, Ricciardi G, Impollonia N. Improved dynamic analysis of structures with mechanical uncertainties under deterministic input [J]. Probabilistic Engineering Mechanics, 1999,15(2): 199 - 212.
[40] Wasfy T M, Noor A K. Finite element analysis of flexible multi-body systems with fuzzy parameters [J]. Computer Methods in Applied Mechanics and Engineering, 1998,160(3 - 4): 223 - 243.
[41] De-Lima B S L P, Ebecken N F F. A comparison of models for uncertainty analysis by the finite element method [J]. Finite Elements in Analysis and Design, 2000,34(2): 211 - 232.
[42] 王光远. 论不确定性结构力学的发展[J]. 力学进展,2002,32(2): 205 - 211.
[43] Qiu Z P, Wang X J. Comparison of dynamic response of structures with uncertain but bounded parameters using non-probabilistic interval analysis method and probabilistic approach [J]. International Journal of Solids and Structures, 2003,40(20): 5423 - 5439.
[44] 张振祥. 基于 ADAMS 的压铸机合模机构仿真优化设计[J]. 轻工机械,2010,28(3): 23 - 25.
[45] 邵珠娜,安瑛,谢鹏程等. 基于 ADAMS 软件的全电动混合驱动式合模机构设计及优化分析[J]. 塑料工

业,2010(8):47-49,53.
[46] 钟士培.基于ADAMS的注塑机合模机构动力学仿真研究[J].装备制造技术,2010(4):9-11.
[47] 钟士培.注塑机双曲肘合模机构运动仿真研究[J].装备制造技术,2010(3):6-7,10.
[48] 王毅,吴立言,刘更.机械系统的刚-柔耦合模型建模方法研究[J].系统仿真学报,2007,19(20):4708-4710.
[49] 朱才朝,唐倩,黄泽好等.人-机-路环境下摩托车刚柔耦合系统动力学研究[J].机械工程学报,2009,45(5):225-229.
[50] 张斌,徐兵,杨华勇等.基于虚拟样机技术的数字式柱塞泵控制特性研究[J].浙江大学学报(工学版),2010,44(1):1-7.
[51] 朴明伟,丁彦闯,李繁等.大型刚柔耦合车辆动力学系统仿真研究[J].计算机集成制造系统,2008,14(5):875-881.
[52] 赵丽娟,马永志.刚柔耦合系统建模与仿真关键技术研究[J].计算机工程与应用,2010,46(2):243-248.
[53] 吴胜宝,章定国,康新.刚体-微梁系统的动力学特性[J].机械工程学报,2010,46(3):76-82.
[54] Haug E J. Computer aided analysis and optimization of mechanical system dynamics [J]. Springer-Verlag, 1984,9(1).
[55] 任会礼,王学林,胡于进等.考虑吊臂弹性的锚泊起重船动力特性研究[J].机械工程学报,2009,45(10):42-47.
[56] 蒋国平,周孔亢.旅行车独特悬架系统的运动特性[J].机械工程学报,2008,44(4):217-221.
[57] 赵宁,桑俊宝,郭辉.微型多功能车双横臂独立悬架优化设计[J].计算机仿真,2008,25(10):257-261.
[58] 赵丽娟,马永志.基于虚拟样机的轿车天窗运动机构的设计[J].机械工程学报,2008,44(9):225-229.
[59] 彭禹,郝志勇.基于虚拟样机的动态轻量化设计方法[J].浙江大学学报(工学版),2008,42(6):984-988.
[60] 谢庆生,李少波,楚甲良.虚拟样机中有限元法[J].系统仿真学报,2003,15(4):508-511.
[61] 沈钰,马覆中.真空断路器的动态仿真与性能改进[J].高压电器,1999(5):12-14.
[62] 张敬菽,陈德桂,刘洪武.低压断路器操作机构的动态仿真与优化设计[J].中国电机工程学报,2004,24(3):102-107.
[63] 李兴文,陈德桂,李志鹏,等.低压塑壳式断路器触头打开时间的仿真与实验分析[J].低压电器,2004(4):3-6.
[64] 王连鹏,王尔智.真空断路器弹簧操动机构仿真与优化[J].高电压技术,2006,32(2):27-29.
[65] 黄琳敏,典型低压电器温度场和热路的仿真分析[D].西安:西安交通大学,2003.
[66] 王鑫芳.高灵敏电阻系列热双金属片四金属[J].低压电器,1994(4):50-52.
[67] 卢锦凤,梁慧敏,秦红磊,等.双金属继电器中条形双金属片的数学模型与等效网络[J].哈尔滨工业大学学报,2000,32(4):75-78.
[68] 向洪岗.基于三维磁场有限元分析的电磁机构等效磁路研究[D].西安:西安交通大学,2003.
[69] 刘刚.电磁机构动特性的仿真及低压断路器灭弧室电场的计算[D].西安:西安交通大学,2004.
[70] 孙志强.真空断路器永磁操动机构动态特性的仿真[D].西安:西安交通大学,2004.
[71] 林娜.交流接触器电磁机构的特性仿真与优化设计[D].西安:西安交通大学,2004.
[72] 盛新庆.计算电磁学要论[M].北京:科学出版社,2004.
[73] 武安波,王建华,耿英三,等.接触器用交流电磁铁三维磁场分析和静特性优化[J].电工技术杂志,2002(6):30-33.
[74] Chevrier P, Fievet C, Petit P. Comparison between measurements and simulations for moving wall-confined arcs [C]// Proc 7th 1nt Conf on Switching Arc PhenoItlerla. Lodz Poland, 1993:9-13.
[75] 张晋,陈德桂,付军.瞬时脱扣器的三维磁场有限元分析与等效磁路[J].低压电器,2000(5):7-11.
[76] 向洪岗,陈德桂,李兴文,等.应用有限元方法分析塑壳断路器磁脱扣器的动作特性[J].西安交通大学学报,2005,39(8):891-895.

[77] 关湛湛. 可视化技术的应用及低压断路器电动斥力的数值分析[D]. 西安：西安交通大学，2001.
[78] 李兴文，陈德桂，向洪岗，等. 低压塑壳断路器中电动斥力的三维有限元非线性分析与实验研究[J]. 中国电机工程学报，2004，24(2)：150-155.
[79] 张敬菽，陈德桂，刘洪武，等. 计及电动斥力效应的低压塑壳断路器机构动力学仿真[J]. 西安交通大学学报，2004，38(4)：343-347.
[80] 李兴文，陈德桂，李志鹏，等. 考虑触头间电流收缩影响的低压塑壳断路器中电动斥力分析[J]. 电工技术学报，2004，19(10)：1-5.
[81] 陈旭. 低压断路电弧等离子体数学模型及开断电弧背后转移现象的研究[D]. 西安：西安交通大学，2000.
[82] 关湛湛. 可视化技术的应用及低压断路器电动斥力的数值分析[D]. 西安：西安交通大学，2001.
[83] 刘庆江. 塑壳断路器机构运动与灭弧室压强的仿真[D]. 西安：西安交通大学，2002.
[84] 荣命哲. 电接触理论[M]. 北京：机械工业出版社，2004.
[85] Lowke J J, Kovitya P, Schmidt H P. Theory of free-burning arc columns including the influence of the cathode [J]. Phys D: Appl Phys, 1992(25): 1600-1606.
[86] Lindmayer M. Application of numerical field simulations for low-voltage circuit breakers [J]. IEEE Trans Compon Packag Manuf Technol Part, 1995, 18(3): 708-717.
[87] Chevrier P, Fievet C, Petit P. Comparison between measurements and simulations for moving wall-confined arcs. Proc 7th 1nt Conf on Switching Arc PhenoItlerla, Lodz Poland, 1993: 9-13.
[88] 陈旭，陈德桂. 低压断路器开断特性的仿真研究[J]. 电工技术学报，2001，16(5)：46-50.
[89] 陈旭，陈德桂，耿英三. 低压断路器中电弧运动磁流体动力学模型的仿真研究[J]. 西安交通大学学报，1999，33(10)：6-9.
[90] 张晋，陈德桂，付军. 低压断路器灭弧室中磁驱电弧的数学模型[J]. 中国电机工程学报，1999，19(10)：22-26.
[91] 吴翊，荣命哲，杨茜，等. 低压空气电弧动态特性仿真及分析[J]. 中国电机工程学报，2005，25(21)：143-148.
[92] 中国工程院. 中国制造业可持续发展战略研究[M]. 北京：机械工业出版社，2010.
[93] Maiti D, Jana A K, Samanta A N. A novel heat integrated batch distillation scheme [J]. Applied Energy, 2011, 88(12): 5221-5225.
[94] Yildirim ö, Kiss A A, Kenig E Y. Dividing wall columns in chemical process industry: A review on current activities [J]. Separation and Purification Technology, 2011, 80(3): 403-417.
[95] He J, Xu B Y, Zhang W J, et al. Experimental study and process simulation of n-butyl acetate produced by transesterification in a catalytic distillation column [J]. Chemical Engineering and Processing: Process Intensification, 2010, 49(1): 132-137.
[96] 塔耶夫. 电器学[M]. 北京：机械工业出版社，1981.
[97] 周茂祥. 低压电器设计手册[M]. 北京：机械工业出版社，1992.
[98] Maiti D, Jana A K, Samanta A N. A novel heat integrated batch distillation scheme [J]. Applied Energy, 2011, 88(12): 5221-5225.
[99] Peng X, Liu Z Y, Tan J R, et al. Compartmental modeling and solving of large-scale distillation columns under variable operation conditions [J]. Separation and Purification Technology, 2012(98): 280-289.
[100] 祝铃钰，周立芳，钱积新. 热耦合空分流程变负荷特性分析与模拟方法[J]. 化工学报，2011，62(8)：2232-2237.
[101] Ho T J, Huang C T, Lin J M, et al. Dynamic simulation for internally heat-integrated distillation columns (HIDiC) for propylene-propane system [J]. Computers & Chemical Engineering, 2009, 33(6): 1187-1201.
[102] Werle L O, Marangoni C, Teleken J G, et al. Experimental startup of a distillation column using new proposal of distributed heating for reducing transients [J]. Computer Aided Chemical Engineering,

2009(27): 1533 - 1538.
[103] Werle L O, Marangoni C, Steinmacher F R, et al. Application of a new startup procedure using distributed heating along distillation column [J]. Chemical Engineering and Processing: Process Intensification, 2009,48(11 - 12): 1487 - 1494.
[104] 张延平,王立,高远,等.空分精馏过程的仿真计算[J].北京科技大学学报,2003,25(5): 473 - 476.
[105] Wasylkiewicz S K, Kobylka L C, Castillo F J L. Optimal design of complex azeotropic distillation columns [J]. Chemical Engineering Journal, 2000,79(3): 219 - 227.
[106] 舒水明,陈彩霞,杨斌,等.大型低压空分流程精馏提氩过程[J].华中科技大学学报:自然科学版,2009,37(4): 101 - 104.
[107] 王松岭,张雪镭,陈海平,等.基于深冷技术的空气分离系统仿真研究[J].华北电力大学学报,2006,33(1): 64 - 66.
[108] 陈允恺.空分精馏中规整填料的试验设计与应用[J].低温与特气,2004,22(1): 14 - 20.
[109] 陈桂珍,林秀峰.空分填料塔设计中的流体力学特性[J].化学工程,2010,38(9): 27 - 30.
[110] 肖金壮,李晓燕,王洪瑞,等.一种数控力/位置控制物理-数学混合仿真系统的构建[J].计算机集成制造系统,2010,16(4): 778 - 782.
[111] 李涵,王爽心,王智琴,等.基于 LabVIEW 的汽轮机实时控制与仿真研究[J].系统仿真学报,2009,21(13): 4023 - 4027.
[112] 胡小江,董飞垚,雷虎民,等.基于虚拟仪器的舵机物理-数学混合仿真系统研究[J].测控技术,2011,30(1): 75 - 78.
[113] 刘兴高.精馏过程的建模、优化与控制[M].北京:科学出版社,2007.
[114] 李功样,陈兰英,崔英德.常用化工单元设备设计[M].广州:华南理工大学出版社,2003.
[115] 张策.机械动力学[M].北京:高等教育出版社,2008.
[116] 胡宗武.工程机械分析基础[M].上海:上海交通大学出版社,1999.
[117] 胡海岩.机械振动基础[M].北京:北京航空航天大学出版社,2005.
[118] 刘正式,高荣慧,陈恩伟.机械动力学基础[M].北京:高等教育出版社,2011.
[119] 陈立平,张云清,任卫群,等.机械系统动力学分析及 ADAMS 应用教程[M].北京:清华大学大学出版社,2005.
[120] 谭建荣,刘振宇.数字样机关键技术与产品应用[M].北京:机械工业出版社,2007.
[121] 彭颖红,胡洁.KBE 技术及其在产品设计中的应用[M].上海:上海交通大学出版社,2007.
[122] 杨海成,廖文和.基于知识的三维 CAD 技术及应用[M].北京:科学出版社,2005.
[123] 杨卫民,丁玉梅,谢鹏程.注射成型新技术[M].北京:化学工业出版社,2008.
[124] 袁清珂.CAD/CAE/CAM 技术[M].北京:电子工业出版社,2010.